CIÊNCIA DE DADOS
FUNDAMENTOS E APLICAÇÕES

O GEN | Grupo Editorial Nacional – maior plataforma editorial brasileira no segmento científico, técnico e profissional – publica conteúdos nas áreas de ciências exatas, humanas, jurídicas, da saúde e sociais aplicadas, além de prover serviços direcionados à educação continuada e à preparação para concursos.

As editoras que integram o GEN, das mais respeitadas no mercado editorial, construíram catálogos inigualáveis, com obras decisivas para a formação acadêmica e o aperfeiçoamento de várias gerações de profissionais e estudantes, tendo se tornado sinônimo de qualidade e seriedade.

A missão do GEN e dos núcleos de conteúdo que o compõem é prover a melhor informação científica e distribuí-la de maneira flexível e conveniente, a preços justos, gerando benefícios e servindo a autores, docentes, livreiros, funcionários, colaboradores e acionistas.

Nosso comportamento ético incondicional e nossa responsabilidade social e ambiental são reforçados pela natureza educacional de nossa atividade e dão sustentabilidade ao crescimento contínuo e à rentabilidade do grupo.

ANDRÉ C.P.L.F. DE **CARVALHO** | ANGELO GARANGAU **MENEZES**
ROBSON PARMEZAN **BONIDIA**

CIÊNCIA DE DADOS
FUNDAMENTOS E APLICAÇÕES

- Os autores deste livro e a editora empenharam seus melhores esforços para assegurar que as informações e os procedimentos apresentados no texto estejam em acordo com os padrões aceitos à época da publicação, *e todos os dados foram atualizados pelos autores até a data de fechamento do livro*. Entretanto, tendo em conta a evolução das ciências, as atualizações legislativas, as mudanças regulamentares governamentais e o constante fluxo de novas informações sobre os temas que constam do livro, recomendamos enfaticamente que os leitores consultem sempre outras fontes fidedignas, de modo a se certificarem de que as informações contidas no texto estão corretas e de que não houve alterações nas recomendações ou na legislação regulamentadora.
- Data do fechamento do livro: 10/01/2024
- Os autores e a editora se empenharam para citar adequadamente e dar o devido crédito a todos os detentores de direitos autorais de qualquer material utilizado neste livro, dispondo-se a possíveis acertos posteriores caso, inadvertida e involuntariamente, a identificação de algum deles tenha sido omitida.
- **Atendimento ao cliente: (11) 5080-0751 | faleconosco@grupogen.com.br**
- Direitos exclusivos para a língua portuguesa
- Copyright © 2024, 2024 (2ª impressão) by
  LTC | Livros Técnicos e Científicos Editora Ltda.
  Uma editora integrante do GEN | Grupo Editorial Nacional
  Travessa do Ouvidor, 11
  Rio de Janeiro – RJ – 20040-040
  www.grupogen.com.br
- Reservados todos os direitos. É proibida a duplicação ou reprodução deste volume, no todo ou em parte, em quaisquer formas ou por quaisquer meios (eletrônico, mecânico, gravação, fotocópia, distribuição pela Internet ou outros), sem permissão, por escrito, da LTC | Livros Técnicos e Científicos Editora Ltda.
- Capa: Leônidas Leite
- Imagem de capa: ©iStockphoto | monsitj
- Editoração eletrônica: E-Papers Serviços Editoriais

CIP-BRASIL. CATALOGAÇÃO NA PUBLICAÇÃO
SINDICATO NACIONAL DOS EDITORES DE LIVROS, RJ

C321c

Carvalho, André C. P. L. F. de
  Ciência de dados : fundamentos e aplicações / André C. P. L. F. de Carvalho, Angelo Garangau Menezes, Robson Parmezan Bonidia. - 1. ed. [2ª Reimp.] - Rio de Janeiro, 2024.

  Apêndice
  Inclui bibliografia e índice
  ISBN 978-85-216-3875-9

  1. Ciência de dados. 2. Processamento eletrônico de dados. 3. Linguagem de programação. I. Menezes, Angelo Garangau. II. Bonidia, Robson Parmezan. III. Título.

24-87817   CDD: 006.312
                 CDU: 004.65:519.25

Meri Gleice Rodrigues de Souza - Bibliotecária - CRB-7/6439

Sobre os Autores

André Carlos Ponce de Leon Ferreira de Carvalho é graduado e Mestre em Ciência da Computação pela Universidade Federal de Pernambuco (UFPE) e Doutor em Electronic Engineering pela University of Kent, na Inglaterra. Atua como professor titular e diretor do Instituto de Ciências Matemáticas e de Computação (ICMC) da Universidade de São Paulo (USP), *campus* São Carlos, e coordena uma das unidades da Empresa Brasileira de Pesquisa e Inovação Industrial (EMBRAPII) na área de Ciência de Dados. Liderou projetos em Ciência de Dados em diversas empresas e órgãos públicos. É um dos autores de *Inteligência Artificial – Uma Abordagem de Aprendizado de Máquina*, do GEN | LTC, vencedor do Prêmio Jabuti.

Angelo Garangau Menezes é graduado em Engenharia Mecatrônica pela Universidade Tiradentes (Unit), com estágio na Lakehead University, no Canadá, Mestre em Ciências da Computação pela Universidade Federal de Sergipe (UFS) e Doutor em Ciências da Computação e Matemática Computacional pela USP, com períodos de estágio na Google Brasil e na Università di Pisa, na Itália. Possui experiência em Ciência de Dados, Aprendizado de Máquina, Sistemas Embarcados e Visão Computacional, tendo executado projetos no Brasil, no Canadá e na Alemanha.

Robson Parmezan Bonidia é graduado em Tecnologia em Segurança da Informação pela Faculdade Estadual de Tecnologia de Ourinhos (Fatec Ourinhos), Especialista em Redes de Computadores e Mestre em Bioinformática pela Universidade Tecnológica Federal do Paraná (UTFPR), e Doutor em Ciência da Computação e Matemática Computacional pela USP. Recebeu o *Latin America Research Awards* da Google e foi finalista do *Falling Walls Lab* Brasil 2022, do Centro Alemão de Ciência e Inovação. Possui experiência em Computação, com ênfase em Biologia Computacional, Inteligência Artificial, Reconhecimento de Padrões, Meta-heurísticas e Mineração de Dados.

Prefácio

Dados são produzidos a todo momento, sejam eles coletados ou gerados, por quase todos os eventos e nos mais diversos formatos. Ao serem produzidos, dados carregam informações que podem explicar como e por que foram produzidos. Ao serem analisados, permitem conhecer o que está por trás de alguns fenômenos, possibilitando descrever uma situação, predizer uma ocorrência ou prescrever o que é necessário para que algo aconteça. Embora a Análise de Dados (AD) seja realizada há vários séculos, avanços em diferentes áreas de conhecimento – em particular na Computação, na Estatística e na Matemática –, não apenas melhoraram as análises que podem ser feitas, mas também permitiram análises nunca imaginadas, o que levou ao surgimento de uma nova área de conhecimento, a Ciência de Dados (CD).

Como toda área de conhecimento, a CD está apoiada por um amplo e profundo conjunto de conhecimentos acumulados ao longo dos anos, validados e comprovados por rigorosos métodos científicos. Assim, embora à primeira vista pareça fácil e simples, o uso correto, eficiente e efetivo da CD pressupõe uma grande dedicação a estudos e práticas em temas, direta e indiretamente, associados à AD com algoritmos, técnicas e dispositivos computacionais. A falta da formação adequada nos conceitos básicos e avançados necessários, da mesma maneira que nas demais áreas, pode levar não apenas a soluções incorretas, ineficientes e inexplicáveis, mas também à falta de confiabilidade, que pode acarretar em danos graves, pessoais, sociais, ambientais e materiais.

Como um primeiro passo nessa formação desejada, este livro apresenta, de uma forma introdutória e abrangente, os conceitos necessários para quem deseja conhecer, enveredar e trabalhar na área de CD. Ele foi escrito sem assumir qualquer conhecimento anterior sobre o tema, tanto para a compreensão do funcionamento e potenciais da CD quanto para a formação de profissionais que querem trabalhar, com diferentes graus de participação, no estudo e desenvolvimento de soluções baseadas em CD.

Esta obra pode ser utilizada como livro-texto de uma primeira disciplina no tema, introduzindo os principais componentes da grande área de CD, a serem reforçados em livros e disciplinas específicas, dedicadas a uma maior e melhor compreensão dos conceitos aqui abordados. Além disso, para uma experiência prática, o livro está repleto de exemplos de códigos escritos na linguagem Python, também disponibilizados em uma página *on-line*.[1] Python é, atualmente, a linguagem de programação mais utilizada para escrever programas em CD, com pacotes conhecidos, como pandas, numpy e scikit-learn. A página é dividida conforme o livro, com inúmeros exemplos dos conteúdos teóricos. Os códigos podem ser executados utilizando a plataforma Google Colab ou Colaboratory, sem nenhuma configuração necessária, além de disponibilizar acesso gratuito a GPUs e compartilhamento facilitado.

Os autores

---

[1] Disponível em: https://bonidia.github.io/cd-fundamentos/. Acesso em: 26 abr. 2023.

Agradecimentos

Inicialmente, gostaríamos de agradecer às nossas famílias: Valéria, Beatriz, Gabriela e Mariana (autor André Carlos Ponce de Leon Ferreira de Carvalho); Priscila, Vicente, Apolo, Roberto e Adilma (autor Angelo Garangau Menezes); Amanda, Maria Laura, Ivone, Osmar e Olga (autor Robson Parmezan Bonidia). Agradecemos também aos nossos pais, irmãos e demais familiares, pelo amor, estímulo, paciência e compreensão pelas horas de convívio que lhes foram subtraídas durante a escrita deste livro.

Gostaríamos também de agradecer aos nossos atuais e ex-alunos de graduação e pós-graduação pela ajuda em partes deste livro. Em especial, agradecemos a colaboração de Marília Costa Rosendo Silva pelas correções e sugestões ao longo da escrita.

Aos nossos amigos e colegas pelo apoio e incentivo à escrita deste livro, pela leitura e pelos valiosos comentários.

À Fatec Ourinhos, à Universidade de São Paulo (*campus* São Carlos) e ao projeto Global South Artificial Intelligence for Pandemic and Epidemic Preparedness and Response Network (AI4PEP), financiado pelo Centro de Pesquisa para o Desenvolvimento Internacional (IDRC), pelo apoio recebido durante a escrita do livro.

Às agências de fomento à pesquisa do Brasil, CAPES, CNPq e FAPESP, pelo apoio recebido para a preparação de materiais didáticos e para a realização de nossas pesquisas.

Sumário

I Conceitos Gerais sobre Ciência de Dados

1 Introdução à Ciência de Dados 5
1.1 *Big Data* 8
1.2 Formatos e Papéis dos Dados 10
1.3 Bancos de Dados 16
1.4 História da Ciência de Dados 18
1.5 O que é Ciência de Dados? 21
1.6 Considerações Finais 22

2 Ciência de Dados na Prática 23
2.1 Etapas de um Projeto de Ciência de Dados 24
2.2 Ciclo de Vida dos Dados 32
2.3 Lago de Dados 33

2.4	Governança de Dados	34
2.5	Curadoria de Dados	35
2.6	Práticas para Trabalho em Equipe	37
2.7	Aplicações de Ciência de Dados	38
2.8	Considerações Finais	41
3	**Conceitos Gerais da Linguagem Python**	**43**
3.1	A Linguagem Python	45
3.2	Tipos Básicos e Variáveis	46
3.3	Expressões	49
3.4	Comandos	52
3.4.1	Comandos Condicionais	53
3.4.2	Comandos de Repetição	54
3.5	Estruturas de Dados	57
3.5.1	Listas	58
3.5.2	Tuplas	62
3.5.3	Conjuntos	63
3.5.4	Dicionários	63
3.6	Funções	66
3.6.1	Formato de Funções em Python	66
3.6.2	Funções de Entrada e Saída	68
3.7	Considerações Finais	71
4	**Python para Ciência de Dados**	**73**
4.1	Manipulação de Dados Tabulares com Pandas	74
4.2	Funções Básicas	76
4.2.1	Tipos de Dados com Pandas	77
4.2.2	Renomeando Colunas	79
4.2.3	Selecionando Linhas e Colunas	80
4.2.4	Adicionando e Removendo Colunas	82
4.3	Operações Básicas	83
4.3.1	Consultas	83
4.3.2	Ordenação	84

4.3.3	Combinando *DataFrames*	84
4.3.4	Salvando *DataFrames*	86
4.4	**Considerações Finais**	87

II — Exploração de Dados

5	**Estatística para Exploração de Dados**	93
5.1	**Escalas de Medidas**	95
5.2	**Conceitos Importantes**	96
5.3	**Estatística Descritiva e Teoria das Probabilidades**	98
5.4	**Estatística Descritiva**	99
5.4.1	Análise Univariada	99
5.4.2	Análise Multivariada	109
5.5	**Considerações Finais**	110
6	**Visualização para Exploração de Dados**	113
6.1	**Métodos de Visualização Disponíveis em Python**	115
6.2	**Gráficos de Barras ou Colunas**	117
6.2.1	Análise Univariada	118
6.2.2	Análise Multivariada	119
6.3	**Gráfico de Setor**	120
6.4	**Gráficos de Dispersão**	121
6.4.1	Análise Bivariada	121
6.4.2	Análise Multivariada	124
6.5	**Gráficos de Linhas**	125
6.6	**Gráficos de Radar**	126
6.7	**Gráficos de Coordenadas Paralelas**	128
6.8	**Histogramas**	132
6.9	**Gráfico de Caixa – *Boxplot***	132
6.10	**Gráficos de Violino**	135
6.11	**Nuvens de Palavras**	136

6.12	Mapas de Calor	138
6.13	Desafios para a Visualização de Dados	139
6.14	Considerações Finais	140

III Engenharia de Dados

7	**Qualidade de Dados**	145
7.1	Valores Ausentes	147
7.1.1	Mecanismos de Ausência de Dados	148
7.1.2	Técnicas para Lidar com Ausência de Dados	149
7.2	Valores Redundantes	154
7.3	Valores Inconsistentes	155
7.4	Valores com Ruídos	156
7.5	Valores *Outliers*	157
7.6	Dados Enviesados	158
7.7	Considerações Finais	159
8	**Transformação de Dados**	161
8.1	Anonimização de Dados	162
8.1.1	Anonimização de Identificadores	163
8.1.2	Anonimização de Atributos	164
8.2	Conversão de Valores entre Diferentes Tipos	168
8.2.1	Qualitativos para Quantitativos	168
8.2.2	Quantitativos para Qualitativos	173
8.3	Transformação de Valores Numéricos	175
8.3.1	Funções Matemáticas Simples	175
8.3.2	Normalização	176
8.3.3	Quando Normalizar	179
8.3.4	Tradução de Valores de Atributos	181
8.4	Considerações Finais	182
9	**Engenharia de Características**	183

9.1	Definição e Criação de Características	185
9.2	Extração de Características	185
9.3	Redução de Dimensionalidade	188
9.4	Agregação de Atributos	189
9.5	Seleção de Atributos	191
9.5.1	Seleção por Ordenação	193
9.5.2	Seleção por Complementaridade	195
9.6	Considerações Finais	200

IV Modelagem de Dados

10	Amostras de Dados para Experimentos	205
10.1	Amostragem	207
10.1.1	Representatividade de uma Amostra	208
10.1.2	Variabilidade de Valores	208
10.1.3	Procedimentos de Amostragem	209
10.2	Procedimentos para Reamostragem de Dados	212
10.3	Vieses em Dados e Modelos	221
10.4	Conjuntos de Dados Desbalanceados	222
10.5	Considerações Finais	227
11	Modelagem de Dados	229
11.1	Aprendizado de Máquina	230
11.2	Tarefas de Modelagem	232
11.3	Algoritmos de Modelagem	234
11.3.1	Algoritmos Baseados em Proximidade: K-vizinhos mais Próximos e K-médias	238
11.3.2	Algoritmos Baseados em Otimização: *Perceptron* e *Backpropagation*	239
11.3.3	Algoritmos Baseados em Estatística: Regressão Linear e Regressão Logística	239
11.3.4	Algoritmos Baseados em Procura: Indução de Árvores de Classificação e de Regressão	240

11.4 Comitês de Modelos ... 240
11.4.1 Abordagens ... 241
11.4.2 Aplicação dos Algoritmos de Modelagem: Python ... 244
11.5 Viés e Variância ... 246
11.6 Modelos Discriminativos e Generativos ... 248
11.7 Aprendizado de Máquina Automatizado (AutoML) ... 249
11.7.1 Otimização ... 250
11.7.2 Meta-aprendizado ... 251
11.8 Considerações Finais ... 252

12 Avaliação, Ajuste e Seleção de Modelos ... 255
12.1 Avaliação de Modelos Preditivos ... 257
12.1.1 Avaliação para Regressão ... 257
12.1.2 Avaliação para Classificação ... 260
12.2 Avaliação de Modelos Descritivos ... 267
12.2.1 Ajuste de Hiperparâmetros de Algoritmos ... 268
12.3 Seleção e Testes de Hipóteses ... 270
12.4 Interpretação e Explicação de Modelos ... 271
12.5 Considerações Finais ... 272

V Tópicos Avançados em Ciência de Dados

13 Dados Não Estruturados ... 279
13.1 Análise de Sequências Biológicas ... 280
13.1.1 Coleta de Sequências Biológicas ... 282
13.1.2 Transformação em Conjuntos de Dados Estruturados ... 283
13.1.3 Engenharia de Características de Sequências Biológicas ... 284
13.1.4 Exemplo de Aplicação Utilizando Python ... 286
13.2 Análise de Imagens ... 289
13.2.1 Coleta de Imagens ... 291
13.2.2 Tratamento de Imagens ... 292
13.2.3 Transformação em Conjuntos de Dados Estruturados ... 292

13.2.4	Engenharia de Característica de Imagens	293
13.2.5	Exemplo de Aplicação Utilizando Python	298
13.3	**Análise de Textos**	301
13.3.1	Coleta de Textos	304
13.3.2	Tratamento dos Textos	305
13.3.3	Transformação em Conjuntos de Dados Estruturados	306
13.3.4	Engenharia de Características de Textos	309
13.3.5	Exemplo de Aplicação Utilizando Python	311
13.4	**Considerações Finais**	314
14	**Ciência de Dados Responsável**	317
14.1	**Ciência de Dados Ética**	319
14.2	**Ciência de Dados Justa**	321
14.3	**Ciência de Dados com Proteção e Privacidade**	324
14.3.1	Práticas de Informações Justas	325
14.3.2	Legislação	328
14.4	**Ciência de Dados Reproduzível**	329
14.5	**Ciência de Dados Transparente**	330
14.6	**IA Centrada nos Dados**	332
14.7	**Considerações Finais**	335
	Apêndice	337
	Bibliografia	339
	Índice Alfabético	351

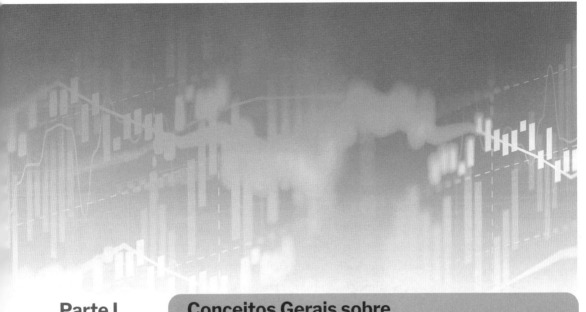

Parte I

Conceitos Gerais sobre Ciência de Dados

Embora pareça uma novidade, a Ciência de Dados (CD) já existe há muito tempo, só que com diferentes nomes, com alcance mais limitado e utilizando ferramentas mais simples, pelo menos no que diz respeito àquelas da Computação. Uma das ciências mais jovens, a Computação avança a passos largos para alcançar suas irmãs mais velhas. Nesse avanço, ela se tornou uma importante área meio, servindo para que outras áreas cheguem mais longe e mais rápido. Na CD, a Computação provê sistemas para coleta, armazenamento, transmissão e processamento dos dados, criando algoritmos que, escritos em linguagens de programação, *software*, extraem o máximo que podem de dispositivos computacionais, *hardware*.

A raça humana sobreviveu aos vários desafios lançados durante a sua história, na maioria pela capacidade de ler situações e analisar dados. Essa análise, que ocorreu inicialmente pela observação de coincidências e consequências em eventos do dia a dia, passou pela descoberta/invenção dos números e da matemática, pela sua aplicação para interpretar dados e chegar a novas descobertas para explicar fenômenos físicos, e chegou à automatização, com o advento da Computação.

Ao unir forças com as áreas de Estatística e Matemática, a Computação transformou e expandiu a Análise de Dados (AD). Isso se deu por meio da escrita dos algoritmos em linguagens de programação, que no que lhe concerne, tiveram uma fascinante história de experimentação, ousadia e amadurecimento. A evolução das linguagens de programação nos deu linguagens cada vez mais amigáveis e poderosas, abrindo uma enorme gama de oportunidades.

Para AD, duas linguagens se destacam, sendo as mais utilizadas, R, com origem na comunidade de Estatística, e Python, surgindo da comunidade de Computação. Por várias razões, Python é a linguagem atualmente mais utilizada, sendo por isso a escolhida para ilustrar os exemplos deste livro. Esta Parte apresenta os conceitos básicos necessários para que o(a) leitor(a) consiga assimilar com facilidade os conceitos a serem apresentados neste livro. Para isso, o primeiro capítulo apresenta um panorama da área de CD. O segundo capítulo busca introduzir o leitor aos aspectos práticos de CD. Os dois últimos apresentam, respectivamente, os principais conceitos da linguagem Python e como ela pode ser utilizada para o desenvolvimento de *software* para CD.

Conceitos Gerais sobre Ciência de Dados

1	**Introdução à Ciência de Dados**	5
1.1	*Big Data*	8
1.2	Formatos e Papéis dos Dados................	10
1.3	Bancos de Dados	16
1.4	História da Ciência de Dados	18
1.5	O que é Ciência de Dados?...................	21
1.6	Considerações Finais	22
2	**Ciência de Dados na Prática**	23
2.1	Etapas de um Projeto de Ciência de Dados........	24
2.2	Ciclo de Vida dos Dados	32
2.3	Lago de Dados..............................	33
2.4	Governança de Dados.......................	34
2.5	Curadoria de Dados	35
2.6	Práticas para Trabalho em Equipe	37
2.7	Aplicações de Ciência de Dados	38
2.8	Considerações Finais	41
3	**Conceitos Gerais da Linguagem Python** ..	43
3.1	A Linguagem Python	45
3.2	Tipos Básicos e Variáveis....................	46
3.3	Expressões	49
3.4	Comandos.................................	52
3.5	Estruturas de Dados	57
3.6	Funções	66
3.7	Considerações Finais	71
4	**Python para Ciência de Dados**	73
4.1	Manipulação de Dados Tabulares com Pandas	74
4.2	Funções Básicas	76
4.3	Operações Básicas..........................	83
4.4	Considerações Finais	87

Capítulo 1 Introdução à Ciência de Dados

Desde quando os seres vivos surgiram e apresentaram as suas primeiras necessidades, eles tiveram de aprender a importância da informação. A origem da informação se baseia no entendimento de dados, sejam eles percebidos, coletados, transmitidos, ou lembrados. Dados geralmente representam informações relevantes sobre uma situação, por exemplo, algo que ocorreu, ou entidade, por exemplo, um objeto ou organismo. Uma vez analisados, podem nos trazer vários benefícios sociais, culturais, econômicos, políticos e ambientais. Embora esteja cada vez mais clara a importância dos dados no século XXI, há muito tempo sabemos da sua utilidade.

De modo inconsciente, pessoas utilizam dados desde os primórdios para produzir fogo, cultivar plantas, e até criar e caçar animais. De maneira mais consciente, dados foram utilizados há cerca de 6.000 anos para decidir a quantidade de alimentos necessária para cada indivíduo em uma comunidade. Estes dados eram coletados regularmente por comunidades na região da Babilônia, considerada o berço da civilização, próximo aonde se encontra, hoje, o país Iraque. Além disso, aproximadamente 4.500 anos atrás, censos frequentes também eram realizados no Egito, para determinar o número de pessoas necessárias para construir uma pirâmide e para dividir a terra entre a sua população após as enchentes anuais do rio Nilo.

Em tempos mais recentes, um dos principais acontecimentos que sinalizou a importância de analisar dados foi o trabalho realizado pelo médico húngaro Ignaz Semmelweis. Em 1946, aos 30 anos, Semmelweis foi contratado para trabalhar no hospital geral de Viena, na Áustria, com três encargos principais: o ensino de obstetrícia, área da medicina que acompanha a gestante desde início da gravidez até o período pós-parto, a supervisão de partos difíceis, e o gerenciamento dos registros médicos. Neste período, em 10 a 35% dos partos realizados em hospitais europeus, mães e/ou recém-nascidos faleciam com sintomas de febre puerperal. A febre puerperal tinha este nome por acometer mães e bebês no período logo após o parto, chamado puerpério.

Ao analisar os registros médicos, chamou sua atenção a clara diferença entre as taxas de mortes de gestantes por febre puerperal em duas alas de maternidade do mesmo hospital no período entre 1841 e 1846. Em uma das alas, aqui chamada ala 1, a taxa era sempre maior do que na outra, ala 2, sendo mais que o dobro em alguns anos. Semmelweis e seus colegas investigaram as possíveis causas para esta diferença, como superlotação, pouca ventilação, posição do corpo da mulher durante o parto (de costas na primeira ala e de lado na segunda) e até mesmo um possível medo causado por um sino tocado por um padre na ala 1. A única diferença clara era quem realizava os partos em cada ala. Enquanto a ala 1 era utilizada para a formação de médicos, a ala 2 era utilizada para a formação de parteiras. Foi observado ainda que os médicos e estudantes atuavam em outros procedimentos na instituição, como autópsias e cirurgias.

A causa da diferença foi encontrada após o falecimento de um colega patologista, com sintomas de febre puerperal. Os sintomas apareceram após esse colega realizar uma autópsia e se cortar, por acidente, com um instrumento que estava utilizando durante o procedimento. Semmelweis concluiu que o número de falecimentos era maior na ala 1 porque os médicos e estudantes de medicina muitas vezes participaram de autópsias pouco antes do parto. Sua hipótese era de que, após passar as mãos em corpos que estavam sendo dissecados, "partículas cadavéricas" se acumulavam e então contaminavam a mãe e/ou recém-nascido no procedimento posterior.

Para eliminar este risco, Semmelweis recomendou que médicos e estudantes de medicina lavassem as mãos antes de um parto. Infelizmente, Semmelweis não comprovou cientificamente seu achado, e outros médicos não o levaram a sério. Semmelweis chegou até mesmo a lançar um manifesto recomendando que partos não fossem realizados em hospitais. Por conta de sua teimosia e insistência sobre a importância da higiene das mãos e dos instrumentos médicos, foi internado ilegalmente em um manicômio, onde faleceu cerca de 2 semanas depois, aos 47 anos, sem o reconhecimento de sua descoberta.

Mais tarde, a importância da descoberta de Semmelweis foi cientificamente constatada, e a higienização antes de processos cirúrgicos, e até mesmo de atendimentos clínicos, foi demandada. Semmelweis é, hoje, chamado salvador das mães e uma universidade da área médica situada em Budapeste passou a se chamar, em 1969, Semmelweis University. A busca de Semmelweis por uma prevenção para febre puerperal em partos mostra a importância não apenas de analisar dados para extrair deles conhecimentos, mas também de conseguir comprovar cientificamente os achados. Outras histórias abordam a importância de uma análise rigorosa, tanto na realidade quanto na ficção.

Outro exemplo de menção à importância da AD foi registrado em alguns dos livros de ficção policial do escritor e médico britânico Arthur Conan Doyle, publicados entre o fim do século XIX e o início do século XX, que relatam os casos resolvidos por Sherlock Holmes. Em um dos livros, "As Aventuras de Sherlock Holmes", logo no primeiro conto, "Um escândalo na Boêmia", consta a seguinte fala de Sherlock Holmes:

> *"Eu não tenho dados ainda. É um erro capital teorizar antes de ter os dados. De forma insensível, começa-se a torcer os fatos para que se ajustem às teorias, em vez das teorias para se adequar aos fatos."*
> Arthur Conan Doyle, Um escândalo na Boêmia, As Aventuras de Sherlock Holmes

No último dos 12 contos do mesmo livro, "As Faias Cor de Cobre", inicialmente publicado em 1892, na *The Strad Magazine*, consta a seguinte passagem de uma fala de Sherlock Holmes:

> "Dados! dados! dados! Ele gritou impacientemente. "Eu não posso fazer tijolos sem barro."
> Arthur Conan Doyle, As Faias Cor de Cobre, As Aventuras de Sherlock Holmes

Nos últimos anos, a importância e os benefícios da AD em diversos domínios de aplicação tornaram-se cada vez mais evidentes. Muito disso se deve aos avanços tecnológicos das últimas décadas, que expandiram as fontes e os mecanismos para coleta de dados, melhoraram a qualidade dos dados coletados, permitiram um maior e melhor armazenamento por espaço físico, aumentando o volume de dados transmitidos por segundo e tornando o processamento mais rápido e confiável, tudo isso a um custo decrescente. Esses avanços tecnológicos estão por trás do que chamamos *Big Data*, ou Grandes Dados, na tradução literal.

1.1 Big Data

O termo *Big Data* é recente, tendo sido adicionado ao *Oxford English Dictionary* (Dicionário de Oxford para a língua inglesa) em 2013. Não existe uma definição clara do que é *Big Data*. Conforme o portal de notícias *Inside Big Data*,[1] em 2014, o programa de mestrado em Ciência da Informação e de Dados da Universidade da Califórnia em Berkeley decidiu, de uma vez por todas, definir o que é *Big Data*. Para isso, perguntou a mais de 40 líderes de diferentes áreas, dentre elas Alimentação, Indústria Automobilística, Marketing, Medicina, Moda, Mídia e Computação, como eles definiriam o termo *Big Data*. Foram obtidas diferentes definições, considerando a quantidade, a importância, as ferramentas de aplicação e a qualidade da informação que pode ser extraída dos dados.

Provavelmente, a primeira impressão que vem ao ser apresentado ao termo é a de que ele se refere a um grande volume de dados. Essa impressão é motivada pela visão geral de um Banco de Dados (BD). Existe a noção de que os dados não são estáticos, mas que são continuamente gerados, precisando ser frequentemente armazenados e processados, o que pode sugerir a ideia de dados chegando, continuamente, em diferentes velocidades. Por fim, outra impressão pode ser referente a presença de dados de diferentes tipos e formatos, que sugere a ideia de complexidade ou variedade, e que também pode demandar uma grande capacidade de processamento, além de flexibilidade no armazenamento.

Essas impressões motivaram a definição mais aceita de *Big Data*, proposta em 2001, que se resume na importância de três aspectos, ou 3 *Vs*: Volume, Velocidade e Variedade (LANEY, 2001). Nesta proposta, **volume** está relacionado com a quantidade de dados, medido pela quantidade de *bits* ou *bytes* (cada *byte* é formado por 8 *bits*). Os termos usados para volume variam conforme a quantidade de *bytes*, particularmente quantas vezes um *byte* é multiplicado por 1024, como indicado na Tabela 1.1 para os tamanhos em *bytes* mais comumente utilizados.

O segundo *V*, **velocidade**, diz respeito à rapidez com que os dados são gerados ou recebidos. Apesar de, em geral, assumirmos que os dados a serem analisados estão todos disponíveis, na maioria das aplicações, dados são continuamente produzidos em fluxos (do inglês, *stream*). Isso traz vários desafios para que as análises possam ser também continuamente atualizadas.

O terceiro *V*, **variedade**, reflete os diferentes formatos que os dados podem assumir, assim como as diferentes possíveis fontes desses dados. De uma forma simplificada, um

---

[1] Disponível em: https://insidebigdata.com/2014/09/06/big-data-40-definitions/. Acesso em: 26 abr. 2023.

Introdução à Ciência de Dados

Tabela 1.1 Termos utilizados para descrever diferentes volumes (tamanhos) de um conjunto de dados

Termo	Sigla	Quantidade de *bytes*	Equivale a
Kilobytes	KB	1024	–
Megabytes	MB	1024×1024	1024 KB
Gigabytes	GB	1024×1024×1024	1024 MB
Terabytes	TB	1024×1024×1024×1024	1024 GB
Petabytes	PB	1024×1024×1024×1024×1024	1024 TB
Exabytes	EB	1024×1024×1024×1024×1024×1024	1024 PB

conjunto de dados pode ser estruturado ou não estruturado, como será explicado mais adiante.

O peso ou importância de cada um destes *Vs* depende da aplicação. Para dados bancários, por exemplo, *Big Data* geralmente está mais relacionado com volume e velocidade do que a variedade. Já para dados educacionais ocorre o oposto, tendo um peso maior a variedade. Já para dados de empresas privadas do setor de saúde, velocidade pode ser mais importante que volume e variedade. Com o passar do tempo, novos *Vs* foram incorporados à definição de *Big Data*, como:

- **Veracidade**: que representa o quão confiáveis são as informações presentes nos dados e se torna mais crítica com o crescimento da variedade, em particular do número de fontes. A veracidade é afetada pela qualidade dos dados, quanto pior a qualidade, menor a veracidade.

- **Valor**: que avalia o quanto valem as informações presentes nos dados, não apenas em termos financeiros, mas também estratégicos e mercadológicos.

- **Variabilidade**: que mede o quão estáveis são as informações presentes nos dados, por exemplo, se o significado delas muda continuamente. Pode representar ainda as alterações na velocidade com a qual os dados chegam.

- **Visualização**: que indica o quanto os dados podem ser representados de modo que sejam visualmente interpretados.

Outros *Vs* continuam a ser desenvolvidos com base nos três *Vs* iniciais. Enquanto em 2014 existiam 10 *Vs*, em 2017 eles já eram 42 e, em 2020, chegaram a 56. A próxima seção detalha um dos três primeiros *Vs*, a variedade, provavelmente o *V* mais relacionado com a AD.

1.2 Formatos e Papéis dos Dados

Até recentemente, Ciência de Dados (CD) era aplicada apenas a conjuntos de dados que apresentavam um formato estruturado, quando os dados assumem a representação de uma matriz retangular $n \times m$, em que n é o número de linhas e m o número de colunas. Cada linha retrata um dos objetos do conjunto de dados. Cada objeto também pode ser referenciado pelos termos exemplo, instância ou observação. Neste texto, empregaremos o termo objeto, que representa um fato observado. Cada coluna representa uma característica presente no conjunto de dados, também referenciada pelos termos atributo, característica, variável e covariável. Aqui, empregaremos o termo atributo. O termo característica será utilizado para denotar um aspecto que pode descrever um conjunto de dados tanto estruturado quanto não estruturado.

São exemplos de conjuntos de dados estruturados uma planilha eletrônica e um BD relacional. A Tabela 1.2 descreve um conjunto de dados estruturado com 6 linhas, correspondendo a 6 objetos, cada objeto representado por um vetor de 4 valores, um valor para cada um dos 4 atributos. Estas tabelas são também conhecidas como tabelas atributo-valor, por associarem valores aos atributos. Para facilitar a referência ao valor do $j^{ésimo}$ atributo para o $i^{ésimo}$ objeto, vamos neste texto representar os objetos pela variável x e o valor do $j^{ésimo}$ atributo do $i^{ésimo}$ objeto por x_i^j.

Para simplificar, vamos remover a primeira coluna da tabela, que apenas identificava cada objeto e, por meio de um exemplo, definir o significado dos atributos e associar um valor a cada atributo de cada objeto da Tabela 1.2, e, como resultado, gerar a Tabela 1.3. A Tabela 1.3 ilustra um exemplo de um conjunto de dados estruturado com 6 objetos, em que cada objeto corresponde a um paciente de uma clínica médica. O estado de saúde de cada paciente é representado pelos valores que ele recebe para cada um dos 4 atributos, que representam a identificação do paciente e 3 sinais vitais medidos para o paciente.

Neste conjunto de dados, cada um dos 4 atributos é chamado atributo descritivo, pois seu valor ajuda a descrever o objeto correspondente. As tarefas geralmente realizadas para conjuntos de dados compostos apenas por atributos descritivos são chamadas tarefas descritivas. A Tabela 1.4 apresenta uma nova versão da Tabela 1.3, agora rotulada por meio do acréscimo de um atributo à tabela, denominado **Diagnóstico**.

Tabela 1.2 Conjunto de dados estruturados

Objeto	Atributo 1	Atributo 2	Atributo 3	Atributo 4
Objeto 1	Valor 1,1	Valor 1,2	Valor 1,3	Valor 1,4
Objeto 2	Valor 2,1	Valor 2,2	Valor 2,3	Valor 2,4
Objeto 3	Valor 3,1	Valor 3,2	Valor 3,3	Valor 3,4
Objeto 4	Valor 4,1	Valor 4,2	Valor 4,3	Valor 4,4
Objeto 5	Valor 5,1	Valor 5,2	Valor 5,3	Valor 5,4
Objeto 6	Valor 6,1	Valor 6,2	Valor 6,3	Valor 6,4

Tabela 1.3 Conjunto de dados estruturados preenchidos

Nome	Batimentos	Pressão	Temperatura
Ana	65	132	38
Bárbara	88	90	37
Cláudia	74	140	38
Pedro	70	115	36
Rosa	81	86	37
Rui	60	138	39

Para diferenciar esse atributo dos demais, definiremos o papel de cada um deles no desenvolvimento de uma solução baseada em CD. No conjunto de dados apresentado na Tabela 1.4, os 4 primeiros atributos são chamados atributos preditivos, pois são geralmente utilizados para predizer o valor do novo atributo. O novo atributo "Diagnóstico" é denominado rótulo ou atributo alvo, por ser o valor que queremos predizer em tarefas preditivas. O conjunto de dados estruturados da Tabela 1.3 é chamado conjunto de dados não rotulado, por não associar um rótulo a cada objeto. Os atributos preditivos também são chamados variáveis independentes, pois seus valores em um objeto, em princípio, não dependem do valor de outra variável do mesmo objeto. O atributo alvo é chamado variável dependente, pois seu valor em um objeto depende do valor de variáveis independentes do mesmo objeto.

Tabela 1.4 Conjunto de dados estruturados e rotulados

Nome	Batimento	Pressão	Temperatura	Diagnóstico
Ana	65	132	38	Doente
Bárbara	88	90	37	Saudável
Cláudia	74	140	38	Doente
Pedro	70	115	36	Doente
Rosa	81	86	37	Saudável
Rui	60	138	39	Doente

Ainda sobre dados estruturados, é importante fazes as seguintes observações.

1. Retornando ao conceito de volume associado a *Big Data*, o volume pode ser definido tanto pelo número de objetos (linhas da tabela) quanto pelo número de atributos (colunas da tabela) de um conjunto de dados.

2. As tabelas atributo-valor mais encontradas assumem que não importa a ordem dos dados no conjunto. Em grande parte dos problemas reais que produzem dados, os dados são gerados em fluxos e, em vários deles, existe uma relação temporal entre os objetos, de forma que os valores de um objeto gerado em um dado instante de tempo afetam ou apresentam alguma relação com os valores do(s) objeto(s) seguinte(s).

Em fluxos de dados, objetos podem ser recebidos em diferentes instantes de tempo e, em cada instante, em diferentes quantidades. São exemplos de fluxos de dados: dados sobre ataques cibernéticos a redes de computadores e dados provenientes de transações realizadas com cartões de crédito. O Quadro 1.1 apresenta as principais diferenças entre um conjunto de dados estático e um conjunto dinâmico, gerado por um fluxo de dados (GAMA, 2012).

Um caso especial de fluxos de dados são as séries temporais. Nas séries temporais, o intervalo de tempo entre a chegada de 2 objetos consecutivos é constante. Séries

Quadro 1.1 Conjunto de dados estruturados e rotulados

Características	Conjunto de dados estático	Fluxo de dados
Acesso aos dados	Aleatório	Sequencial
Quantidade de acessos aos dados	Vários	Único
Tempo de processamento permitido	Ilimitado	Limitado
Espaço de memória disponível	Ilimitado	Limitado
Desempenho preditivo esperado	Preciso	Aproximado
Fonte dos dados	Local	Distribuída

temporais são frequentemente utilizadas para representar a evolução diária do valor das ações de uma empresa e valores de precipitação diária de chuvas em uma dada região. Um exemplo de série temporal representando a precipitação pluviométrica em milímetros para uma região ao longo do tempo é apresentado na Figura 1.1.

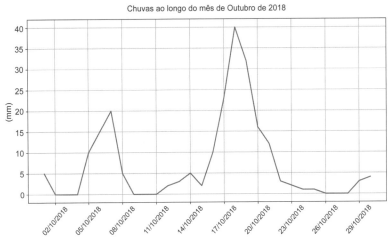

Figura 1.1 Exemplo de visualização de uma série temporal de dados pluviométricos de uma cidade.

Embora a maioria das técnicas de CD tenham sido desenvolvidas para lidar com dados estruturados, cerca de 90%, dos conjuntos de dados reais atualmente produzidos em diversas aplicações possuem dados não estruturados, e essa proporção continua aumentando. Enquanto os dados estruturados são normalmente mais fáceis de serem processados por algoritmos,[2] os dados não estruturados são, em geral, mais facilmente analisados por seres humanos. A Figura 1.2 apresenta alguns exemplos de dados não estruturados, textos, imagens, sons e sequências biológicas.

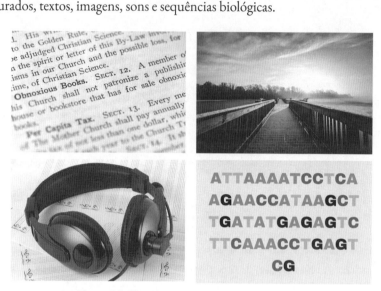

Figura 1.2 Exemplos de dados não estruturados.

Um outro tipo de dados não estruturados muito utilizados são os grafos, estruturas de dados formadas por nós que podem conectar-se a outros por meio de arestas. Grafos são frequentemente usados para representar redes complexas, por exemplo, redes de interação entre proteínas e redes de relacionamentos entre pessoas, como as redes sociais. Em uma rede social, cada nó pode representar uma pessoa e cada ligação ou aresta entre dois nós o grau de relacionamento entre duas pessoas. A Figura 1.3 ilustra um exemplo de um grafo que representa uma rede social.

O formato dos dados vai além da divisão entre estruturados e não estruturados, comportando ainda um formato que fica entre os dois, os dados semiestruturados. Esses dados apresentam partes estruturadas e partes não estruturadas. Um exemplo simples é um *e-mail*, que apresenta uma ou mais partes não estruturadas, o texto e/ou imagem, e uma parte estruturada, que inclui a data e a hora em que foi enviado, o endereço tanto do remetente quanto do destinatário, e o assunto (que, por sua vez, é não estruturado). Outro exemplo de um objeto de um conjunto de dados semiestruturado é um arquivo

---

[2] Programas escritos em uma linguagem de programação para serem executados em dispositivos computacionais.

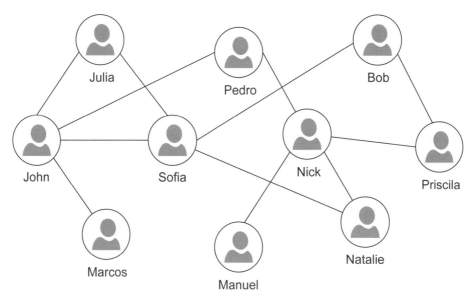

Figura 1.3 Exemplo de um grafo formado por nós, conectados por arestas, representando uma rede social.

no formato XML (*extensible markup language*), que possibilita o compartilhamento de informações na internet.

Para alguns autores, existe ainda um quarto formato, o quase-estruturado, que são os objetos que, apesar de estarem em um formato não estruturado, podem ser facilmente convertidos por meio de ferramentas computacionais em dados estruturados. Neste livro, o termo será associado ao formato originalmente dos dados recebidos, assim objetos quase-estruturados serão considerados não estruturados. Como já adiantado nos parágrafos anteriores, esses conjuntos de dados, nos três diferentes formatos adotados, podem vir de várias fontes, com origem advinda de diferentes dispositivos físicos, que é o caso para:

- sinais de localização de *smartphones*;
- atividades em servidores e aplicativos;
- jogos em plataformas *on-line*;
- sensores ambientais;
- tecnologias vestíveis;
- imagens, sons e vídeos.

Assim como por meio de atividades realizadas por nós, que incluem:

- alimentação de *blogs*;
- escrita de *e-mails*;
- interações em redes sociais;
- busca e navegação na internet;
- compartilhamento de arquivos.

É importante salientar que várias técnicas utilizadas para AD funcionam apenas para conjuntos de dados rotulados. Neste livro, usaremos em várias partes os termos abordagem, método, técnica, algoritmo e ferramenta. Com o intuito de tornar mais claro o sentido pretendido para esses termos, segue o significado adotado neste livro, adaptado de Donald B. Hofler (HOFLER, 1983), para cada um deles:

- **Abordagem:** suposições adotadas para resolver um dado problema.
- **Método:** sequência de passos adotados para resolver um problema de acordo com uma dada abordagem.
- **Técnica:** estratégia ou procedimento utilizado para detalhar o funcionamento de determinado método. Mais de uma técnica pode ser necessária para detalhar o funcionamento de um método.
- **Algoritmo:** sequência de passos que define como implementar uma técnica, facilitando sua codificação em uma linguagem de programação e permitindo o funcionamento da técnica em um dispositivo computacional.
- **Ferramenta:** conjunto de programas em que cada programa é um código escrito em uma linguagem de programação para implementar um ou mais algoritmos.

1.3 Bancos de Dados

Quando um conjunto de dados é pequeno, ele geralmente é mantido em um simples arquivo de texto. Quando os dados são estruturados, eles podem ser mantidos em arquivos tabulados ou planilhas. Essas estruturas de armazenamento, no entanto, limitam ou dificultam a exploração do conjunto de dados.

Por isso, dados estruturados que ocupam um grande espaço ou volume de armazenamento são, em geral, reunidos em sistemas de informação baseados em gerenciamento de arquivos, que incluem rotinas específicas para tarefas bem definidas e otimizam o armazenamento e operações para consulta, remoção e alteração de objetos no conjunto de dados usando estruturas de dados. Para algumas aplicações, as estruturas mais simples de armazenamento e gerenciamento de arquivos podem apresentar problemas como:

- Redundância e variação de formato, por permitirem a existência de vários formatos de arquivos e a duplicação de informações em arquivos diferentes.
- Dificuldade de acesso aos dados, tornando necessária a escrita de um novo código para realizar cada nova tarefa.
- Falta de integridade, que, por não deixar claras as restrições, pode gerar inconsistências nos dados. Por exemplo, um atributo assumir um valor negativo, quando deveria ter apenas valores positvos.
- Inconsistência, por possibilitar o acesso simultâneo por mais de um usuário, que permite que, em um acesso posterior, um usuário desfaça alterações feitas por outro sem informá-lo da nova alteração.
- Segurança, pois, em certos cenários de brechas, alguns usuários podem ter acesso a dados cujo acesso não deveria ser permitido a eles.

Uma alternativa para eliminar, ou pelo menos reduzir, esses problemas, permitindo um acesso eficiente e seguro aos dados, é a adoção de um Sistema de Gerenciamento de Bancos de Dados (SGBD). Um SGBD organiza os dados em uma estrutura predefinida e abrange operações para incluir, consultar e modificar valores em um BD. O BD é uma área da Computação que estuda e propõe métodos e ferramentas para realizar essas operações. O desenvolvimento de um BD inclui três níveis de projeto: o projeto conceitual, o projeto lógico e o projeto físico.

O projeto conceitual utiliza conceitos da aplicação conhecidos pelo usuário para especificar o sistema no nível mais elevado. Para isso, leva em conta os requisitos do conjunto de dados e define a estrutura do BD, o relacionamento entre os atributos e as restrições que devem ser atendidas. Nele, os dados são modelados usando um modelo conceitual, o mais comum sendo o modelo entidade-relacionamento. Nesse modelo, entidades são componentes ou objetos do mundo real (físicos ou não) e relacionamento mostra quais as relações que existem entre estes componentes.

Adotando o exemplo já citado de uma clínica médica, cada paciente é uma entidade. Suponha um segundo conjunto de dados em que cada entidade é um médico que atende na clínica e que os atributos preditivos são os exames que cada médico prefere pedir para seus pacientes. Um relacionamento pode existir para definição do médico que acompanha cada paciente e quais exames podem ser solicitados por aquele médico.

No projeto lógico, é feito um mapeamento do modelo conceitual para o modelo lógico do SGBD. Um exemplo de modelo lógico é o modelo relacional, que estrutura o BD no formato de tabelas, como as tabelas atributo-valor apresentadas no início deste capítulo, criando um banco de dados relacional. Para cada tabela, um atributo pode ser selecionado para identificar de forma única cada objeto, este atributo é chamado atributo chave. Caso nenhum dos atributos originais possa ser utilizado como atributo-chave, um novo atributo pode ser criado para ser o atributo-chave. Uma tabela pode ter mais de uma chave, sendo chamadas chaves candidatas. Dentre elas, uma é escolhida para ser priorizada, sendo denominada classe primária ou principal.

No último nível, chamado projeto físico, o projeto lógico é fisicamente implementado na memória do dispositivo computacional, definindo a política de uso do espaço de memória, os mecanismos de proteção ao acesso aos dados, o protocolo de alteração ou remoção indevida de dados, a redução do tempo de espera pela resposta a uma operação realizada e a robustez para falhas lógicas ou físicas.

A concepção e o uso de um BD relacional são realizados por meio de uma linguagem relacional, similar às linguagens de programação, mas restrita para lidar com bancos de dados. A linguagem relacional mais popular é a linguagem de consulta estruturada (SQL, *structured query language*). A SQL é dividida em duas sublinguagens: linguagem de definição de dados (DDL, *data definition language*) e a linguagem para manipulação de dados (DML, *data manipulation language*).

A DDL é formada por um conjunto de comandos que definem a estrutura e as restrições de um conjunto de dados, por exemplo, os referentes à definição, alteração e exclusão de relacionamentos (tabelas). A DML possui comandos para realizar consultas em um BD e para alterar o que estiver armazenado pela inserção, exclusão ou alteração de dados.

1.4 História da Ciência de Dados

Poucos termos ficaram tão populares em tão pouco tempo como Ciência de Dados. Embora sua popularidade em textos associados à ciência, tecnologia e inovação seja recente, o termo foi proposto décadas atrás, por pesquisadores das áreas de Computação e de Estatística.

Os desdobramentos do tema AD contribuíram para a popularização de dois outros termos relacionados: Inteligência Artificial (IA) e *Big Data*. O grande número de aplicações desses temas no nosso dia a dia é um reflexo da relevância dos dados na era moderna. Está cada vez mais fácil encontrar aplicações em que algoritmos de IA substituem parcial ou totalmente algumas atividades humanas.

Dessa forma, você pode perguntar, qual a ligação entre IA e CD? Uma das principais etapas das soluções computacionais baseadas em CD é o uso de modelos gerados por algoritmos de IA, em particular algoritmos de Aprendizado de Máquina (AM). O processo de geração desses modelos, chamado modelagem, será abordado mais adiante neste livro. A Figura 1.4 ilustra a relação entre a IA, *Big Data* e CD, mostrando a área de AM como o elo que as liga.

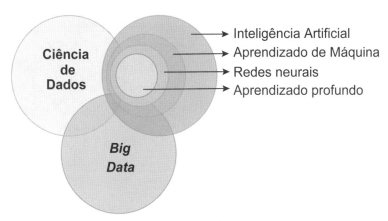

Figura 1.4 Relação entre IA, *Big Data* e CD. Fonte: adaptada de *Towards Data Science*.[3]

O termo IA apareceu pela primeira vez em 1955, no título de uma proposta de projeto de verão a ser realizado no Dartmouth College, em Hanover, Nova Hampshire, nos Estados Unidos. O termo foi definido como a ciência e engenharia de fazer máquinas inteligentes, a fim de denominar a área em que estes pesquisadores estavam trabalhando. John McCarthy propôs este termo por considerá-lo neutro, nem tão específico como teoria dos autômatos, nem tão focado em mecanismos de *feedback*, como cibernética (MCCARTHY *et al.*, 2018).

O projeto solicitava recursos para custear uma reunião de pesquisadores que trabalhavam em temas de pesquisa correlatos para discutir o que estava sendo feito nesses temas e o que ainda poderia ser feito no futuro. A proposta do projeto foi submetida por John McCarthy (Professor Assistente de Matemática, do Dartmouth College), Marvin Minsky (autor do livro "Perceptron", que apontou limitações da rede neural perceptron), Claude Shannon (pai da teoria da informação) e Nathaniel Rochester (projetou o primeiro computador científico a ser produzido em massa).

---

[3] Disponível em: https://towardsdatascience.com/role-of-data-science-in-artificial-intelligence-950efedd2579. Acesso em: 26 abr. 2023.

Aprovado o financiamento ao projeto, ele foi realizado no verão de 1956. Originalmente planejado para durar 2 meses (18 de junho a 17 de agosto) e reunir 11 pesquisadores, não contou com a participação de um deles, John Holland, que desempenhou um importante papel na criação da computação evolucionária. Na sua realização, o evento teve, no total, a participação de 20 pesquisadores dediversas áreas. Os temas discutidos incluíam computadores, processamento de linguagem natural, redes neurais, teoria da computação, abstração e criatividade.

A lista dos 20 pesquisadores que participaram do evento incluiu ainda o cientista político Herbert Simon e o pesquisador Allen Newman, ganhadores do Prêmio Turing (*Turing Awards*), equivalente ao Prêmio Nobel na área de Computação, em 1975. Simon ganhou também o Prêmio Nobel de Economia em 1978 por seus trabalhos em tomada de decisão. Outro participante, John Nash, famoso pelo equilíbrio de Nash, ganhou o Prêmio Nobel de Economia em 1994 por sua contribuição para a teoria dos jogos. Arthur Samuel, que cunhou, em 1959, o termo "Aprendizado de Máquina", que veio a se tornar uma das mais populares subáreas da IA, o fez para descrever um programa que desenvolveu para o jogo de damas.

Desde então, a IA teve uma existência conturbada, ora no topo da onda, quando era vista como capaz de superar os seres humanos na realização de várias tarefas, ora no fundo do poço, quando vista como uma área que fazia promessas exageradas, o que levou algumas vezes ao seu descrédito. Os avanços ocorridos nas últimas décadas em AM, associados ao progresso tecnológico que deu suporte ao fenômeno de *Big Data*, transformaram a nossa maneira de analisar dados.

Um dos primeiros pesquisadores a chamar atenção para a importância da união das áreas da Computação e Estatística para a AD foi o estatístico e matemático John Tukey, em seu artigo intitulado *The Future of Data Analysis* (TUKEY, 1962). Cerca de 15 anos antes, em 1947, Tucker propôs o termo *bit*, que viria a ser utilizado em 1948 por Claude Shannon quando formulou a teoria da informação, usado até hoje para medir espaço de armazenamento e taxa de transmissão de dados.

Em 1974, o cientista da computação dinamarquês Peter Naur, que ganhou o Prêmio Turing de 2005 por suas contribuições em projetos de linguagens de programação, publicou o livro "Concise Survey of Computer Methods", quando propõe o termo "Ciência de Dados", usado no título da Seção 1.8 "A Basic Principle of Data Science". Nesse livro, Naur define CD como a "ciência de lidar com dados, após definidos, enquanto a relação com o que eles representam é delegado a outros campos e ciências" (NAUR, 1974).

Outro passo importante para a consolidação da CD ocorreu em 1977, quando o Instituto Internacional de Estatística (ISI, *International Statistical Institute*) criou a Associação Internacional de Computação Estatística (IASC, *International Association for Statistical Computing*). A IASC, uma das 7 associações do ISI, tem como missão combinar "a metodologia estatística tradicional, a tecnologia moderna da computação e o conhecimento de especialistas de domínio de conhecimento para converter dados em informação e conhecimento".

Em 1985, em uma palestra ministrada na Academia Chinesa de Ciências, o Professor de Engenharia Industrial e de Sistemas do Instituto de Tecnologia da Georgia (Georgia Tech, *Georgia Institute of Technology*) Chien-Fu Jeff Wu definiu CD como sinônimo de Estatística.

Em 1996, uma conferência da Federação Internacional das Sociedades de Classificação (IFCS, *International Federation of Classification Societies*) incluiu CD entre os possíveis tópicos para submissão de artigos. Os anais da conferência foram publicados em 1998, em um livro intitulado "Studies in Classification, Data Analysis, and Knowledge Organization" (HAYASHI *et al.*, 1998). Dentre os artigos no livro, um tem como título "What is Data Science? Fundamental Concepts and a Heuristic Example", escrito por um dos organizadores do livro, Chikio Hayashi. O autor escreveu esse capítulo motivado por uma pergunta de um participante da conferência sobre o que é CD.

Em seu capítulo publicado no livro, Hayashi responde que CD não é apenas um conceito sintético para unificar Estatística, AD e os métodos relacionados, mas também por incluir seus resultados. Para isso, ele argumenta que a CD possui 3 fases: projeto para dados, coleta de dados e análise dos dados. Ainda segundo o autor, "o objetivo da CD é revelar, por meio dos dados, as características ou a estrutura ocultas de fenômenos naturais, humanos e sociais de um ponto de vista diferente da teoria e método estabelecido ou tradicional". Neste meio tempo, em 1997, o Prof. Wu sugeriu, em uma palestra realizada na Universidade de Michigan, a substituição do termo Estatística por CD, e que os estatísticos fossem chamados cientistas de dados, comentando com uma piada que isso faria com que estatísticos recebessem melhores salários (CHIPMAN; JOSEPH, 2016).

1.5 O que é Ciência de Dados?

Começaremos esta seção dando nossa definição de CD: **a CD é uma área de conhecimento que estuda e aplica princípios e técnicas, implementados por meio de algoritmos, para extrair conhecimento novo, relevante e útil de um conjunto de dados.** Ela busca respostas para a seguinte pergunta: como extrair (eficientemente) **conhecimento em (grandes) conjuntos (de fluxos) de dados que apoie o processo de tomada de decisão?**

Com frequência, o termo CD é empregado como sinônimo de *Big Data*. Nosso entendimento é que enquanto *Big Data* diz respeito ao estudo e desenvolvimento de tecnologias para lidar com dados, englobando coleta, armazenamento, processamento e transmissão de dados, CD lida com a formulação de soluções computacionais para transformação, preprocessamento e modelagem de dados que permitam extrair conhecimento de um conjunto de dados.

1.6 Considerações Finais

O estudo de todo o contexto visto neste capítulo sobre a área de CD tem como um dos objetivos a compreensão de que ela tanto pode ser encarada como uma ciência por si só, ou seja, um campo de estudo que visa extrair ao máximo todos os *insights* provenientes dos dados independentemente da sua fonte, como também como uma ferramenta única na mão de cientistas de outras áreas para melhor entender os desafios e oportunidades que os cercam. A área de CD evoluiu quase paralelamente às áreas de Computação, de Estatística e de Matemática, unindo conceitos e técnicas complementares para permitir uma melhor AD e conciliando uma base tanto de Estatística quanto de Matemática com o uso de ferramentas computacionais. Apesar de nova, a CD já nasceu para ser abrangente e dinâmica, incorporando várias etapas que vão desde a compreensão do problema a ser tratado, passando por transformações, tratamentos, pré-processamentos e modelagem, até a etapa de validação, que permite o seu uso em problemas teóricos e aplicados.

Capítulo 2   Ciência de Dados na Prática

Na prática, a teoria é outra, uma frase que chama a atenção para os desafios e as dificuldades de pôr conceitos teóricos em prática com situações reais. A história está repleta de casos em que, embora todos os aspectos teóricos estivessem bem especificados e compreendidos, a prática não foi necessariamente bem-sucedida. Para dar um exemplo disso, suponhamos que você quer aprender a tocar violão.

Para isso, você compra livros de teoria musical e sobre a estrutura e funcionamento de um violão. Por mais que você se dedique a ler e aprender todos os conceitos teóricos, provavelmente, sem a prática, e uma prática aprendida corretamente para evitar vícios, é quase certo que você não tocará bem o violão. Principalmente se você não souber como segurar o violão, como dedilhar, como tocar no ritmo correto ou a melhor forma de fazer os acordes.

É importante destacar que também não basta saber apenas a prática, mas também conhecer e entender a teoria. Se você começar a tocar violão aprendendo apenas as cifras que você achou na internet, você não saberá a razão de uma sequência de acordes, como melhorar a melodia experimentando acordes diferentes, nem conseguirá tocar músicas mais elaboradas ou sofisticadas. O desenvolvimento de um projeto de Ciência de Dados (CD) segue um raciocínio semelhante.

A principal diferença é que se você não conseguir melhorar a forma de tocar uma música em um violão, tocar mal, não convencer que você sabe tocar ou não conseguir sequer tocar, você não vai ferir ou machucar, gerar prejuízos ou causar danos materiais. Este capítulo apresenta, de uma forma introdutória e breve, alguns tópicos que consideramos relevantes para produzir, na prática, uma boa solução de CD. Para isso, assumimos que você dominará os conceitos teóricos.

2.1 Etapas de um Projeto de Ciência de Dados

A execução de um projeto de CD ocorre por meio de um processo ou *pipeline*, formado por uma sequência de etapas de processamento. Uma das primeiras propostas para sistematizar todo o processo de extração de conhecimento de conjuntos de dados foi a área de Descoberta de Conhecimento em Bancos de Dados (KDD, *knowledge discovery in databases*), definida como "o processo não trivial de identificar padrões válidos, novos, potencialmente úteis e ultimamente entendíveis em dados" (FAYYAD; PIATETSKY-SHAPIRO; SMYTH, 1996). Esses padrões frequentemente são relações estatísticas. Em seguida, os autores definem esse processo, iterativo e interativo, formado por uma sequência de nove passos:

1. Entender o domínio da aplicação e conhecimento prévio relevante, além de identificar o objetivo do processo do ponto de vista do cliente.

2. Selecionar um conjunto de dados, uma amostra de um conjunto ou um subconjunto de atributos, descoberta.

3. Limpar o conjunto de dados, melhorando sua qualidade, e pré-processar os dados, que pode incluir a identificação e remoção de ruídos, o tratamento de valores ausentes em atributos, e o manejo para lidar com aspectos temporais.

4. Reduzir a dimensionalidade dos dados, projetando ou selecionando os atributos mais relevantes para a tarefa a ser realizada.

5. Conciliar o objetivo do processo KDD (definido no passo 1) com a tarefa de Mineração de Dados (MD) (por exemplo: classificação, agrupamento, sumarização, ...).

6. Escolher o(s) algoritmo(s) a ser(em) utilizado(s), ajustar o valor de hiper-parâmetros, selecionar modelos gerados pelo(s) algoritmo(s) e conciliar os critérios usados na seleção de modelos com o objetivo do cliente (por exemplo: melhor desempenho preditivo, menor custo computacional, ...).

7. Minerar os dados, procurando por padrões de interesse nos modelos gerados, conforme a representação do modelo e a tarefa de MD.

8. Interpretar os padrões minerados, por meio de técnicas de visualização, podendo retornar a qualquer um dos passos anteriores.

9. Agir utilizando o conhecimento descoberto, incorporando-o em novos sistemas para ações posteriores, ou apenas documentá-lo e comunicá-lo ao cliente, além de buscar e resolver possíveis conflitos de interesse com algum conhecimento anterior.

A partir do segundo passo do processo de KDD é possível voltar para qualquer um dos passos anteriores, e o desempenho em cada passo depende do próprio desempenho de cada passo anterior. O *pipeline* com a sequência destes passos é ilustrada na Figura 2.1, presente no mesmo artigo.

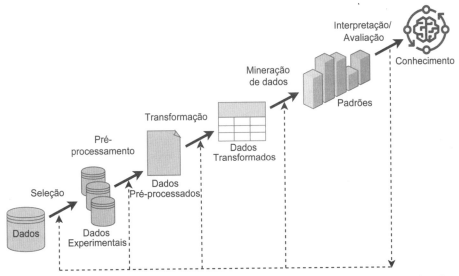

Figura 2.1 *Pipeline* do processo KDD. Fonte: adaptada de Fayyad, Piatetsky-Shapiro e Smyth (1996).

A proposta do processo de KDD tem uma forte influência da área da Computação, deixando de incorporar etapas adotadas em outras áreas de conhecimento, sobretudo da Estatística. A área de Estatística produziu nos últimos séculos uma rica fonte de conhecimento que possibilitou o desenvolvimento de uma grande gama de ferramentas matemáticas para Análise de Dados (AD).

Um dos vários exemplos bem-sucedidos de combinação de conhecimentos dessas duas áreas (Computação e Estatística) foi a decodificação da máquina alemã de criptografia Enigma por Alan Turing, um dos pais da computação, que deu o nome ao principal prêmio internacional da área. Movimentos naturais provenientes tanto da Computação quanto da Estatística perceberam a importância de fortalecer a ligação entre as duas áreas, para uma extração mais robusta e confiável de conhecimento a partir de dados.

Uma metodologia semelhante ao processo de KDD foi proposta no mesmo ano, 1996, pelo projeto CRISP-DM (*CRoss-Industry Standard Process for Data Mining*) (CHAPMAN *et al.*, 2000). Esse projeto, que em 2017 tornou-se da União Europeia, teve inicialmente a participação de três empresas, listadas em seguida:

1. A empresa alemã Daimler-Benz, que aplicava MD em suas operações.

2. Integral Solutions Ltd. (ISL), uma empresa britânica que prestava serviços de MD desde 1990 e desenvolveu Clementine, a primeira ferramenta comercial para minerar dados.

3. A corporação National Cash Register (NCR), desenvolvedora de *software* sediada nos Estados Unidos, com o propósito de aumentar o valor de seu grande Banco de Dados (BD) de clientes.

De acordo com dados mais recentes do projeto do CRISP-DM (MARTÍNEZ-PLUMED *et al.*, 2021), apesar de ter mais de 20 anos, tal processo de definição de etapas ainda hoje é utilizado por empresas. Sua estrutura está descrita na Figura 2.2.

A metodologia CRISP-DM desenvolveu um novo fluxo de processo para descoberta de conhecimento, a partir do processo de KDD, para responder às demandas das indústrias. Para isso, definiu e validou o processo utilizado em vários setores industriais. A metodologia CRISP-DM tinha por meta tornar os projetos:

- mais rápidos;
- mais baratos;
- mais confiáveis; e
- mais facilmente gerenciáveis.

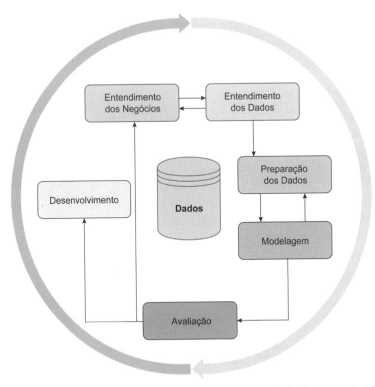

Figura 2.2 *Pipeline* da metodologia CRISP-DM. Fonte: adaptada de Chapman *et al.* (2000).

CRISP-DM pode ser aplicada tanto a grandes quanto a pequenos projetos e, até a publicação deste livro, é o padrão adotado pela grande maioria das empresas (MARTÍNEZ-PLUMED *et al.*, 2021). Mudanças nas aplicações de MD em empresas ocorridas desde a proposta da metodologia levaram a novas necessidades. Como resultado, várias alterações foram propostas, entre elas mudanças sugeridas pelo grupo de interesse especial (SIG, *special interest group*) CRISP-DM 2.0, que incluíam:

- divisão da fase de preparação de dados;
- métodos de avaliação na fase de modelagem;
- fase de avaliação associada à avaliação na empresa, podendo também ser adotada em outras organizações, como centros de pesquisa, laboratórios e hospitais; e
- inclusão de uma fase de monitoramento.

No entanto, o SIG foi desfeito antes de a nova versão ser disponibilizada. No estudo apresentado em Martínez-Plumed *et al.* (2021), os autores discutem se a metodologia

CRISP-DM ainda é adequada para as mudanças que ocorreram, principalmente com a gradativa substituição da MD pela CD. Para perceber melhor esta substituição, a Tabela 2.1 sumariza as principais diferenças entre MD e CD.

Tabela 2.1 Principais diferenças entre Mineração de Dados e Ciência de Dados

Mineração de Dados	Ciência de Dados
Área de conhecimento, que surgiu a partir da área de BD, parte do processo de KDD	Área multidisciplinar, que surgiu da combinação de conceitos da Computação, da Estatística e da Matemática
Abrange a descoberta de padrões em dados	Abrange praticamente tudo que diz respeito à AD
Utiliza modelos gerados para extrair informações de um conjunto de dados	Inclui coleta, dados, melhoria da qualidade dos dados, transformação de dados, pré-processamento de dados, indução e aplicação de modelos, visualização de dados, modelos e resultados, análise e validação do conhecimento extraído, e uso do conhecimento
Trabalha com dados estruturados	Trabalha com dados estruturados, semiestruturados e não estruturados
Surgiu de demandas empresariais	Surgiu de demandas científicas
Maior foco no processo de negócio	Maior foco na ciência dos dados
Orientada a objetivos, com foco no processo de negócio	Orientada a dados, com foco na exploração de dados
Orientada a objetivos	Orientada a objetivos, orientada à exploração de dados ou orientada a gerenciamento de dados
É abrangida pela CD	Inclui a Mineração de Dados

Em sinergia com estas mudanças, os autores argumentam que, com a CD, os projetos se tornam mais exploratórios, levando a uma maior variação de *pipelines*, precisando de uma metodologia mais flexível, baseada em trajetórias em vez de processos e execução de diferentes tarefas. Essa alteração pode ajudar o planejamento de projetos a reduzir tempo e custo. É importante destacar que as atividades em um projeto de CD podem ser orientadas a objetivos, orientadas à exploração de dados e orientadas a gerenciamento de dados. A Figura 2.3 apresenta as diferentes atividades que podem estar presentes em um projeto de CD. Um projeto pode incluir tanto uma das três categorias de atividades, como mais de um dos tipos em simultâneo.

Figura 2.3 Atividades de Ciência de Dados. Fonte: adaptada de Martínez-Plumed *et al.* (2021).

No mesmo artigo, os autores observam que CRISP-DM, pelo protagonismo da MD, considera o "como" o aspecto mais importante, onde os dados são somente ingredientes para atingir um objetivo. Para a CD, os dados são o que mais conta, estimulando iniciativas que procurem respostas para como melhor extrair valor desses dados. Com isso, ocorre um movimento de uma atitude prescritiva (passos necessários para atingir um objetivo) para inquisitiva (o que fazer para extrair valor dos dados).

Enquanto a MD, principal grupo de atividades da metodologia (MARTÍNEZ-PLUMED *et al.*, 2021), minera os dados para buscar materiais (conhecimentos) preciosos em um dado local (conjunto de dados), a CD faz uma prospecção (exploração) para encontrar o local (conjunto de dados) mais promissor para encontrar esses materiais (conhecimentos). Essa tarefa é realizada a partir de um estudo preliminar deste local, podendo fazer alterações, até encontrar material de valor elevado. Este processo exploratório pode incluir atividades como as listadas a seguir:

- **Exploração de objetivo:** encontrar os objetivos de negócio, de uma forma orientada a dados.
- **Exploração da fonte de dados:** descobrir novas fontes de dados que sejam valiosas.

- **Exploração do valor dos dados:** destrinchar o valor que pode ser extraído dos dados.

- **Exploração dos resultados:** quais resultados obtidos pelo uso da CD estão relacionados com os objetivos de negócio.

- **Exploração da narrativa:** extrair dos dados histórias que sejam valiosas.

- **Exploração do produto:** encontrar alternativas para tornar o valor extraído dos dados em um aplicativo ou serviço, que entregue algo novo e valioso para usuários e consumidores.

Além disso, na CD, a ordem dos passos depende do domínio, das descobertas e das decisões do cientista de dados. Por exemplo, se o valor extraído não for satisfatório, a fase de exploração pode ser retomada. No terceiro grupo de atividades em um projeto de CD, para aquelas orientadas a gerenciamento de dados, diferentes situações devem ser consideradas. Por exemplo, quem tem a posse dos dados e quem será beneficiado pela realização das tarefas. Essas atividades, segundo a metodologia CRISP-DM (MARTÍNEZ-PLUMED et al., 2021), estão descritas a seguir:

- **Aquisição de dados:** obtenção ou produção de dados relevantes, por exemplo, por meio de sensores ou aplicativos.

- **Simulação de dados:** simulação de sistemas complexos para gerar dados úteis, fazer perguntas causais (se A (causa), então B (efeito)).

- **Arquitetura de dados:** projetar arquitetura lógica e física dos dados e integração de dados provenientes de diferentes fontes.

- **Disponibilização dos dados:** disponibilizar os dados por bancos de dados, interfaces e imagens geradas por ferramentas de visualização científica.

Com isso, a CD permite que diferentes metodologias e trajetórias sejam adotadas em certas situações, não existindo uma "melhor metodologia", o que é semelhante ao que ocorre na área de Engenharia de *Software*, em que, para cada situação, uma dada metodologia pode ser mais indicada (VIJAYASARATHY; BUTLER, 2016). Para incorporar à metodologia CRISP-DM as novas atividades que podem fazer parte de um projeto de CD, Martínez-Plumed *et al.* (2021) propõe um novo diagrama geral, que permite representar diferentes trajetórias, denominado Trajetórias de Ciência de Dados (TCDs), ilustrado na Figura 2.4. No primeiro círculo interno da figura estão as atividades de CRISP-DM, as orientadas a objetivos, e no ciclo mais interno, o núcleo da figura, as atividades orientadas ao gerenciamento de dados. CRISP-DM não foi descartado por ser uma das principais trajetórias em projetos de CD.

Figura 2.4 Diagrama geral das Trajetórias de Ciência de Dados. Fonte: adaptada de Vijayasarathy e Butler (2016).

A Figura 2.5 mostra um exemplo de TCD para um projeto de CD. Estas trajetórias podem ser usadas como modelos para cientistas de dados planejarem seus novos projetos.

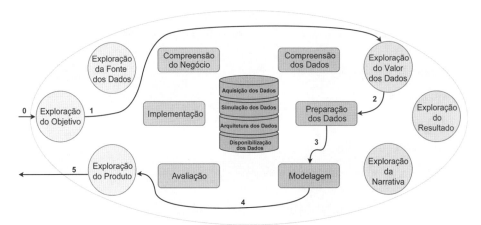

Figura 2.5 Diagrama geral das Trajetórias de Ciência de Dados com exemplos de trajetórias. Fonte: adaptada de Martínez-Plumed et al. (2021).

Como pode ser visto, o modelo de TCD, adicionando processos orientados à exploração e gerenciamento de dados, representa melhor a realidade de projetos de CD.

Além disso, aumenta a flexibilidade dos processos e trajetórias para execução de um projeto.

2.2 Ciclo de Vida dos Dados

De acordo com Berman *et al.* (2018), dados, assim como organismos biológicos, possuem um ciclo de vida, que vai do nascimento a uma vida ativa. No entanto, dados podem tanto ser removidos (morrer) ou permanecerem vivos para sempre, atingindo a imortalidade. Também, similarmente aos seres vivos, dados sobrevivem se estiverem em um ambiente que fornece suporte físico, contexto social e um sentido para existir. Segundo os autores do artigo, o ciclo de vida dos dados é crucial para as oportunidades e desafios de tirar o máximo dos dados digitais. A Figura 2.6 ilustra os componentes do ciclo de vida dos dados.

Figura 2.6 Ciclo de Vida dos Dados. Fonte: adaptada de Berman *et al.* (2018).

Conforme a figura, o ciclo de vida é composto por cinco etapas:

- aquisição dos dados;
- limpeza de dados;
- uso e reúso dos dados;
- publicação dos dados; e
- preservação ou destruição dos dados.

Cada uma dessas etapas é composta por atividades e, em todas elas, devem ser considerado o ambiente, que inclui os aspectos ético, político, de gerenciamento, a plataforma utilizada e o domínio dos dados a serem analisados. Infelizmente, na maioria das vezes, essas etapas são realizadas isoladamente:

- Quem gera os dados foca apenas na geração e uso dos dados.

- Profissionais de tecnologia da informação e de comunicação (TIC) preocupam-se apenas com a plataforma utilizada e o desempenho obtido, incluindo as técnicas para transformação, tratamento, pré-processamento, modelagem, extração de conhecimento e visualização.
- Engenheiros focam nos processos físicos para a extração de dados, processamento de sinais e controle de instrumentos.
- Estatísticos focam nos modelos matemáticos para análise de risco e inferência.
- Cientistas de informação e de biblioteconomia priorizam o gerenciamento e preservação dos dados, além da aquisição, publicação, arquivamento e curadoria dos dados.

Temos uma grande oportunidade para o desenvolvimento de ciclos de vida que sejam efetivos, combinando conhecimento e esforços de profissionais dessas diferentes áreas de conhecimento.

2.3 Lago de Dados

A revolução trazida pelo *Big Data*, e a necessidade de lidar com as diferentes demandas para uso dos dados, motivaram a busca por alternativas mais eficientes de armazenar, manter e disponibilizar os dados que estavam sendo gerados e coletados. Uma dessas alternativas é a utilização de um lago de dados (*data lake*).

Um lago de dados é um repositório de dados que propicia o armazenamento, manutenção e disponibilização de uma grande quantidade e variedade de dados "crus", dados em seus formatos originais. A organização de dados em lagos possui vários benefícios, dentre os quais se destacam:

- Permite o acesso e a exploração desses dados por vários usuários de diferentes necessidades ou demandas.
- Facilita a integração das fontes, que exercem, papel semelhante ao de afluentes que alimentam um lago, de dados de uma organização.
- Favorece a captura, a mistura e a exploração de novos tipos de dados, possibilitando a extração conhecimentos novos e de maior valor.

Uma estrutura maior e mais sofisticada para coletar, armazenar, manter e disponibilizar dados, como os lagos de dados, precisa ser bem gerenciada, sob o risco de que os dados não sejam encontrados ou que o lago se torne um depósito de entulho ou poluído. Esse gerenciamento é chamado de governança de dados.

2.4 Governança de Dados

Até pouco tempo atrás, a geração de dados era consequência das atividades realizadas por órgãos públicos e privados. Os dados não eram gerados tendo em mente que alguém iria explorá-los e não eram organizados, atualizados ou corrigidos, ao contrário, eram mal cuidados, contaminados, descartados ou esquecidos em algum canto. Com a compreensão do valor dos dados, cresceu a consciência da necessidade de iniciativas de governança para melhor gerenciá-los.

A governança de dados é uma estratégia, com um conjunto de práticas, para gerenciamento de dados, garantindo a qualidade, a integridade, a segurança e a usabilidade dos dados coletados ou gerados por uma organização (ERYUREK *et al.*, 2021). Ela deve ocorrer desde o momento em que o dado é coletado ou gerado até o momento em que os dados são destruídos ou removidos para serem arquivados.

Para isso, a governança deve seguir um conjunto de boas práticas (códigos de comportamento) e processos para que a manipulação de dados ocorra de uma forma adequada, seguindo um padrão. Ela tem por meta garantir que os dados sejam:

- acessíveis para quem deles precisa e tem permissão;
- confiáveis;
- documentados;
- seguros.

Para isso, são definidas permissões e responsabilidades para que os dados tenham qualidade e sejam acessados e utilizados de forma correta, segura e responsável, respeitando sua integridade, e como podem ser apagados ou removidos. A governança de dados define quais são os direitos e as responsabilidades de quem realizará ações sobre:

- quais dados;
- de que forma;
- quando;
- em que situações ou circunstâncias;
- utilizando quais métodos.

Para tal, o modelo de governança adotado deve definir regulações e políticas sobre como essas ações devem ser realizadas. Um bom modelo de governança deve garantir que os dados sejam confiáveis e que as pessoas que realizam ações que usem ou afetem os dados sejam responsabilizadas. A governança pode incluir ainda aspectos tecnológicos, relacionados com a infraestrutura utilizada, as ferramentas utilizadas e disponibilizadas e ao ciclo de vida dos dados.

O responsável pela governança de dados é geralmente chamado de gerente de governança de dados (*data stewards*). Para funcionar bem, a governança de dados deve vir acompanhada de uma atividade de curadoria. A tarefa de governança de dados é semelhante à tarefa de um administrador ou gestor. A tarefa de curadoria de dados é semelhante à tarefa de um museólogo, galerista, bibliotecário ou cientista da informação.

2.5 Curadoria de Dados

Enquanto a governança de dados define as responsabilidades, as práticas, o processo e as políticas que gerenciam a criação, o acesso, o uso e a destruição ou arquivamento dos dados, a curadoria visa aperfeiçoar os metadados e a sua qualidade, facilitando sua preservação e exploração. A curadoria de dados tem similaridades com a curadoria de arte em museus e galerias, em que objetos encontrados na natureza, como animais, plantas e pedras, ou objetos criados por seres humanos, como quadros, esculturas, ou tecnologias, são documentados. Nesses casos, cada obra é documentada com informações relacionadas com a procedência, natureza, entre outros.

Um dos principais museus do mundo é o Museu de Louvre, que fica em Paris. O Louvre, como é mais conhecido, exibe cerca de 35.000 obras de arte, de um seu acervo de aproximadamente 480.000 obras, em 72.000 m^2 com 14 km de galerias. Sua obra mais antiga, com 9.000 anos, é a estátua de Ain Ghazal, proveniente da Jordânia, do período Neolítico Pré-cerâmico. Sua obra mais famosa é provavelmente o quadro da Monalisa, de Leonardo da Vinci.

Em 2022, um dos curadores de uma filial do Louvre em Abu Dhabi, o Louvre Abu Dhabi, nos Emirados Árabes Unidos, foi acusado de prover informações falsas sobre a proveniência de obras de arte em um esquema de tráfico de obras de arte egípcias. O Louvre possui oito departamentos de curadoria, em que cada um mantém seu inventário em um BD com informações sobre cada obra de arte associada a ele, utilizados tanto para gerenciamento das obras como para atividades de pesquisa, entre eles:

- antiguidades do Oriente Médio;
- antiguidades egípcias;
- antiguidades gregas, etruscas e romanas;
- arte islâmica;

- pinturas;
- esculturas medievais, renascentistas e modernas;
- impressões e desenhos;
- artes decorativas medievais, renascentistas e modernas.

Como no museu, uma das principais atividades do ciclo de vida de CD é a curadoria e a governança dos dados. Os bens mais valiosos da CD são os conjuntos de dados. Como qualquer produto valioso, é importante conhecer a procedência, e garantir que os dados respeitem alguns princípios relacionados com a corretude e qualidade. Algumas das principais tarefas de curadoria de dados são:

- autenticação;
- elaboração e manutenção da cadeia de custódia;
- documentação;
- validação do documento;
- criação de metadados.

A tarefa de autenticação confirma a identidade de uma pessoa, em geral, quem armazenou e está contribuindo com os dados para o repositório. Isso pode ser feito por meio de senha (*password*) ou autorização via assinatura digital. Ela é essencial para seguir a precedência dos dados. A cadeia de custódia define os metadados com o registro da proveniência dos arquivos. Inclui quem criou, quando foi editado pela última vez, quem editou, além de outras informações que permitem preservar a autenticidade do arquivo quando os dados são transferidos para terceiros.

A documentação diz respeito à produção de um documento com as informações necessárias para utilizar e entender os dados. O documento pode ser tanto um arquivo *readme*, no formato *.txt*, ou documento com um formato mais elaborado, que pode incluir gráficos e tabelas. Na validação do documento, ele passa por um processo computacional, garantindo que a transferência do arquivo para o repositório ocorreu perfeitamente. A validação pode ser feita pela verificação de arquivo quando ele pode ser analisado, por exemplo, se o arquivo recebido tem o mesmo número de bits do arquivo original, ou pela verificação de formato, que pode checar se o tipo ou conteúdo do arquivo corresponde à sua extensão.

Os metadados são informações sobre o conjunto de dados que podem ser usados para busca e recuperação, e devem estar em um formato que possa ser lido computacionalmente e incluir informações básicas, por exemplo, título, autor, data de criação, período coberto, número de exemplos, número de atributos preditivos e distribuição dos dados. Finalmente, em um processo de curadoria, conjuntos de dados são organizados, descritos, limpos, melhorados e preservados para uso público. Os meios de armazenamento disponibilizados pela internet permitem postar e compartilhar dados de forma fácil e segura. Sem curadoria, no entanto, os dados podem ser difíceis de encontrar, usar e interpretar.

2.6 Práticas para Trabalho em Equipe

Dada a sua complexidade, projetos de sistemas baseados em CD são geralmente conduzidos por equipes, cujos participantes têm formações e interesses complementares. Para que o trabalho em equipe seja bem-sucedido, foi publicado um manifesto chamado "Valores e Princípios dos Dados",[1] com 4 valores e 12 princípios para trabalhos em equipe. Os valores defendidos são:

1. Inclusão, maximizando diversidade, conectividade e acessibilidade entre os projetos, colaboradores e resultados.

2. Experimentação, enfatizando o teste e a AD de modo contínuo e interativo.

3. Responsabilização, por meio de um comportamento ético e transparente, corrigindo erros rapidamente e atribuindo definições para quem for responsável.

4. Impacto, priorizando projetos com objetivos bem definidos e os direcionando para atingir resultados mensuráveis e substantivos.

E os princípios a serem adotados são:

1. Utilizar dados para melhorar a vida de usuários, clientes, organizações e comunidades.

2. Criar um trabalho reproduzível e extensível.

3. Organizar equipes com diversas ideias, formações e pontos fortes.

4. Priorizar a coleta contínua e a disponibilidade de discussões e metadados.

---

[1] Disponível em: https://datapractices.org/manifesto/. Acesso em: 26 abr. 2023.

5. Identificar claramente as perguntas a serem respondidas e os objetivos que impulsionam cada projeto e utilizá-los para orientar o planejamento e o refinamento.

6. Estar aberto a mudar métodos e conclusões em resposta a novos conhecimentos.

7. Reconhecer e reduzir preconceitos pessoais e nos dados utilizados.

8. Apresentar o trabalho para capacitar outras pessoas a tomarem decisões mais bem informadas.

9. Considerar cuidadosamente as implicações éticas das escolhas feitas ao utilizar dados e os impactos do trabalho nos indivíduos e na sociedade.

10. Estimular e respeitar críticas justas, promovendo a identificação e discussão aberta de erros, riscos e consequências não intencionais do trabalho.

11. Proteger a privacidade e a segurança dos indivíduos representados nos dados.

12. Ajudar outras pessoas a entender as mais úteis e adequadas aplicações de dados para resolução de problemas reais.

Essas práticas são resultados de um movimento que surgiu em um evento realizado em 2017 na cidade de San Francisco, nos Estados Unidos, chamado *Open Data Science Leadership Summit*.

2.7 Aplicações de Ciência de Dados

O número e diversidade de aplicações que têm se beneficiado do uso de técnicas de CD cresce a cada ano. Dada a grande variedade dessas aplicações, não existe uma única forma de organizá-las e representá-las. Dentre as formas de organizar ou caracterizar essas aplicações, as alternativas mais comuns podem ser descritas:

- Pela área de conhecimento associada ao problema, que pode englobar as três grandes áreas, Ciências Humanas, Ciências Biológicas e Ciências Exatas, ou uma divisão maior, que divide as três áreas anteriores em oito: Ciências Agrárias, Ciências Biológicas, Ciências da Saúde, Ciências Exatas e da Terra, Ciências Humanas, Ciências Sociais Aplicadas, Engenharias e Linguística, Letras e Artes. Como uma mesma aplicação pode servir simultaneamente a mais de uma área de conhecimento, uma nona área, interdisciplinar, é muitas vezes incluída. As aplicações nesta categoria são, em geral, focadas no apoio para solução de desafios científicos de outra(s) área(s) de conhecimento.

- Pelo setor econômico, que pode usar os três principais setores, primário (agricultura, pecuária e extrativismo), secundário (indústria e construção civil) e terciário (comércio e serviços), ou subdivisões desses setores, por exemplo, educacional, financeiro e saúde. Em geral, são aplicações tecnológicas para resolver um desafio prático.

- Pela categoria de tarefa de modelagem a ser resolvida, que inclui preditiva (classificação e regressão), descritiva (agrupamento, sumarização e descoberta de itens frequentes ou regras de associação) e prescritiva. Podem ser tanto aplicações científicas quanto tecnológicas. Esta categoria está fortemente associada a uma das principais atividades na CD, por isso será detalhada melhor no Capítulo 11, quando o tema de modelagem dos dados será abordado com maior ênfase.

É importante observar que uma mesma aplicação pode ser organizada pelas três alternativas. A seguir, serão apresentados exemplos, brevemente descritos, de aplicações para cada uma destas alternativas, começando por aquela que divide as aplicações por áreas de conhecimento. Praticamente toda área de conhecimento pode se beneficiar das práticas da CD. A extração de conhecimento relevante de um conjunto de dados por meio de CD já ajuda a resolver problemas complexos nas áreas de Humanidades, Ciências Exatas, Ciências da Vida, Ciências Agrárias e Tecnologias.

Na área de Humanidades, empresas utilizam CD para encontrar processos e sentenças que podem ser úteis para a argumentação jurídica de novos processos. No contexto de educação, ferramentas aprendem o perfil de cada aluno, permitindo a disponibilização de conteúdo e avaliação de conhecimento particularizado para cada um, a partir de suas necessidades e conhecimentos. No varejo, esses conceitos são utilizados para predizer o porquê de seus clientes estarem insatisfeitos, possibilitando ações que reduzam o grau de insatisfação e, consequentemente, evitem a perda destes clientes.

Na área de Ciências Exatas, CD tem sido empregada para prever o resultado de reações químicas a partir das condições experimentais e dos reagentes utilizados. Técnicas de CD também têm sido adotadas para a classificação e detecção de objetos em imagens obtidas por telescópios espaciais. Nas Ciências da Vida, CD é utilizada desde a indução de modelos capazes de dar suporte ao diagnóstico médico, como para a descoberta de espécies ameaçadas de extinção. Ela também tem sido posta em prática para a predição do condicionamento físico de pessoas em diferentes atividades físicas, para a prevenção da queda de idosos e para a melhoria do desempenho de equipes em práticas de esportes olímpicos e profissionais.

As Ciências Agrárias têm se beneficiado de aplicações como melhoramento genético de animais e de plantas, controle automático de usinas produtoras de álcool, predição de ocorrência de doenças e pragas, classificação automática da qualidade de frutas e redução de danos ao meio ambiente e aos seres humanos na aplicação de pesticidas em plantações. As áreas de tecnologia foram pioneiras na aplicação de CD em problemas reais. Esses problemas incluem predição de falhas em linhas de transmissão de energia elétrica, diagnóstico de fadiga em estruturas, predição de locais onde podem ocorrer vazamentos de água, melhoria da estabilidade aerodinâmica em projetos de aeronaves, classificação da qualidade da madeira utilizada pela indústria moveleira, entre outras.

Na categoria que utiliza setores da economia, sejam públicos ou privados, com ou sem fins lucrativos, mas com finalidade pública, como as Organizações Sociais (OSs), as Organizações da Sociedade Civil (OSCs), as Organizações da Sociedade Civil de Interesse Público (OSCIP) (ESCUDERO *et al.*, 2020), e as Organizações Não Governamentais (ONGs), podem ser citadas as aplicações para: precificação de produtos em *sites* de comércio eletrônico, identificação de fraudes no pagamento de auxílios públicos, classificação de processos judiciais, estimativa de necessidade de reposição de estoque, sistemas de detecção e classificação de imagens para veículos autônomos, detecção de fraudes no uso de cartões de crédito, estimativa de retorno de uma parceria público-privada (PPP), alocação de tarefas a prestadores de serviços e sistemas de apoio a diagnóstico médico.

Na alternativa que organiza as aplicações por tarefas, para aquelas com cunho preditivo, os algoritmos de Aprendizado de Máquina (AM) induzem modelos capazes de prever o valor de um atributo alvo a partir dos valores dos atributos preditivos. As duas tarefas preditivas mais comuns em aplicações práticas são a classificação e a regressão. Na primeira, um modelo é induzido a partir de um conjunto de objetos de treinamento, em que cada objeto tem como valor do atributo alvo a classe mais relacionada, usando para isso os valores de seus atributos preditivos. Esse modelo pode ser posteriormente utilizado para prever a classe de novos objetos, a partir dos valores de seus atributos preditivos. Na tarefa de regressão, os atributos que descrevem o objeto são utilizados para predizer o valor do atributo alvo, que geralmente é um número real.

Nas tarefas descritivas, em contrapartida, algoritmos de AM descrevem os principais aspectos ou padrões presentes em um conjunto de dados. Por exemplo, como os objetos podem ser organizados em grupos a partir dos valores para os atributos preditivos de cada exemplo. Nas tarefas prescritivas, é percorrido o caminho inverso do observado em tarefas preditivas: para que um modelo retorne como um determinado valor para o atributo alvo, são avaliados quais os valores que devem ser utilizados para os atributos preditivos. Para a tarefa de classificação, algumas possíveis categorias atreladas são:

- binária, quando possui apenas duas possíveis classes;
- multiclasse, quando possui mais de duas classes;
- hierárquica, quando as classes apresentam uma relação de hierarquia entre si;
- multirótulo, quando um objeto pode pertencer simultaneamente a mais de uma classe.

Um caso típico de tarefa de classificação é a indução de um modelo classificador a partir de um cadastro de pacientes. Nesse cadastro, cada paciente é um exemplo e cada variável de entrada pode ser o resultado de um exame clínico efetuado pelo paciente. Para cada paciente, o cadastro possui os valores correspondentes a cada exame e o diagnóstico (classe) do paciente, que pode ser saudável ou doente. Esse mesmo exemplo pode ser modificado para uma tarefa de regressão, onde o rótulo deverá ser um valor contínuo.

Por fim, CD tem sido utilizada também para avaliar pessoas em várias atividades, como a correção de exames dissertativos por meio da obtenção do entendimento de como um professor corrige. Além disso, algumas outras aplicações relacionadas são: seleção de aplicações de alunos para curso de graduação de universidades, seleção de candidatos mais adequados para uma vaga de emprego ou estimativa da probabilidade de um ex-presidiário voltar a cometer crimes.

2.8 Considerações Finais

Este capítulo complementa o capítulo anterior apresentando conceitos importantes para uma aplicação bem-sucedida de CD. Esses conceitos não são dicas ou sugestões baseadas em experiências práticas dos autores, mas em temas abordados na literatura de CD. Conforme observado no início deste capítulo, uma boa solução para uma tarefa de CD pressupõe um bom conhecimento de conceitos teóricos e práticos. A experiência adquirida em anos de projetos de sistemas baseados em CD provê outro importante grupo de conhecimento, o conhecimento empírico. Além disso, dada a sua complexidade, projetos de sistemas baseados em CD são geralmente conduzidos por equipes, cujos participantes têm formações e interesses complementares.

Capítulo 3   Conceitos Gerais da Linguagem Python

No início da nossa vida, duas atividades são talvez as mais marcantes: os primeiros passos e as primeiras palavras. Quando aprendemos a falar, aprendemos a construir sentenças utilizando palavras e regras de um idioma. Mais adiante, aprendemos a ler e a escrever textos escritos nos idiomas que conhecemos. Uma linguagem de programação não difere muito de um idioma, como português, francês, inglês ou mandarim. Nos dois casos, temos uma gramática com regras bem definidas para facilitar a comunicação entre dois ou mais entes. No caso do idioma, esses entes são, em geral, seres humanos, embora seja cada vez mais comum a comunicação entre um dispositivo computacional e seres humanos e, até mesmo, entre dispositivos computacionais.

As linguagens de programação foram projetadas para que as pessoas conseguissem explicar de forma clara e sem ambiguidades o que querem que um dispositivo computacional faça. Para isso, assim como um texto em um idioma deve seguir uma gramática, o código de um programa escrito em uma linguagem de programação deve obedecer à sintaxe da linguagem, uma gramática definida no projeto da linguagem. No passado, dispositivos computacionais eram grandes computadores, que ocupavam uma área de vários metros quadrados. Atualmente, celulares, sensores e relógios digitais podem ser dispositivos computacionais, pois possuem capacidade de processamento e de armazenamento de dados superior à dos primeiros computadores.

As linguagens de programação atualmente utilizadas, por empregarem termos mais parecidos com os termos usados na língua inglesa, são chamados de linguagens de alto nível. Essas linguagens foram concebidas para facilitar a escrita de programas por seres humanos. No entanto, dispositivos computacionais não entendem um programa escrito em linguagem de alto nível. Para que um programa escrito em uma linguagem de programação possa ser entendida por um dispositivo computacional, ela precisa ser traduzida em uma linguagem que facilite a execução do programa no dispositivo. Isso é efetuado por programas que traduzem o código-fonte, escrito em uma linguagem de alto nível, em um código objeto, que usa uma linguagem de mais fácil compreensão por esses dispositivos.

Os programas tradutores utilizam compiladores ou interpretadores para essa tradução. Um compilador traduz todo o código-fonte para um código em linguagem que a máquina consegue entender. Em seguida, o programa traduzido para o código-fonte é executado pelo dispositivo computacional. Um interpretador transforma unidades básicas do código-fonte, em geral, comandos, e as executa imediatamente. Por repetir várias vezes o processo de tradução e execução, mesmo para trechos de código semelhantes, interpretadores podem ser computacionalmente ineficientes. Por outro lado, eles tornam mais fácil a tarefa de programação.

Existem várias linguagens de programação, e novas linguagens estão sendo desenvolvidas a todo momento. Uma dessas linguagens, atualmente a mais utilizada em Ciência de Dados (CD), é a linguagem de programação Python. Um programa escrito em Python é traduzido, por um interpretador, para uma linguagem que a máquina entenda melhor. Por isso Python é denominada uma linguagem interpretada.

A linguagem de programação Python foi desenvolvida por Guido van Rossum, e lançada no início da década de 1990. Python é uma linguagem de alto nível interpretada, com uma curva de aprendizado rápida, e cada vez mais utilizada em diversas comunidades científicas. Python pode ser usada para programar orientado a objetos, em estilo funcional, ou procedimental (MARTELLI; RAVENSCROFT; ASCHER, 2005; GOODRICH; TAMASSIA; GOLDWASSER, 2013). Além disso, milhares de bibliotecas com fins específicos estão disponíveis na linguagem, como pandas, numpy e scikit-learn, para as áreas de Aprendizado de Máquina (AM) e CD.

Conceitos Gerais da Linguagem Python

> **Conteúdo Extra**
>
> As **bibliotecas**, também chamadas de *frameworks* ou pacotes, são ferramentas computacionais que agrupam funções escritas em uma linguagem de programação que possam ser úteis para o desenvolvimento de *softwares*. A linguagem Python é, até a escrita deste livro, a mais utilizada para escrever códigos na área de CD em razão do investimento forte de universidades, comunidades de código aberto e de empresas como Google e Facebook na implementação dos algoritmos mais utilizados na área em bibliotecas disponíveis a todos.

Python é uma linguagem multiplataforma,[1] onde a configuração de diversos ambientes é listada em detalhe na documentação oficial.[2] Várias ferramentas gratuitas que permitem que você escreva e teste seus códigos escritos em Python podem ser baixadas da internet.

Para executar um programa escrito em Python, é preciso tê-lo instalado em seu computador, assim como também é necessário ter ferramentas para a escrita e execução de códigos. Essas ferramentas são chamadas de ambiente de desenvolvimento integrado (IDE, *integrated development environment*), com várias opções gratuitas.

Neste livro, será utilizada a plataforma *Google Colab* ou *Colaboratory*, que permite escrever e executar código Python no navegador, sem que seja necessário configurar ferramentas, além de possuir acesso gratuito à GPUs e compartilhamento facilitado. Uma introdução a este ambiente pode ser explorada em sua plataforma oficial.[3]

3.1 A Linguagem Python

O propósito deste capítulo é apresentar, resumidamente, aspectos básicos da linguagem Python, para que o leitor compreenda e consiga escrever programas simples que apliquem os conceitos apresentados neste livro. Se você já conhece Python e possui experiência em escrever programas, pode pular para o Capítulo 4. A linguagem Python, como a maioria das linguagens de programação, é formada por:

- comandos;
- tipos de dados;

---

[1] Funciona em diferentes ambientes e sistemas operacionais, como Android, IOS, Linux, Windows e na nuvem.
[2] Disponível em: https://docs.python.org/pt-br/. Acesso em: 26 abr. 2023.
[3] Disponível em: https://colab.research.google.com/notebooks/welcome.ipynb. Acesso em: 26 abr. 2023.

- variáveis;
- expressões;
- estruturas de dados;
- funções;
- bibliotecas.

Antes de abordar cada um desses temas, mostremos como escrever um programa muito simples, com apenas uma linha de código. Para isso, e durante o resto do livro, utilizaremos a plataforma *Google Colab*. Case você prefira outra plataforma, é necessário saber que os arquivos criados para execução no computador, também chamados *scripts*, devem ter a extensão **.py** (por exemplo, **test.py**) e necessitam que o interpretador da linguagem Python esteja instalado no computador que será utilizado. Feito isso, tente executar a seguinte linha de código:

```
print('Primeiro código!')
```

```
Primeiro código!
```

Seu primeiro trecho de código em Python é a impressão da frase **Primeiro código!**. Esse programa contém apenas uma linha de código, a função *print()*, que imprime textos na tela de um dispositivo computacional, como um *notebook*, ou em outro meio de saída, como um arquivo de texto.

3.2 Tipos Básicos e Variáveis

Esta seção descreve de forma sucinta os principais tipos de dados utilizados pela linguagem Python. Python contém tipos de dados básicos e fundamentais, entre eles: números inteiros, números de ponto flutuante, valores booleanos, números complexos e cadeias de caracteres (*strings*).[4] Números de ponto flutuante são números reais, nos quais, conforme o valor, a posição do sinal de ponto entre a parte inteira e a parte fracionária "flutua". Valores do tipo ponto flutuante permitem uma precisão maior que valores do tipo inteiro, ao custo de usar maior espaço de memória.

O tipo booleano tem apenas dois valores, *False* (falso) e *True* (verdadeiro) que, em Python, equivalem, respectivamente, aos valores numéricos 0 e 1. O resultado de expressões lógicas é geralmente um valor do tipo booleano. Números complexos são

---

[4] Disponível em: https://algoritmosempython.com.br/. Acesso em: 26 abr. 2023.

Conceitos Gerais da Linguagem Python

escritos em Python como uma expressão que soma dois valores do tipo ponto flutuante, uma parte real a uma parte imaginária seguida pela letra *j*, por exemplo $3+8j$. Uma *string* é uma sequência de letras, números ou caracteres especiais, utilizada para representar uma sequência de caracteres, que pode ser uma palavra, uma frase, um texto mais longo ou uma sequência biológica, como uma sequência de DNA. Uma *string* é escrita entre aspas *'simples'* ou *"duplas"*.

```
valor_int = 3   # Tipo inteiro
valor_float = 1.5   # Tipo ponto flutuante
string = "Olá Mundo!"   # Tipo string
var_bool = True   # Tipo booleano

print(type(valor_int))
print(type(valor_float))
print(type(string))
print(type(var_bool))
```

```
<class 'int'>
<class 'float'>
<class 'str'>
<class 'bool'>
```

```
valor_int   = 15
valor_float = 1.5
soma = valor_int + valor_float
print(soma)
print(type(soma))
```

16.5
<class 'float'>

O exemplo apresentado tem quatro variáveis e a função *type()*, que retorna o tipo de uma variável. Uma variável é uma unidade básica de armazenamento de dados na memória de um dispositivo computacional. Como o nome sugere, o valor de uma variável pode mudar durante a execução de um programa. Em Python, o valor de uma variável é definido por um comando de atribuição, *nome-da-variável = expressão*. Variáveis podem armazenar valores de diferentes tipos.

```
# Conversão de um valor do tipo inteiro para um valor do tipo string
a = 100
b = str(a)
```

```
print(b)
print(type(b))

# Conversão de um valor do tipo float para um valor do tipo inteiro
c = 12.0
d = int(c)
print(d)
print(type(d))

# Conversão de um valor do tipo inteiro para um valor do tipo float
e = 10
f = float(e)
print(f)
print(type(f))
```

```
100
<class 'str'>
12
<class 'int'>
10.0
<class 'float'>
```

Como observado nos exemplos, comentários em Python começam com o caractere cerquilha (também conhecido como jogo da velha '#'), que podem ser vistos em sua documentação oficial.[5]

Conteúdo Extra

Para a melhor utilização de comentários dentro de um código é importante ficar atento às boas práticas de programação que cada linguagem possui. Textos sobre como escrever comentários em programas escritos na linguagem Python e sobre o formato a ser utilizado para a escrita de códigos em Python estão detalhados nos *links* a seguir:

- https://python-guide-pt-br.readthedocs.io/pt_BR/latest/. Acesso em: 26 abr. 2023.
- https://www.python.org/dev/peps/pep-0008/. Acesso em: 26 abr. 2023.
- https://www.python.org/dev/peps/pep-0257/. Acesso em: 26 abr. 2023.

---

[5] Disponível em: https://docs.python.org/pt-br/3/tutorial/introduction.html. Acesso em: 26 abr. 2023.

3.3 Expressões

Esta seção apresenta exemplos de como expressões aritméticas e lógicas podem ser escritas na linguagem Python. Para isso, serão utilizados os tipos básicos apresentados anteriormente.

```
a = 10
b = 3

# Soma do valor de duas variáveis
soma = a + b

# Subtração do valor de duas variáveis
sub = a - b

# Divisão do valor de duas variáveis
div = a / b

# Multiplicação do valor de duas variáveis
mult = a * b

print('Soma: %d' % (soma))
print('Subtração: %d' % (sub))
print('Divisão: %d' % (div))
print('Multiplicação: %d' % (mult))
```

Soma: 13
Subtração: 7
Divisão: 3
Multiplicação: 30

```
# Resto de uma divisão de um valor do tipo inteiro por outro valor do tipo
↪ inteiro
res = a % b

# Resultado de elevar um valor do tipo inteiro a outro valor do tipo
↪ inteiro
exp = a ** b

# Piso, parte inteira de uma divisão de valores do tipo inteiro
pis = a // b

print('Resto: %d' % (res))
```

```
print('Exponencial: %d' % (exp))
print('Piso da divisão: %d' % (pis))
```

```
Resto: 1
Exponencial: 1000
Piso da divisão: 3
```

As principais operações aritméticas básicas na linguagem Python foram apresentadas, usando uma forma de exibição diferente, com a função *print()* e o marcador de posição (*%d*), usados para reservar valores em uma lista, estrutura de dados que será vista mais adiante. Normalmente, utiliza-se *%d* para valores do tipo inteiro, *%s* para valores do tipo *string* e *%f* para valores do tipo ponto flutuante.

```
nome = 'Robson'
idade = 28
altura = 1.85

print('Meu nome é %s, tenho %d anos e %.2f de altura!' % (nome, idade,
↪    altura))
```

```
Meu nome é Robson,tenho 28 anos e 1.85 de altura!
```

Python permite também mais uma forma de utilizar a função *print()*.

```
aux_01 = 2
aux_02 = 3

print('O valor da primeira variável é {} enquanto o da segunda é
↪    {}'.format(aux_01, aux_02))
```

```
O valor da primeira variável é 2 enquanto o da segunda é 3
```

Como quase todas as linguagens de programação, Python possui um operador de atribuição, =, que permite atribuir valores a variáveis. Python possui também os principais operadores relacionais que podem ser usados para a comparação de valores: <, >, <=, >=, == e !=). Observe que, como operador = é utilizado para atribuição, o operador relacional de igualdade é ==. Para padronizar a notação, o operador de desigualdade, diferença, é representado por !=. Os exemplos a seguir ilustram a utilização de operadores de atribuição e de operadores relacionais na linguagem Python:

Conceitos Gerais da Linguagem Python

```python
a = 5
b = 2

c = a < b
d = a > b
e = a == b

print('Valor de c:', c)
print('Valor de d:', d)
print('Valor de e:', e)
print(a >= b)
print(b <= b)
```

```
Valor de c: False
Valor de d: True
Valor de e: False
True
True
```

```python
a = 10
b = 2

a += b   # a + b
print(a)

a -= b   # a - b
print(a)

a /= b   # a / b
print(a)

a *= b   # a * b
print(a)
```

```
12
10
5.0
10.0
```

A seguir, para melhor exemplificar o uso dos operadores, um código em Python do procedimento de cálculo do Índice de Massa Corpórea (IMC) é apresentado. Em vários dos exemplos de códigos a serem executados, usaremos a função *input()*, que permite ler dados digitados pelo usuário.

```
nome = input('Qual seu nome? ')
idade = int(input('Qual sua idade? '))
altura = float(input('Qual sua altura? '))
peso = float(input('Qual seu peso? '))

print('Nome: %s' % nome)
print('Idade: %d' % idade)

imc = peso / ( altura * altura )
print('O IMC =', imc)
print('Muito abaixo do peso:', imc < 17)
print('Abaixo do peso normal:', imc >= 17 and imc < 18.5)
print('Peso dentro do normal:', imc >= 18.5 and imc < 25.0)
print('Acima do peso normal:', imc >= 25 and imc < 30)
print('Muito acima do peso:', imc >= 30)
```

```
Qual seu nome? Robson
Qual sua idade? 28
Qual sua altura? 1.85
Qual seu peso? 98
Nome: Robson
Idade: 28
O IMC = 28.634039444850252
Muito abaixo do peso: False
Abaixo do peso normal: False
Peso dentro do normal: False
Acima do peso normal: True
Muito acima do peso: False
```

3.4 Comandos

Os comandos são ações a serem realizadas em um programa. Comandos em Python podem ser simples ou de controle. Comandos simples realizam uma ação específica, como atribuição de valor, chamada de uma função ou operação de leitura/escrita. Uma sequência de comandos simples com a mesma indentação (distância para a margem esquerda) forma um comando composto. Neste texto, usaremos o termo bloco de comandos para indicar uma sequência de um ou mais comandos. Comandos de controle definem como será a execução de um bloco de comandos podendo ser condicionais ou de repetição (iterativos).

3.4.1 Comandos Condicionais

Em alguns códigos, muitas vezes é importante determinar que um bloco de comandos será executado apenas se determinada condição for verdadeira. Neste problema, é necessário utilizar um comando condicional. Comandos condicionais têm esse nome porque condicionam a execução de um bloco de comandos ao valor de uma expressão condicional (condição).

Comando *if*

O comando condicional *if*, que tem o formato *if condição*, pode ser entendido como "se uma condição é verdadeira, um bloco de comandos é executado". Ele é provavelmente o comando condicional mais simples e intuitivo, por ser usado com frequência em atividades cotidianas, quando temos que tomar decisões.

O comando *if* tem o seguinte formato em Python:

```
if (expressão condicional):
    bloco de comandos
```

Ele possui duas outras variações muito utilizadas que incluem a opção *if*, *if-else* e *if-elif-else*. Na primeira variação, se a condição for verdadeira, um bloco de comandos é executado, e se falsa, um outro bloco de comandos é executado. Na segunda variação, se a condição for falsa, é executado um outro comando *if*. A seguir, são apresentados dois exemplos de uso dessas variações do comando *if* que incluem a opção *else*. Esses dois exemplos podem ser facilmente modificados para excluir o uso da opção *else*, basta retirar as duas últimas linhas de cada um deles.

```
nota = int(input('Digite uma nota: '))

if nota < 60:
    print('Reprovado')
else:
    print('Aprovado')
```

```
Digite uma nota: 70
Aprovado
```

```
nota = int(input('Digite uma nota: '))

if nota < 30:
    print('Reprovado')
```

```
elif nota <= 50:
    print('Recuperação')
else:
    print('Aprovado')
```

```
Digite uma nota: 70
Aprovado
```

```
n1 = int(input('Digite o primeiro número: '))
n2 = int(input('Digite o segundo número: '))

if n1 > n2:
    print(n1, 'maior que', n2)
elif n1 < n2:
    print('%d maior que %d' % (n2, n1))
else:
    print('Os números são iguais')
```

```
Digite o primeiro número: 10
Digite o segundo número: 20
20 maior que 10
```

3.4.2 Comandos de Repetição

Os comandos de repetição, também chamados de *loops* (laços), permitem executar mais de uma vez um bloco de comandos. As repetições (iterações) podem ocorrer em um número predefinido de vezes, o caso do comando *for*, ou enquanto uma condição for satisfeita, o caso do comando *while*. A seguir, o funcionamento desses dois comandos será ilustrado com exemplos de códigos em Python.

Comando *while*

O comando *while* é o comando iterativo mais simples. Ele executa um bloco de comandos repetidamente enquanto uma dada condição for verdadeira, ou seja, até uma condição se tornar falsa. O comando *while* tem o seguinte formato em Python:

```
while (expressão condicional):
    bloco de comandos
```

O bloco de comandos é representado por todo o código que está indentado à direita e abaixo do comando. A expressão condicional, também chamada de teste, é executada antes de cada repetição. Se na primeira vez que o teste for avaliado, o resultado for o valor *False*, o bloco de comandos nunca é executado.

```
contador = 1

while contador <= 5:
    print(contador)
    contador += 1
```

```
1
2
3
4
5
```

```
nota = -1
while nota < 0 or nota > 10:
    nota = int(input('Digite uma nota válida de 0 a 10: '))

print('Nota: %s' % nota)
```

```
Digite uma nota válida de 0 a 10: 11
Digite uma nota válida de 0 a 10: -2
Digite uma nota válida de 0 a 10: 10
Nota: 10
```

Comando *for*

O comando *for* é utilizado quando sabemos quantas vezes o bloco de comandos que ele controla deve ser executado. O número de vezes pode ser definido pela função *range*, que estabelece uma sequência de valores. O comando *for* tem o seguinte formato em Python:

```
for (número de iterações):
    bloco de comandos
```

O número de vezes que o bloco de comandos é executado, que chamamos número de repetições, é definido por uma sequência ordenada de valores inteiros (*range*). Para definir os valores da sequência, a função *range* usa de 1 a 3 argumentos. O primeiro é o valor inicial, que é opcional e que, se não for preenchido, recebe o valor 0. O segundo argumento é o valor final, que é obrigatório. Ele define o limite da sequência, que é o maior valor inteiro que for menor que o valor final. O terceiro argumento é "o passo do incremento", ou simplesmente passo, que é a diferença entre valores consecutivos na sequência de valores. O passo também é opcional na função *range*. Se não for preenchido, recebe o valor 1. O número de repetições do comando *for* é dado somando o valor 1 ao valor truncado da divisão da diferença entre valor final e o valor inicial pelo valor do passo.

```
print(list(range(5)))
print(list(range(1, 5)))
print(list(range(2, 10, 3)))
```

[0,1,2,3,4]
[1,2,3,4]
[2,5,8]

```
for i in range(5):
    print('Bem-vindo ao curso de Python!')
```

Bem-vindo ao curso de Python!
Bem-vindo ao curso de Python!
Bem-vindo ao curso de Python!
Bem-vindo ao curso de Python!
Bem-vindo ao curso de Python!

```
for i in range(0, 5):
    print(i)
```

0
1
2
3
4

```
for i in range(0, 10, 2):  # Varia de 0 a 10, mas aumentando de 2 em 2
    print(i)
```

0
2
4
6
8

```
total = 0

for i in range(0, 5):
    num = int(input('Digite um num: '))
    total += num

print('Soma: %s' % (total))
print('Media: %s' % (total/5))
```

```
Digite um num: 5
Digite um num: 6
Digite um num: 7
Digite um num: 8
Digite um num: 9
Soma: 35
Media: 7.0
```

```
tab=int(input('Tabuada do número: '))

for i in range(10):
    print('%d x %d = %d' % (tab, i + 1, tab * (i + 1)))
```

```
Tabuada do número: 3
3 x 1 = 3
3 x 2 = 6
3 x 3 = 9
3 x 4 = 12
3 x 5 = 15
3 x 6 = 18
3 x 7 = 21
3 x 8 = 24
3 x 9 = 27
3 x 10 = 30
```

3.5 Estruturas de Dados

Estruturas de dados são um dos principais componentes de qualquer linguagem de programação, por oferecer opções computacionalmente eficientes, em tempo de execução e uso de memória, para armazenar e processar dados. Para facilitar o entendimento, chamaremos os dados de itens. As estruturas de dados podem seguir duas abordagens (GOODRICH; TAMASSIA; GOLDWASSER, 2013):

- **Estruturas lineares:** organizam seus itens de forma independente de seus conteúdos. Um exemplo clássico é a estrutura de listas.
- **Estruturas associativas:** permitem acesso a seus itens de forma independente de sua posição na memória do dispositivo computacional. Alguns exemplos são estruturas chave, valor (*key, value*), árvores e tabelas *hash*.

A linguagem Python vem com estruturas de dados predefinidas, dentre elas existem as listas (*list*), conjuntos (*set*), tuplas (*tuples*) e dicionários (*dictionary*). Listas e tuplas são utilizadas para armazenar sequências. As principais características das sequências são poder:

- Verificar se itens estão presentes em sequências, fazendo testes de pertinência com os operadores *in* (pertence) e *not in* (não pertence).
- Realizar operações de indexação, que permitem acesso direto a um item de uma sequência, utilizando o operador de subscrição ([posição do item]).
- Extrair uma fatia de uma sequência, por meio de operadores de fatiamento.

Cada estrutura de dados utiliza uma forma de armazenamento e facilita determinado conjunto de operações para manipulação de dados. Além disso, as estruturas de dados diferem em:

- **Mutabilidade:** se mutáveis, os itens podem ser modificados, alterando conteúdo e tamanho. Se forem imutáveis, seus itens não podem ser modificados.
- **Ordem:** se a posição de um item pode ser usada para acessar o seu valor.

A seguir, as principais estruturas de dados usadas em programas escritos em Python serão brevemente explicadas.

3.5.1 Listas

Uma lista, definida como uma coleção ordenada de itens, é uma das estruturas de dados mais utilizadas em Python. Listas são coleções ordenadas porque cada item tem uma ordem única que o identifica. Elas são usadas para armazenar itens em uma única variável. Uma lista sem itens é chamada de lista vazia. Uma lista é criada em Python utilizando colchetes, como mostra o código a seguir.

Conceitos Gerais da Linguagem Python

```
lista = []

print(lista)
```

[]

É importante destacar que o índice (posição) dos itens começa com o valor 0, e cada novo item terá como índice o valor inteiro que segue o índice do item imediatamente anterior. Assim, o índice do último item em uma lista de n itens será $n - 1$. Valores podem ser de qualquer tipo, e tipos podem estar misturados. Seguem exemplos da estrutura de dados lista e operações que podem ser realizadas com elas.

```
lista_num = [1, 2, 3]
lista_nomes = ['André', 'Ângelo', 'Robson']
lista_misturada = [37, 'Ângelo', 'Robson', 9, 0, 'Maria', 2]

print(lista_num)
print(lista_nomes)
print(lista_misturada)
```

[1,2,3]
['André','Ângelo','Robson']
[37,'Ângelo','Robson',9,0,'Maria',2]

Além disso, podemos percorrer uma lista usando o laço *for* ou acessar posições específicas:

```
for item in lista_num:
    print(item)

print(lista_nomes[0])
print(lista_nomes[1])
```

1
2
3
André
Ângelo

O tipo listas inclui funções para: (1) consultar (procurar) itens em uma lista; (2) alterar tanto a composição de uma lista como a ordem dos itens em uma lista; (3) adicionar itens a uma lista; (4) remover itens de uma lista. A seguir, são apresentados exemplos de algumas das funções que podem ser aplicadas a uma lista:

- *len()*: retorna o tamanho de uma lista;
- *append()*: adiciona um item ao final de uma lista;
- *pop()*: remove o item que está na última posição de uma lista;
- *pop([i])*: remove o item na i-ésima posição de uma lista;
- *remove(x)*: remove de uma lista um item cujo valor é igual a x;
- *insert(i, x)*: insere um item de valor x na i-ésima posição de uma lista;
- *clear()*: remove todos os itens de uma lista;
- *count(x)*: conta o número de vezes que o valor x aparece;
- *sort()*: ordena os itens de uma lista;
- *index(x)*: retorna o índice do primeiro valor igual a x.

```
lista = [1, 2, 3, 3, 3, 4, 5, 6, 7]

print('Tamanho da lista: %d' % len(lista))

lista.append(8)
print(lista)

lista.pop()
print(lista)

lista.pop(0)
print(lista)

lista.remove(2)
print(lista)
```

```
Tamanho da lista: 9
[1,2,3,3,3,4,5,6,7,8]
[1,2,3,3,3,4,5,6,7]
[2,3,3,3,4,5,6,7]
[3,3,3,4,5,6,7]
```

```
lista.insert(0, 1)    # Posição 0, item 1
print(lista)

print(lista.count(3))
```

```
print(lista.index(1))

lista.clear()
print(lista)
```

```
[1,3,3,3,4,5,6,7]
3
0
[]
```

```
lista = [1, 2, 3, 4, 5]

print(lista[::-1])    # Inverte a ordem dos itens em uma lista

print(lista[0:2])     # Retorna os valores que estão nas posições do
                        intervalo

print(lista[-1])      # Retorna o último item da lista

lista.sort()    %# Ordenar

print(lista)

lista[0] = 2    # Alterar item

print(lista)
```

```
[5,4,3,2,1]
[1,2]
5
[1,2,3,4,5]
[2,2,3,4,5]
```

Listas são ainda utilizadas para implementar vetores e matrizes de itens,[6] assim como pilhas e filas de itens,[7] quando usamos as funções *pop* e *append*.

---

[6] Lembrando que um vetor é uma forma de representar uma lista de um ou mais valores, como [2, 23, 7], que representa uma lista de 3 valores. Quando um vetor apresenta mais de uma dimensão, ele é uma matriz.

[7] Uma pilha é uma lista que simula uma pilha de itens, por exemplo, uma pilha de livros, em que o primeiro item a ser inserido é o último a ser removido (caso existam outros inseridos após ele). Em uma fila ocorre o inverso, o primeiro item a ser inserido é o primeiro a ser removido. É o que ocorre, por exemplo, em uma fila de clientes em um supermercado.

3.5.2 Tuplas

Em Python, a estrutura de dados tuplas é semelhante à estrutura de dados listas, com a diferença de ser uma estrutura imutável. Logo, quando um item é adicionado a uma tupla, não pode ser alterado. Nos programas escritos em Python, as tuplas são criadas com itens separados por vírgula e entre parênteses, como mostra o exemplo a seguir.

```
tupla_num = (1, 2, 3, 4)
print(tupla_num)
```

(1,2,3,4)

Ao tentar alterar algum valor na tupla anterior, o seguinte erro será apresentado:

```
tupla_num[0] = 2
```

TypeError: 'tuple' object does not support item assignment

Como citado, tuplas e listas compartilham algumas funções. Todavia, para usar algumas funções da estrutura lista (*append, pop*) é necessário fazer a conversão da tupla para uma lista, conforme apresentado a seguir:

```
print(tupla_num.count(1))
print(tupla_num.index(2))
print(len(tupla_num))
```

1
1
4

```
# Convertendo tupla em lista
tupla_conv = list(tupla_num)

# Adicionando um item na última posição
tupla_conv.append(5)
print("Elemento 5 adicionado: %s" % (tupla_conv))

# Removendo o item adicionado
tupla_conv.pop()
print("Elemento 5 removido: %s" % (tupla_conv))
```

Elemento 5 adicionado: [1,2,3,4,5]
Elemento 5 removido: [1,2,3,4]

Conceitos Gerais da Linguagem Python

A linguagem Python possui operadores para transformar uma lista em uma tupla ou uma tupla em uma lista.

3.5.3 Conjuntos

Assim como um conjunto em teoria dos conjuntos da matemática, um conjunto em Python é uma coleção de itens únicos que não seguem uma ordem específica, ou seja, sem elementos repetidos. É uma estrutura de dados mutável em que os itens são representados entre chaves. Essa estrutura é aplicada quando um item é mais importante do que o número de vezes que ele aparece, permitindo, por exemplo, a eliminação de itens duplicados. No exemplo a seguir é apresentada uma lista com elementos repetidos e como usar conjuntos para remover os itens duplicados.

```python
frutas = ['maçã', 'laranja', 'maçã', 'pera', 'laranja', 'banana']

frutas_n_duplicados = set(frutas)

print(frutas_n_duplicados)
```

'banana','maçã','laranja','pera'

A linguagem Python disponibiliza operadores para implementar as operações usadas em teoria dos conjuntos, como:

- pertinência de um item ao conjunto;
- união entre conjuntos;
- interseção entre conjuntos;
- diferença entre conjuntos;
- complemento de um conjunto;
- leis De Morgan.

3.5.4 Dicionários

Outra estrutura de dados muito utilizada em Python é o dicionário, também chamado "memória associativa" ou "vetor associativo". De modo semelhante aos dicionários de palavras, que incluem para cada palavra seus possíveis significados, a estrutura de dicionário em Python é útil para consultar, incluir, alterar ou remover itens e seus significados, ou informações associadas, ou para criar listas ou cadernetas de contatos.

Dicionários são indexados por chaves (*keys*) de um tipo imutável, que utilizam a estrutura chave:valor (*key:value*). Os dicionários são escritos utilizando chaves, mas a inserção de valores, após a sua criação, é feita por colchetes. Para criar um dicionário e inserir elementos, é necessário usar a estrutura chave:valor, conforme apresentado no exemplo a seguir, que associa algumas frutas a seus respectivos preços:

```
dic = {}  # chave e valor

dic = dict()

print(dic)
```

```
# Criação de um dicionário com preço de frutas por kg
dic_frutas = {'Maçã': 5.50,
              'Banana': 2.50,
              'Pera': 6.50,
              'Uva': 7.20}

# Inserção de um novo item, fruta e seu preço, em um dicionário
dic_frutas['Manga'] = 6.20

print(dic_frutas)
```

'Maçã': 5.5,'Banana': 2.5,'Pera': 6.5,'Uva': 7.2,'Manga': 6.2

```
# Alteração do preço de uma fruta, banana, armazenada em um dicionário
dic_frutas['Banana'] = 1.50
print(dic_frutas)
```

'Maçã': 5.5,'Banana': 1.5,'Pera': 6.5,'Uva': 7.2,'Manga': 6.2

```
# Consulta do preço de uma fruta armazenada em um dicionário
print('Uva: %s' % dic_frutas['Uva'])
print('Pera: %s' % dic_frutas['Pera'])
```

Uva: 7.2
Pera: 6.5

Também é possível construir um dicionário de forma incremental, por meio da combinação de listas. No exemplo a seguir, é apresentado um procedimento que retorna o resultado de uma atleta em uma competição por meio da média das distâncias cobertas em dois saltos.

```
# Criação de um dicionário com o desempenho de atletas
atletas = {}

# Atribuição de um nome fictício, início, a um dicionário
nome_atleta = 'início'

# Inclusão do nome de atletas em um dicionário
while nome_atleta != '':
    nome_atleta = input('Atleta: ')
    if nome_atleta != '':
        saltos = []    # Lista para armazenar a distância dos saltos
        for i in range(0, 2):   # 2 saltos
            saltos.append(float(input('%s Salto: ' % (i + 1))))

        # Adicionando uma lista de saltos ao dicionário
        atletas[nome_atleta] = saltos

# Percorrer um dicionário retornando seus itens
print('\nResultado Final:')
for nome_atleta, saltos in atletas.items():
    print('Atleta: %s' % nome_atleta)
    print('Saltos: ', str(saltos))
    print('Média dos Saltos: %.2f m' % (sum(saltos)/2))
```

```
Atleta: Carlos
1 Salto: 1.50
2 Salto: 1.60
Atleta: Robson
1 Salto: 1.20
2 Salto: 1.10
Atleta:
Resultado Final:
Atleta: Carlos
Saltos: [1.5,1.6]
Média dos Saltos: 1.55 m
Atleta: Robson
Saltos: [1.2,1.1]
Média dos Saltos: 1.15 m
```

Para percorrer dicionários, é possível utilizar o comando de repetição *for*, conforme ilustrado a seguir:

```
dic_frutas = {'Maçã': 5.50,
              'Banana': 2.50,
              'Pera': 6.50}

for fruta, valor in dic_frutas.items():
    print('Fruta: %s' % fruta)
    print('Preço: %s' % valor)
```

```
Fruta: Maçã
Preço: 5.5
Fruta: Banana
Preço: 2.5
Fruta: Pera
Preço: 6.5
```

3.6 Funções

Em muitos programas, um bloco de comandos é executado várias vezes em trechos do código diferentes. Em vez de repetir esse bloco várias vezes ao longo do programa, tornando o código mais longo e menos claro, esses blocos podem escritos como funções, que podem ser chamadas sempre que o programa tiver que executá-los. Por conta disso, quanto mais complexa a solução que um programa deve implementar, maior a chance de ele usar funções para facilitar a escrita e o entendimento do código. Como consequência, muitas linguagens de programação, Python inclusive, provêm facilidades para a escrita e chamada de funções.

3.6.1 Formato de Funções em Python

Muito programas escritos em Python utilizam funções, que são chamadas de métodos quando declaradas no contexto de orientação de objetos. Na linguagem Python, uma função é escrita de acordo com a seguinte sintaxe:

```
def nome_funcao(parametro_um, parametro_dois, ...):
    comando
    ...
    comando
    return dados
```

Conceitos Gerais da Linguagem Python

Quando uma função é chamada no código de um programa, é possível passar valores por meio de um conjunto de argumentos. Na função, os valores dos argumentos são recebidos por parâmetros. Em geral, o número de argumentos passados na chamada de uma função é igual ao número de parâmetros especificados na definição da função. Ao finalizar seu processamento, uma função pode retornar valores ao trecho do código que a chamou.

Para ilustrar seu uso, alguns exemplos de funções escritas em Python são apresentados a seguir. No primeiro exemplo, quando a função é chamada, são enviados valores numéricos de 3 argumentos, que, na função, tornam-se 3 parâmetros. A função soma os valores desses parâmetros e retorna o resultado para o trecho do código onde ela foi chamada. No segundo exemplo, ao ser chamada, a função recebe o valor de 1 argumento, que ela usa como parâmetro, e retorna se o valor do parâmetro é par ou ímpar. No terceiro exemplo, a função recebe os valores de 4 argumentos, que são atribuídos a um parâmetro do tipo *string*, o nome de uma pessoa, 2 do tipo inteiro, sua idade e peso e um do tipo ponto flutuante, sua altura. A função usa os 3 valores numéricos para calcular 1 valor do tipo ponto flutuante, o Índice de Massa Corporal (IMC) da pessoa, que ela retorna ao terminar sua execução.

```
# Trecho que define a função
def soma(x, y, z):
    return x + y +z

# Trecho em que a função é chamada
s = soma(10, 20, 40)
print(s)
```

70

```
# Trecho que define a função
def par_impar(n):
    if n % 2 == 0:
        return True
    else:
        return False

# Trecho em que a função é chamada
print(par_impar(10))
print(par_impar(15))
```

True

False

```python
# Trecho que define a função
def imc(nome, idade, altura, peso):
    print('Nome: %s' % nome)
    print('Idade : %d' % idade)

    imc = peso / ( altura * altura )
    print('O IMC = ', imc)

    if imc < 17:
        print('Muito abaixo do peso')
    elif imc >= 17 and imc < 18.5:
        print('Abaixo do peso normal')
    elif imc >= 18.5 and imc < 25.0:
        print('Peso dentro do normal')
    elif imc >= 25 and imc < 30:
        print('Acima do peso normal')
    else:
        print('Muito acima do peso')

# Trecho em que a função é chamada
imc('Robson', 28, 1.85, 98)
```

```
Nome: Robson
Idade : 28
O IMC =  28.634039444850252
Acima do peso normal
```

3.6.2 Funções de Entrada e Saída

A linguagem Python possui um conjunto de funções predefinidas, dentre elas funções para facilitar a entrada e saída de dados. A entrada pode vir de várias fontes, por exemplo, de um teclado, de um arquivo ou de um microfone. A saída também pode ser apresentada em vários meios, por exemplo, na tela de um dispositivo computacional, em uma folha de papel impressa por uma impressora ou em arquivo digital. Nos exemplos apresentados até agora neste livro, foi utilizada a função *print()* para que as saídas dos programas sejam impressas na tela de um dispositivo computacional, por exemplo, um *notebook*.

Muitas vezes, pode ser necessário imprimir os resultados gerados em arquivo, para salvá-los para consultas futuras. O inverso também ocorre com frequência, quando temos, por exemplo, a necessidade de ler em arquivos os dados de entradas. A seguir, ilustramos um exemplo de arquivo que pode ter sido escrito por um programa utilizando uma função de saída, ou que pode ser lido por um programa, além de algumas funções frequentemente utilizadas para a manipulação de arquivos por programas escritos em Python:

```
Nome,Matrícula,TB1,TB2
Robson,01554,7.0,8.0
André,01551,8.5,7.2
Maria,01441,7.0,8.6
Ângelo,01335,9.2,5.0
Luíza,01245,7.0,9.0
Joana,01412,8.0,7.5
```

- *open(nome_arquivo, 'r')*: abre um arquivo no modo leitura;
- *open(nome_arquivo, 'w')*: abre um arquivo no modo escrita – início do documento;
- *open(nome_arquivo, 'a')*: abre um arquivo no modo escrita – fim do documento;
- *close()*: finaliza a utilização do arquivo;
- *write()*: adiciona uma nova linha no arquivo;
- *read()*: lê uma *string* ou o arquivo todo;
- *readline()*: retorna uma linha do arquivo;
- *readlines()*: retorna uma lista contendo cada linha do arquivo.

Para ilustrar o uso dessas funções, são apresentados dois exemplos de leitura e um exemplo de escrita de dados em arquivos:

```
doc = open('doc.txt', 'r')
for linha in doc.readlines():
    print(linha)
doc.close()
```

```
Nome,Matrícula,TB1,TB2
Robson,01554,7.0,8.0
André,01551,8.5,7.2
Maria,01441,7.0,8.6
Ângelo,01335,9.2,5.0
Luíza,01245,7.0,9.0
Joana,01412,8.0,7.5
```

```
# Utilização da função split() para decompor uma string em uma lista.
doc = open('doc.txt', 'r')

# Decomposição da string separando componentes por vírgulas para gerar um
↪   arquivo do tipo csv
for linha in doc:
    valores = linha.split(',')
    print(valores[0], valores[1], valores[2], valores[3])
```

```
Nome Matrícula TB1 TB2
Robson 01554 7.0 8.0
Ângelo 01551 8.5 7.2
Maria 01441 7.0 8.6
Carlos 01335 9.2 5.0
Luíza 01245 7.0 9.0
Joana 01412 8.0 7.5
```

```
doc = open('doc.txt', 'a')

# Adição de uma nova linha
doc.write('Iris, ')
doc.write('01414, ')
doc.write('8.5, ')
doc.write('7.5 ')
doc.write("\n")   # Quebra de linhas
doc.close()

# Leitura do arquivo com a nova linha
doc = open('doc.txt', 'r')
for linha in doc.readlines():
    print(linha)
doc.close()
```

```
Nome,Matrícula,TB1,TB2
Robson,01554,7.0,8.0
Ângelo,01551,8.5,7.2
Maria,01441,7.0,8.6
Carlos,01335,9.2,5.0
Luíza,01245,7.0,9.0
Joana,01412,8.0,7.5
Iris,01414,8.5,7.5
```

Conceitos Gerais da Linguagem Python

> **Conteúdo Extra**
>
> A linguagem Python possui algumas expressões que não podem ser utilizadas como funções ou variáveis. Tais expressões são chamadas **palavras reservadas**, pois já possuem algum significado para o interpretador da linguagem, que não pode ser modificado externamente pelo usuário. Algumas dessas palavras são os termos em inglês: *sum, and, as, assert, break, mean, class* e *continue*.

3.7 Considerações Finais

Várias linguagens de programação foram e estão sendo utilizadas para pesquisas e aplicações em CD. Nos últimos anos, em virtude da curva de aprendizado rápida e do grande número de bibliotecas disponíveis, a linguagem de programação Python tornou-se a mais empregada por quem trabalha na área. Como este livro visa ilustrar os principais conceitos de CD por meio de experimentos simples, é importante que o leitor tenha o conhecimento mínimo necessário para compreender e utilizar, de forma simples, a linguagem Python. Acerca de tudo que foi apresentado neste capítulo, acreditamos que foi possível preparar o leitor para todos os experimentos que serão apresentados nos próximos capítulos, possibilitando um aprendizado teórico e prático dos principais aspectos de CD.

Capítulo 4 Python para Ciência de Dados

A maioria dos programas desenvolvidos para Ciência de Dados (CD) são, atualmente, escritos na linguagem Python. Uma das razões para isso é o grande número de pacotes que disponibilizam, gratuitamente, códigos para as principais tarefas relacionadas com CD. Esses pacotes são continuamente desenvolvidos, expandidos e atualizados para incorporar as técnicas e os algoritmos mais recentes. Podemos pensar em um pacote como sendo um livro. Assim como livros podem ser reunidos em uma biblioteca, um conjunto de pacotes pode ser utilizado para criar uma biblioteca para a linguagem Python. Várias bibliotecas da linguagem Python reúnem pacotes escritos para facilitar a vida de quem trabalha com CD. Uma dessas bibliotecas úteis é a Pandas (MCKINNEY et al., 2010).

Pandas é uma das principais, e mais populares, bibliotecas para CD. Ela fornece estruturas de dados computacionalmente eficientes e funções para análise de dados tabulares (por exemplo, arquivos no formato CSV, em que valores em uma mesma linha são separados por vírgulas) de forma fácil e rápida (IDRIS, 2014).

Muitos dos recursos disponíveis em planilhas eletrônicas estão no Pandas, como manipulação de dados e geração de gráficos (MOLIN, 2019). A biblioteca também permite agrupar e unir tabelas, como na linguagem SQL. Dados tabulares são gerados em praticamente todos os domínios de aplicação, por exemplo, engenharia, finanças e saúde.

4.1 Manipulação de Dados Tabulares com Pandas

O primeiro passo antes de utilizar a biblioteca Pandas é importá-la por meio do comando Python *import*, conforme ilustrado a seguir:

```
import pandas as pd
```

Na sequência, é necessário realizar a leitura de um arquivo tabular ou a criação de um *DataFrame*, uma estrutura de dados bidimensional, no formato de tabela, com linhas e colunas. Nesta seção, um *DataFrame* básico é criado para ilustrar com um exemplo as principais funções da biblioteca Pandas, representando uma planilha de cidades, em que cada linha refere-se uma amostra e as colunas têm o nome de um estado, o nome de uma cidade, o número de habitantes na cidade e o salário médio recebido pela população da cidade, nessa ordem.

```
cidades = pd.DataFrame(
    [
        ['Paraná', 'Londrina', 575377, 1356.00],
        ['São Paulo', 'São Carlos', 254484, 1508.00],
        ['Santa Catarina', 'Florianópolis', 508826, 1798.00],
        ['Paraná', 'Curitiba', 1963726, 2293.00],
        ['São Paulo', 'Campinas', 1223237, 1710.00]
    ], columns=['Estado', 'Cidade', 'Habitantes', 'Salário-Médio'])
cidades
```

	Estado	Cidade	Habitantes	Salário-Médio
0	Paraná	Londrina	575377	1356.0
1	São Paulo	São Carlos	254484	1508.0
2	Santa Catarina	Florianópolis	508826	1798.0
3	Paraná	Curitiba	1963726	2293.0
4	São Paulo	Campinas	1223237	1710.0

A biblioteca Pandas também permite ler arquivos tabulares previamente definidos, conforme exemplificado a seguir, com um conjunto de dados sobre qualidade de vinhos, disponível no repositório de conjuntos de dados da Universidade da Califórnia em Irvine (UCI).[1] Para isso, é necessário usar a função *pd.read_csv()*, que apresenta, entre seus principais parâmetros:

- *filepath:* caminho do arquivo (Caso esteja usando o Google Colab, verificar o caminho usado para anexar o arquivo);
- *sep (padrão ',')*: delimitador usado para separar os dados (um documento no formato CSV padrão utiliza vírgulas);
- *header:* índice da linha a ser usada como nome das colunas (normalmente, *header=0*, caso não haja cabeçalho, *header=None*).

Essa função possui vários outros parâmetros que podem ser consultados na documentação oficial da biblioteca Pandas.[2] O trecho a seguir mostra como ler o arquivo apresentado no parágrafo anterior (Qualidade de Vinhos):

```
df = pd.read_csv('qualidade_vinho.csv', sep= ',', header=0)
df.head(2)
```

	fixed acidity	volatile acidity	citric acid	residual sugar	chlorides	free sulfur dioxide	total sulfur dioxide	density	pH	sulphates	alcohol
0	7.4	0.70	0.0	1.9	0.076	11.0	34.0	0.9978	3.51	0.56	9.4
1	7.8	0.88	0.0	2.6	0.098	25.0	67.0	0.9968	3.20	0.68	9.8

Agora que aprendemos como criar um *DataFrame* e ler um conjunto de dados, podemos explorar diversas funcionalidades disponíveis na biblioteca Pandas, tais como:

- Funções Básicas.
- Tipos de Dados.
- Renomear Colunas.
- Selecionar Colunas e Linhas.
- Adicionar e Remover Colunas.

---

[1] Disponível em: https://archive-beta.ics.uci.edu/dataset/186/wine+quality. Acesso em: 28 abr. 2023.
[2] Disponível em: https://pandas.pydata.org/docs/. Acesso em: 26 abr. 2023.

- Realizar Consultas.
- Ordenar Itens.
- Combinar e Concatenar *DataFrames*.
- Salvar *DataFrames*.

4.2 Funções Básicas

A biblioteca Pandas contém várias funções básicas para a análise exploratória de dados, dentre elas:

- *head()*: retorna as n primeiras linhas de um *DataFrame*;
- *tail()*: retorna as últimas n linhas de um *DataFrame*;
- *shape*: retorna o número de linhas e colunas de um *DataFrame*;
- *info()*: imprime na tela as informações de um *DataFrame*, incluindo número de colunas (*Data columns*), contagem de células (*non-null*), tipo dos dados (*Dtype*) e memória usada (*memory usage*);
- *columns*: retorna o nome das colunas de um *DataFrame*;
- *count()*: conta as células preenchidas (*non-null*) para cada coluna ou linha;
- *describe()*: retorna medidas estatísticas sobre as colunas de um *DataFrame*, como média, percentis, desvio-padrão.

Seguem alguns exemplos de uso na mesma ordem de apresentação das funções:

```
cidades.head(2)  # Retorna um novo dataframe com as n primeiras amostras
```

	Estado	Cidade	Habitantes	Salário-Médio
0	Paraná	Londrina	575377	1356.0
1	São Paulo	São Carlos	254484	1508.0

```
cidades.tail(2)  # Retorna um novo dataframe com as n últimas amostras
```

	Estado	Cidade	Habitantes	Salário-Médio
3	Paraná	Curitiba	1963726	2293.0
4	São Paulo	Campinas	1223237	1710.0

Python para Ciência de Dados

```
cidades.shape # Retorna uma tupla com o número de linhas e colunas
```

(5,4)

```
cidades.info() # Retorna vazio e imprime na tela as informações gerais do
↪ dataframe
```

<class 'pandas.core.frame.DataFrame'>
RangeIndex: 5 entries, 0 to 4
Data columns (total 4 columns):

#	Column	Non-Null Count	Dtype
0	Estado	5 non-null	object
1	Cidade	5 non-null	object
2	Habitantes	5 non-null	int64
3	Salário-Médio	5 non-null	float64

dypes: float64(1), int64(1), object(2)
memory usage: 288.0+bytes

```
cidades.columns # Retorna uma lista com o nome de todas as colunas
```

Index(['Estado','Cidade','Habitantes','Salário-Médio'],dtype='object')

```
cidades['Salário-Médio'].describe() # Retorna um objeto DataFrame com as
↪ medidas estatísticas para cada coluna
```

```
count        5.000000
mean      1733.000000
std        357.459089
min       1356.000000
25%       1508.000000
50%       1710.000000
75%       1798.000000
max       2293.000000
Name: Salário-Médio, dtype: float64
```

4.2.1 Tipos de Dados com Pandas

Ao usar a biblioteca Pandas, é importante notar os tipos de dados corretos, caso contrário podemos ter mensagens de erros ou resultados inesperados. Em muitos casos, a biblioteca Pandas identificará o tipo correto dos dados, tais como:

- *object:* texto ou mistura de valores numéricos e não numéricos;
- *int64:* valor é um número inteiro;
- *float64:* valor é um número em ponto flutuante;
- *datetime64:* valor no formato data e hora;
- *bool:* valor booleano, não aceita valores ausentes;
- *category:* valor correspondente ao das variáveis categóricas em estatística;
- *timedelta:* valor pode ser expresso em unidades de tempo diferentes, como dias, horas, minutos ou segundos.

Para verificar os tipos de dados de um *DataFrame*, pode-ser usar as funções *dtypes* ou *info()*, conforme exemplificado a seguir:

```
cidades.dtypes
cidades.info()
```

Para alterar o tipo de dado de um *DataFrame*, pode ser usada a função *astype()*, conforme ilustrado a seguir, que troca o tipo dos dados da coluna Habitantes para *float64*:

```
cidades['Habitantes'] = cidades['Habitantes'].astype('float64')
cidades.dtypes
```

```
Estado              object
Cidade              object
Habitantes          float64
Salário-Médio       float64
dtype: object
```

É importante ressaltar a necessidade de verificar o tipo em colunas que usam datas, para não prejudicar a interpretação dos resultados. Como exemplo, é adicionado a seguir uma coluna com datas ao *DataFrame* cidades usando a função *to_datetime()*.

```
cidades['Data'] = ['3-8-2021', '3-9-2021', '3-10-2021', '3-11-2021',
↪    '3-12-2021']

cidades['Data'] = pd.to_datetime(cidades['Data'], format='%d-%m-%Y') #
↪    Dia, Mês, Ano
```

```
cidades
```

	Estado	Cidade	Habitantes	Salário-Médio	Data
0	Paraná	Londrina	575377.0	1356.0	2021-08-03
1	São Paulo	São Carlos	254484.0	1508.0	2021-09-03
2	Santa Catarina	Florianópolis	508826.0	1798.0	2021-10-03
3	Paraná	Curitiba	1963726.0	2293.0	2021-11-03
4	São Paulo	Campinas	1223237.0	1710.0	2021-12-03

Também é possível mudar o formato da data, utilizando o parâmetro *format*, conforme apresentado a seguir.

```
cidades['Data'] = cidades['Data'].dt.strftime('%d-%m-%Y') # Dia, Mês, Ano
cidades # Novo Formato
```

	Estado	Cidade	Habitantes	Salário-Médio	Data
0	Paraná	Londrina	575377.0	1356.0	03-08-2021
1	São Paulo	São Carlos	254484.0	1508.0	03-09-2021
2	Santa Catarina	Florianópolis	508826.0	1798.0	03-10-2021
3	Paraná	Curitiba	1963726.0	2293.0	03-11-2021
4	São Paulo	Campinas	1223237.0	1710.0	03-12-2021

Informações adicionais sobre os tipos de dados na Biblioteca Pandas podem ser encontradas na sua documentação oficial.

4.2.2 Renomeando Colunas

Colunas podem ser renomeadas no Pandas por meio da função *rename()*, como mostrado a seguir:

```
cidades.rename(columns={'Habitantes': 'N Habitantes', 'Data': 'Data -
    Censo'}, inplace=True)
cidades
```

	Estado	Cidade	N Habitantes	Salário-Médio	Data-Censo
0	Paraná	Londrina	575377.0	1356.0	03-08-2021
1	São Paulo	São Carlos	254484.0	1508.0	03-09-2021
2	Santa Catarina	Florianópolis	508826.0	1798.0	03-10-2021
3	Paraná	Curitiba	1963726.0	2293.0	03-11-2021
4	São Paulo	Campinas	1223237.0	1710.0	03-12-2021

4.2.3 Selecionando Linhas e Colunas

Para selecionar colunas e linhas, Pandas disponibiliza duas funções: *loc* e *iloc*. A função *.loc[]* permite fazer a seleção utilizando diretamente os rótulos do *DataFrame*, ou seja, os nomes atribuídos às linhas e colunas. Por exemplo, considerando uma situação em que os índices das linhas são os nomes das cidades, para acessar o item cuja cidade é São Carlos, bastaria utilizar *cidades.loc['São Carlos']*.

Para *.iloc[]*, um item é acessado a partir da sua posição, independentemente de como está rotulado o seu índice. Logo, a chamada da função *cidades.iloc[0]* retornaria a primeira linha do conjunto. Alguns exemplos do uso dessas funções são apresentados a seguir:

```
cidadesHab = cidades[['N Habitantes', 'Salário-Médio']] # Seleciona as
    duas colunas com os nomes especificados
cidadesHab
```

Seleção das linhas com as cidades São Carlos e Florianópolis:

```
cidades.loc[[1, 2]] # Seleciona as duas linhas com os nomes especificados
    (note que o "rótulo" de cada linha está presente na forma de números
    inteiros)
```

	Estado	Cidade	N Habitantes	Salário-Médio	Data-Censo
1	São Paulo	São Carlos	254484.0	1508.0	2021-03-09
2	Santa Catarina	Florianópolis	508826.0	1798.0	2021-03-10

```
cidades.iloc[1:3] # Seleciona as linhas do dataframe original, referentes
    ao índice determinado
```

	Estado	Cidade	N Habitantes	Salário-Médio	Data-Censo
1	São Paulo	São Carlos	254484.0	1508.0	2021-03-09
2	Santa Catarina	Florianópolis	508826.0	1798.0	2021-03-10

Selecionando linhas e colunas:

```
cidades.iloc[:, 0:2]  # Seleciona todas as linhas e as duas primeiras
↪    colunas do dataframe original
```

	Estado	Cidade
0	Paraná	Londrina
1	São Paulo	São Carlos
2	Santa Catarina	Florianópolis
3	Paraná	Curitiba
4	São Paulo	Campinas

```
cidades.iloc[1:3, :3]  # Seleciona as duas primeiras linhas e as três
↪    primeiras colunas
```

	Estado	Cidade	N Habitantes
1	São Paulo	São Carlos	254484.0
2	Santa Catarina	Florianópolis	508826.0

```
cidades.iloc[:, [1, 3, 0, 2]]  # Seleciona todas as linhas e as colunas
↪    determinadas
```

	Cidade	Salário-Médio	Estado	N Habitantes
0	Londrina	1356.0	Paraná	575377.0
1	São Carlos	1508.0	São Paulo	254484.0
2	Florianópolis	1798.0	Santa Catarina	508826.0
3	Curitiba	2293.0	Paraná	1963726.0
4	Campinas	1710.0	São Paulo	1223237.0

4.2.4 Adicionando e Removendo Colunas

Para adicionar colunas em um *DataFrame* é usada a função:

- *df.insert(posição_coluna, "Nome_coluna", [Valores])*

```
cidades.insert(2, 'Sigla', ['PR', 'SP', 'SC', 'PR', 'SP']) # Adiciona
↪ novos dados no índice dois
cidades.insert(2, 'Sigla-Repetida', cidades['Sigla']) # Adiciona uma
↪ coluna repetida "Sigla"
cidades
```

	Estado	Cidade	Sigla-Repetida	Sigla	N Habitantes	Salário-Médio	Data-Censo
0	Paraná	Londrina	PR	PR	575377.0	1356.0	03-08-2021
1	São Paulo	São Carlos	SP	SP	254484.0	1508.0	03-09-2021
2	Santa Catarina	Florianópolis	SC	SC	508826.0	1798.0	03-10-2021
3	Paraná	Curitiba	PR	PR	1963726.0	2293.0	03-11-2021
4	São Paulo	Campinas	SP	SP	1223237.0	1710.0	03-12-2021

Para excluir a coluna repetida, podem ser usadas as funções *pop()* e *drop()*:

```
cidades.pop('Sigla-Repetida')

# ou

cidades = cidades.drop(['Sigla-Repetida'], axis=1)
cidades
```

	Estado	Cidade	Sigla	Habitantes	Salário-Médio	Data-Censo
0	Paraná	Londrina	PR	575377.0	1356.0	03-08-2021
1	São Paulo	São Carlos	SP	254484.0	1508.0	03-09-2021
2	Santa Catarina	Florianópolis	SC	508826.0	1798.0	03-10-2021
3	Paraná	Curitiba	PR	1963726.0	2293.0	03-11-2021
4	São Paulo	Campinas	SP	1223237.0	1710.0	03-12-2021

4.3 Operações Básicas

4.3.1 Consultas

Para consultas ao *DataFrame*, é utilizada a função *query()*. Assim, a consulta de quais cidades têm salários médios acima de R$ 1.400,00 pode ser feita da seguinte maneira:

```
cidades.query('`Salário-Médio` > 1400.0')
```

	Estado	Cidade	Sigla	N Habitantes	Salário-Médio	Data-Censo
1	São Paulo	São Carlos	SP	254484.0	1508.0	03-09-2021
2	Santa Catarina	Florianópolis	SC	508826.0	1798.0	03-10-2021
3	Paraná	Curitiba	PR	1963726.0	2293.0	03-11-2021
4	São Paulo	Campinas	SP	1223237.0	1710.0	03-12-2021

Consulta sobre quais cidades estão no Estado de São Paulo:

```
cidades.query('Estado == "São Paulo"')
```

	Estado	Cidade	Sigla	N Habitantes	Salário-Médio	Data-Censo
1	São Paulo	São Carlos	SP	254484.0	1508.0	03-09-2021
4	São Paulo	Campinas	SP	1223237.0	1710.0	03-12-2021

Consulta sobre quais cidades têm um número de habitantes entre o valor de 500.000-1.300.000:

```
cidades.query('`N Habitantes` > 500000 and `N Habitantes` < 1300000')
```

	Estado	Cidade	Sigla	N Habitantes	Salário-Médio	Data-Censo
0	Paraná	Londrina	PR	575377.0	1356.0	03-08-2021
2	Santa Catarina	Florianópolis	SC	508826.0	1798.0	03-10-2021
4	São Paulo	Campinas	SP	1223237.0	1710.0	03-12-2021

4.3.2 Ordenação

Um *DataFrame* pode ser ordenado conforme os valores de uma de suas colunas. Para isso, pode ser utilizada a função *sort_values*, como mostra o código a seguir:

```
cidades.sort_values(by='Cidade', inplace=True)
cidades
```

	Estado	Cidade	Sigla	N Habitantes	Salário-Médio	Data-Censo
4	São Paulo	Campinas	SP	1223237.0	1710.0	03-12-2021
3	Paraná	Curitiba	PR	1963726.0	2293.0	03-11-2021
2	Santa Catarina	Florianópolis	SC	508826.0	1798.0	03-10-2021
0	Paraná	Londrina	PR	575377.0	1356.0	03-08-2021
1	São Paulo	São Carlos	SP	254484.0	1508.0	03-09-2021

```
cidades.sort_values(by='Salário-Médio', inplace=True)
cidades
```

	Estado	Cidade	Sigla	N Habitantes	Salário-Médio	Data-Censo
0	Paraná	Londrina	PR	575377.0	1356.0	03-08-2021
1	São Paulo	São Carlos	SP	254484.0	1508.0	03-09-2021
4	São Paulo	Campinas	SP	1223237.0	1710.0	03-12-2021
2	Santa Catarina	Florianópolis	SC	508826.0	1798.0	03-10-2021
3	Paraná	Curitiba	PR	1963726.0	2293.0	03-11-2021

4.3.3 Combinando *DataFrames*

Uma importante característica da biblioteca Pandas é sua facilidade para trabalhar com *SQL - Joins* em *DataFrames*, que combina *DataFrames*. Pandas permite o uso de várias de suas funções, dentre elas: *inner joins, left/right joins* e *full joins*. Para mostrar como isso ocorre, o *DataFrame* utilizado até o momento (planilha de cidades com o número de habitantes e média salarial) é apresentado, mas em duas tabelas separadas, ligadas apenas pela coluna cidade:

```
cidades_salarios = pd.DataFrame(
    [
        ['Paraná', 'Londrina', 1356.00],
        ['São Paulo', 'São Carlos', 1508.00],
        ['Santa Catarina', 'Florianópolis', 1798.00],
        ['Paraná', 'Curitiba', 2293.00],
        ['São Paulo', 'Campinas', 1710.00]
    ], columns=['Estado', 'Cidade', 'Salário-Médio'])

cidades_salarios
```

```
cidades_pop = pd.DataFrame(
    [
        ['Londrina', 575377],
        ['São Carlos', 254484],
        ['Florianópolis', 508826],
        ['Curitiba', 1963726],
        ['Campinas', 1223237]
    ], columns=['Cidade', 'Habitantes'])

cidades_pop
```

DataFrames podem também ser combinados usando a função *merge()*. Para isso, ambos os *DataFrames* precisam ter pelo menos uma coluna em comum, que, no caso dos exemplos anteriores, é a coluna cidade. Em uma situação de junção dos dois conjuntos, caso os dois *DataFrames* possuam cidades diferentes que não existam em ambos, as amostras distintas são descartadas, pois o padrão é a utilização da interseção dos conjuntos, equivalente ao *Inner Join* da linguagem SQL.

Para adicionar todas as amostras, mesmo não existindo em ambos os *DataFrames*, o parâmetro *how* pode ser modificado para indicar a união dos dois conjuntos, por meio da utilização do *how="outer"*, equivalente ao *full outer join* da linguagem SQL. Existem ainda outras alternativas de junção dos conjuntos, como a junção à esquerda e à direita, que podem também ser aplicadas pelas mudanças nos parâmetros da função. Um exemplo de aplicação da função *merge* pode ser visto a seguir.

```
pd.merge(left=cidades_salarios, right=cidades_pop, on="Cidade")
```

```
pd.merge(left=cidades_salarios, right=cidades_pop, on="Cidade",
↪   how="outer")
```

Outra alternativa para juntar *DataFrames* é concatená-los, usando a função *concat()*. Enquanto na função *merge() DataFrames* são combinados a partir de valores em colunas compartilhadas, a concatenação possibilita combinar dois *DataFrames* com as mesmas colunas, conforme apresentado no trecho de código a seguir:

```
cidades_df1 = pd.DataFrame(
    [
        ['Londrina', 575377],
        ['São Carlos', 254484],
        ['Florianópolis', 508826],
    ], columns=['Cidade', 'Habitantes'])

cidades_df1
```

```
cidades_df2 = pd.DataFrame(
    [
        ['Curitiba', 1963726],
        ['Campinas', 1223237]
    ], columns=['Cidade', 'Habitantes'])

cidades_df2
```

```
pd.concat([cidades_df1, cidades_df2], ignore_index=True)
```

4.3.4 Salvando *DataFrames*

A biblioteca Pandas também permite salvar um *DataFrame* em vários formatos, por exemplo, CSV, Excel, JSON, HTML e HDF5, ou em um banco de dados SQL, como ilustrado a seguir:

```
cidades.to_csv("my_df.csv")
cidades.to_html("my_df.html")
cidades.to_json("my_df.json")
```

4.4 Considerações Finais

Pandas está entre as bibliotecas mais utilizadas em CD, principalmente nas etapas de exploração e pré-processamento de dados, aplicada em tarefas de visualização, análise de qualidade de dados, transformação de dados, engenharia de características e modelagem de dados. Todas essas tarefas serão exploradas nos próximos capítulos com exemplos práticos, alguns deles utilizando a biblioteca Pandas. Além disso, Pandas é compatível com algumas das bibliotecas mais conhecidas em CD, como *scikit-learn*, *seaborn*, *plotly*, entre outras. Finalmente, é importante salientar que a literatura apresenta algumas alternativas que podem ser úteis em situações específicas, como processar grandes conjuntos de dados, entre elas: *Dask* e *Pyspark*.

Parte II — Exploração de Dados

Na exploração dos dados, nós precisamos "conversar com os dados". Para isso, fazemos perguntas e escutamos as respostas que técnicas de exploração de dados nos dão e procuramos respostas para as perguntas que os resultados da aplicação das técnicas nos fazem, usando para isso nosso conhecimento e experiência. Até mais interessante que os números é a história que está por trás deles.

Antes de começar qualquer atividade ou tarefa, você precisa conhecer o que se espera de você, o que você tem na mão e o que você precisa fazer. Não adianta começar uma tarefa se você não sabe a situação atual e quais ferramentas você tem à sua disposição. Isso se resume em uma palavra: conhecimento. Sem conhecimento, não vamos a lugar algum. Perdão, podemos ir para algum lugar, mas ele provavelmente estará longe de onde queremos chegar. É uma caminhada às cegas, uma caminhada aleatória, sem mapa, bússola ou GPS. É grande a chance de se ter um caminho difícil e cansativo, quando não doloroso.

Não adianta ir tentando várias alternativas, caminhos e ferramentas, na esperança de que alguma combinação delas funcione. Pode ser que você até encontre uma boa solução, mas você não terá confiança de que ela será boa, apenas uma intuição, uma esperança. O conhecimento está por trás de quase todas as descobertas, soluções e avanços, principalmente daqueles mais recentes. O conhecimento permite evitar caminhos sem fim, ou com um fim que nos frustre.

Isso vale para quem planeja utilizar Ciência de Dados (CD). Por trás de um projeto bem-sucedido, vem o entendimento do problema a ser resolvido e dos dados que temos em mãos. O conhecimento de como explorar bem os dados para descobrir o que nos trazem, e o que escondem, nos ajuda a selecionar e utilizar as ferramentas para extrair o melhor deles. Esta Parte apresentará diferentes alternativas para extrair informações e conhecimentos de um conjunto de dados, utilizando técnicas de Estatística Descritiva e de visualização científica.

Exploração de Dados

5	**Estatística para Exploração de Dados** 93
5.1	Escalas de Medidas 95
5.2	Conceitos Importantes 96
5.3	Estatística Descritiva e Teoria das Probabilidades ... 98
5.4	Estatística Descritiva 99
5.5	Considerações Finais 110

6	**Visualização para Exploração de Dados** .. 113
6.1	Métodos de Visualização Disponíveis em Python. ... 115
6.2	Gráficos de Barras ou Colunas 117
6.3	Gráfico de Setor........................... 120
6.4	Gráficos de Dispersão...................... 121
6.5	Gráficos de Linhas 125
6.6	Gráficos de Radar......................... 126
6.7	Gráficos de Coordenadas Paralelas........... 128
6.8	Histogramas 132
6.9	Gráfico de Caixa – *Boxplot* 132
6.10	Gráficos de Violino 135
6.11	Nuvens de Palavras 136
6.12	Mapas de Calor 138
6.13	Desafios para a Visualização de Dados........ 139
6.14	Considerações Finais 140

Capítulo 5 Estatística para Exploração de Dados

O sucesso de um projeto de Ciência de Dados (CD) depende da compreensão do problema a ser resolvido e dos dados utilizados ao longo da execução do projeto. Para compreender os dados, é necessário explorá-los de um modo que permita entender o que representam e como os seus valores estão distribuídos nos objetos e atributos do conjunto de dados analisado.

As principais maneiras de explorar os dados são por meio da extração de medidas estatísticas e por padrões observados utilizando técnicas de visualização. Este capítulo aborda a primeira forma. Como a maioria das técnicas empregadas para exploração precisa que os dados sejam estruturados, este capítulo tratará apenas de conjuntos de dados estruturados.

Informações sobre diversos temas são frequentemente exploradas usando ferramentas Estatísticas. A Estatística pode ser utilizada, por exemplo, para estimar a sua altura aos 18 anos de idade, calcular a média final da sua nota em uma disciplina e predizer qual a chance de você ganhar em uma loteria. Com frequência, ela é utilizada para construir modelos preditivos a partir de informações que recebemos de tempos em tempos, que podem ser empregados para predizer a porcentagem dos votos que cada candidato terá em uma eleição, quanto deve chover em setembro do próximo ano e qual o risco de um acidente acontecer em uma atividade.

A Estatística possui uma forte relação com a Matemática. Por ser mais recente, é vista como uma subárea da Matemática, particularmente da Matemática Aplicada, que inclui, além da Estatística, outras subáreas, por exemplo, Cálculo Numérico, Otimização, Pesquisa Operacional e Teoria da Informação. Por seu rápido crescimento, é também vista como uma área à parte, formada por duas subáreas, Estatística Descritiva (ou Análise de Dados – AD) e Probabilidade (ou Teoria das Probabilidades), ou por três, com a inclusão da Inferência Estatística.

As subáreas Estatística Descritiva e Inferência Estatística podem ainda ser consideradas abordagens para o que chamamos de Métodos Estatísticos. Neste livro, usaremos a divisão em três subáreas, mas abordaremos em detalhes apenas a Estatística Descritiva. Para tornar claro o alcance das 3 subáreas, segue uma breve descrição das outras duas.

A subárea de Inferência Estatística, que faz generalizações sobre as características de uma população a partir de informações colhidas de uma amostra usando Probabilidade, será abordada indiretamente no Capítulo 11, dedicado a modelagem de dados, no qual será visto como modelos para uma população podem ser induzidos a partir de amostras dessa população. Em um processo de indução bem-sucedido, estes modelos devem ser capazes de, a partir de uma pequena parte, inferir algo sobre o "todo".

O fato de valores de uma variável aleatória serem gerados para determinado evento define como esses valores estarão distribuídos, sendo também conhecido como sua distribuição de probabilidade. As distribuições de probabilidade podem ser caraterizadas de diversos modos. Por exemplo, se todos os valores têm a mesma probabilidade de serem obtidos, diz-se que os valores assumem uma distribuição uniforme.

Este é o caso de lançar uma moeda honesta, confiável, N vezes e assumir como valor gerado, após cada lançamento, a face de cima da moeda que irá cair em uma superfície. A distribuição para este caso é uniforme porque a distribuição dos valores tende a ser similar, 50% deles cara e 50% deles coroa. Também no Capítulo 11 mostraremos exemplos de algoritmos de modelagem baseados em Probabilidade.

Antes de apresentar os principais conceitos de Estatística Descritiva para CD, é importante descrever os tipos dos valores a serem explorados e algumas definições importantes para um bom entendimento dos conceitos, o que será feito nas duas próximas seções.

Estatística para Exploração de Dados

5.1 Escalas de Medidas

No Capítulo 1 foram definidos os formatos (estruturados, semiestruturados e não estruturados) e os papéis dos dados (atributos descritivos, preditivos e alvo) em um conjunto de dados. Nesta seção serão apresentadas as escalas de medidas, chamadas aqui de tipos de valores, ou apenas tipos, que cada atributo em um conjunto de dados estruturados pode assumir. Conforme a proposta do psicólogo Stanley Smith Stevens (STEVENS, 1946), os atributos podem ter quatro tipos de valores descritos em seguida.

- **Qualitativos ou categóricos:** são valores não numéricos, em geral, palavras. Embora o termo qualitativo seja normalmente relacionado a um adjetivo, ele também pode representar um substantivo ou um símbolo. Um valor para um tipo qualitativo pode ainda ser dividido em:
    - **Nominal:** termo proveniente da palavra em latim para nome, significa que não existe uma relação de ordem entre os valores, nenhum valor é maior ou deve vir antes do outro. Mesmo a ordem alfabética é ignorada. Por isso, em geral, representa um substantivo. As únicas operações possíveis sobre dois valores deste tipo são verificar se eles são iguais ou diferentes. São exemplos de valores nominais: cor (amarelo, azul, verde, cina, ...), profissão (jardineiro, engenheiro, ator, pintor, ...) e cidade (Porto Alegre, Recife, São Paulo, Cuiabá, Belém, ...).
    - **Ordinal:** quando existe uma relação de ordem entre os valores, em que um valor pode ser menor que outro ou vir antes de outro. Por isso, geralmente representa um adjetivo. Além das operações permitidas para valores do tipo nominal, é possível também verificar a relação de ordem entre dois valores. São exemplos de valores ordinais: gosto (ruim, médio, bom), dias da semana (segunda-feira, terça-feira, ..., domingo) e posições em uma corrida (primeiro, segundo, ..., último).
- **Quantitativos ou numéricos:** são valores numéricos, que, em geral, carregam mais informações e são mais fáceis de serem manipulados por técnicas e algoritmos de CD. Os valores deste tipo, no que lhe concerne, podem ser divididos em:
    - **Intervalares:** deixa clara a distância entre dois valores ou o quão diferentes eles são. Além das operações que podem ser realizadas para os valores ordinais, é possível somar/subtrair um valor numérico a outro valor numérico. O valor inicial é arbitrário e pode mudar a qualquer momento. É possível afirmar se

um valor é igual a outro valor adicionado, mas não é possível afirmar se um valor é o dobro ou o terço de outro. Exemplos de valores intervalares incluem anos (1900, 1936, ...), hora do dia (0:00, 0:01, ..., 24:00) e temperatura em graus Celsius (..., −15.0, ..., −14.7, ..., 0.0, ..., 37.4, ...).

- **Racionais:** existe um valor inicial fixo e claro, um zero absoluto na escala de valores. Além das operações de soma e subtração, permite operações de divisão e multiplicação entre dois valores. Como consequência, viabiliza qualquer operação matemática. São exemplos de valores racionais o salário de uma pessoa em 3 anos diferentes (1.000,00, 2.500, 5.000,00), a quantidade de milho em quilogramas colhida por um agricultor em diferentes 5 anos (670, 700, 400, 2100, 1534) e o número de anos de vida de 4 pessoas (10, 15, 30, 28).

Conforme mencionado, o tipo da escala de valores define que operações podem ser realizadas. O Quadro 5.1 resume quais as possíveis operações com cada tipo de valor.

Quadro 5.1 Número de operações que podem ser aplicadas aos valores de cada tipo

Tipos de Valores	Operações	Definição
Nominal	=, ≠	Valores são apenas *strings* diferentes
Ordinal	<, >	Existe uma relação de ordem entre valores
Intervalar	+, −	Diferença entre valores faz sentido
Racional	*, /	Razão e diferença entre valores fazem sentido

Os tipos numéricos podem ainda ser divididos em **discretos** e **contínuos**. No tipo discreto, o número de valores possíveis é finito, ou infinito e enumerável. É frequentemente usado para contagens. Um exemplo de valor discreto é o número de vezes que fomos ao supermercado no ano anterior. No tipo contínuo, é possível ter qualquer valor na escala dos números reais, em geral, dentro de um intervalo predefinido. Um exemplo de valor contínuo é o peso de um objeto.

5.2 Conceitos Importantes

Duas definições básicas são as de população e de amostra. A primeira coisa que pode vir à mente ao ouvir a palavra população é o conjunto de todas as pessoas que moram em uma região, por exemplo, uma cidade. Mas, na Estatística, uma população é o conjunto de todos os possíveis objetos (observações) dos dados a serem analisados, ou do problema a ser resolvido.

Como exemplo, supondo que, em 2022, a escola de nível médio **TodosPassam** resolveu analisar qual o desempenho dos(as) alunos(as) da escola em trigonometria, para verificar se a instituição precisa melhorar como a disciplina é oferecida. Para isso, ela analisará as notas finais obtidas por todos(as) os(as) 1100 alunos(as) que cursaram a disciplina desde a criação da escola, em 2012. Este conjunto de mil e cem notas formará a população das notas finais tiradas em trigonometria. No entanto, na maioria dos experimentos ou aplicações de CD, as seguintes situações podem ocorrer:

- não conhecemos ou não temos acesso a toda a população de objetos;
- podemos ter acesso, mas usar todos os objetos pode ter um custo de processamento e/ou de armazenamento muito elevado ou impraticável; ou
- temos acesso, mas nosso interesse está em apenas em uma parte deles.

Nestes casos, é utilizado um subconjunto do conjunto de objetos da população, chamado amostra. Na maioria das aplicações de CD, trabalhamos com uma amostra de uma população. O tamanho de uma amostra pode variar entre 1, formada por apenas um objeto da população inicial, e n, quando ela contém todos os objetos da população. O uso de uma amostra permite investigar, com um custo menor, propriedades de uma população.

Continuando o caso anterior, vamos supor que o computador da escola parou de funcionar e não foi possível consertá-lo a tempo, e assim, se tornou impossível recuperar as notas para os anos de 2012 até 2021. A escola tem acesso apenas a uma amostra da população, as 100 notas finais do ano de 2022. Para que a análise dos dados em uma amostra traga informações relevantes, a amostra deve representar bem a população, ou seja, ter as mesmas características e propriedades da população de onde foi tirada. Por exemplo, a média das 100 notas finais na amostra deveria ser igual à média das notas na população de 1.100, o que provavelmente não será o caso, uma vez que a amostra "sobrevivente" possui somente uma representação mais recente dos dados. O processo de colher uma amostra é chamado amostragem. Em geral, os exemplos que irão compor a amostra podem ser definidos de diferentes formas.

O conjunto de todos os possíveis valores ou resultados de um experimento é chamado espaço amostral. Por exemplo, o conjunto de valores que podem aparecer na face de cima de um dado de seis lados ou faces, após lançá-lo qualquer número de vezes, é $\{1, 2, 3, 4, 5, 6\}$. Da mesma forma, o conjunto de valores que podem aparecer na face de cima de uma moeda após lançá-la várias vezes é $\{Cara, Coroa\}$.

Este conjunto de resultados de um experimento, no que lhe concerne, é chamado evento. Assim, se o experimento foi lançar o dado anterior 7 vezes, aparecendo na face de cima apenas os valores {1, 2, 4, 5, 6}, o evento será formado por estes 5 valores. Outro conceito importante, variável aleatória, é, na verdade, uma função que retorna o resultado de cada experimento. Por exemplo, o valor que aparece na face do dado em cada lançamento é definido por uma variável aleatória.

5.3 Estatística Descritiva e Teoria das Probabilidades

Até o início do século XIX, cientistas acreditavam que o universo funcionava como um imenso relógio (SALSBURG, 2002). Acreditavam ainda que poucas fórmulas matemáticas, por exemplo, as leis de movimento de Newton, poderiam explicar tudo que era real e predizer o que ocorreria no futuro. Antes de abordar os principais conceitos de Probabilidade e Estatística Descritiva, é importante deixar clara a relação entre eles. Isso porque muitas das disciplinas de cursos de graduação e de pós-graduação, cursos de formação e livros-textos que abordam conceitos destas duas áreas têm como título apenas a palavra Estatística.

Em Skiena (2001), o autor descreve a Probabilidade e a Estatística como duas áreas relacionadas com a Matemática que têm em comum o propósito de analisar a frequência relativa de eventos, mas enxergam o mundo de formas diferentes. O Quadro 5.2 mostra algumas diferenças entre Estatística Descritiva e Probabilidade apontadas pelo autor.

Quadro 5.2 Principais diferenças entre Estatística e Probabilidade

Estatística	Probabilidade
Analisa a frequência com a qual eventos passados ocorreram	Prediz a verossimilhança de eventos que ocorrerão no futuro
É principalmente uma subárea aplicada da Matemática que busca o sentido em observações reais	É principalmente uma subárea teórica da Matemática que estuda as consequências de definições matemáticas. Por conta disso, Probabilidade é por vezes chamada de Teoria das Probabilidades (ou de Probabilidade, ou da Probabilidade) ou Estatística Teórica

Ainda segundo o autor, os dois temas são importantes, relevantes e úteis, mas são diferentes. Entender a diferença entre eles é fundamental para interpretar corretamente

Estatística para Exploração de Dados

a relevância de evidências matemáticas. Ainda de acordo com Skiena (2001), Estatística é a ciência de coletar, analisar, interpretar e retirar conclusões a partir de dados.

5.4 Estatística Descritiva

A Estatística Descritiva provê ferramentas estatísticas capazes de descrever propriedades e características de um conjunto de dados. Se também temos acesso a toda a população, a Estatística Descritiva pode ser utilizada para verificar o quão bem uma amostra representa essa população. Nas aplicações de CD, geralmente temos acesso apenas a uma amostra da população, disponibilizada sem a nossa participação. Ainda no contexto de CD, quando o conhecimento é extraído dos dados utilizando valores gerados pela Estatística Descritiva, o termo Estatística Exploratória tem sido utilizado.

Para que os resultados obtidos na análise da amostra sejam aplicados, assumimos que a amostra representa bem a população. A Estatística Descritiva pode analisar valores de apenas uma variável aleatória (análise univariada), de duas variáveis (análise bivariada) ou de mais de uma (análise multivariada). Neste capítulo, assumiremos que cada variável aleatória é um atributo preditivo de um conjunto de dados.

5.4.1 Análise Univariada

A análise univariada gera valores que descrevem características de uma variável de um conjunto de dados. Na maioria das vezes por meio de cálculos muito simples, aplicados a um conjunto de valores, que permitem capturar medidas de:

- Frequência. Por exemplo, quantas vezes um valor aparece.
- Localização, localidade ou tendência central. Por exemplo, a média dos valores.
- Dispersão ou espalhamento. Por exemplo, o desvio-padrão dos valores.
- Distribuição ou formato. Por exemplo, a obliquidade, assimetria, dos valores.

Para que todos possam entender como e para quê ela pode ser utilizada, esta seção vai começar devagar, com alguns exemplos bem simples, muitos deles já bem conhecidos por você. Para isso, voltaremos ao exemplo de amostragem apresentado no início deste capítulo, para extrair conhecimento da nota final dos 100 alunos que cursaram trigonometria na escola de nível médio **TodosPassam** em 2022.

Para ilustrar as análises que podem ser feitas, usando as medidas que podem ser extraídas, e facilitar tanto a visualização dos dados quanto a realização dos cálculos necessários, vamos utilizar um subconjunto (subamostra) de 10 alunos desta amostra de 100 alunos. A Tabela 5.1 mostra, para cada um dos 10 alunos ou alunas, as notas recebidas em três provas e a nota final.

Tabela 5.1 Conjunto de dados estruturados e rotulados

Nome	Prova 1	Prova 2	Prova 3	Nota final
Adriana	6,0	8,0	5,0	6,33
Asdrúbal	6,0	8,0	5,0	6,33
Breno	7,0	7,0	7,0	7,00
Bruna	6,0	8,0	8,0	7,33
Luís	4,0	8,0	6,0	6,00
Maria	10,0	9,0	8,0	9,00
Paulo	7,0	8,0	5,0	6,66
Renata	9,0	8,0	8,0	8,33
Sílvio	8,0	6,0	10,0	8,00
Valquíria	8,0	6,0	7,0	7,00

Medidas de Frequência

A primeira análise destes dados pode ser quantos alunos tiraram, na primeira prova de uma disciplina, a nota 7,0. Para isso, basta usar uma medida de frequência absoluta, que simplesmente conta quantas destas notas foram iguais a 7,0, que dá 2 alunos.

Frequência absoluta pode ser usada também para contar quantos alunos melhoraram o desempenho ao longo da disciplina (notas que aumentaram temporalmente), desempenho decrescente, quais notas foram acima de 5,0 etc. A frequência absoluta é uma das formas de calcular a frequência, mas existem ainda três outras formas. Podemos medir:

- **Frequência absoluta:** quantas vezes um dado valor aparece.
- **Frequência relativa:** porcentagem de vezes em que um dado valor aparece.
- **Frequência absoluta acumulativa:** número de ocorrências $\leq$ dado valor.

Estatística para Exploração de Dados

- **Frequência relativa acumulativa:** porcentagem de ocorrências ≤ dado valor.

Neste exemplo, usamos apenas valores numéricos. Todavia, por serem fáceis de calcular, medidas de frequência são muito usadas para analisar valores em atributos categóricos.

Medidas de Localidade

Outro grupo de medidas importantes são as medidas de localidade, também chamada de localização, centralidade ou de tendência central, por serem muito usadas para mostrar onde está o centro de um conjunto de valores. Dentre estas medidas, as mais usadas são:

- mínimo;
- máximo;
- média;
- mediana;
- decis e percentis; e
- moda.

As medidas mínimo e máximo extraem, respectivamente, o menor e o maior valor em um conjunto de valores. Com base no exemplo anterior, podem ser usadas para informar o menor e o maior valor tirados em uma prova. Para avaliar o desempenho de um(a) aluno(a) em uma disciplina, mais importante que a nota na primeira prova, é conhecer o seu desempenho médio durante a disciplina.

Isso é feito tirando a média de suas notas nas provas, apresentada na coluna **Nota Final**. Para um conjunto de n valores, a média dos valores de um atributo preditivo, $\bar{x}$, pode ser calculada pela Equação 5.1.

$$\text{Média}(x) = \bar{x} = \frac{1}{n} \sum_{i=1}^{n} x_i \tag{5.1}$$

Uma deficiência da média é que, se a distribuição dos dados for assimétrica (alguns dos valores forem muito maiores, ou muito menores que os demais), elem puxam a média em direção aos maiores valores, ou até mesmo em direção a um valor que destoa muito dos demais. Valores que destoam muito da maioria dos valores são chamados *outliers*. Como exemplo, suponha que os valores que temos sejam: 1,0; 2,0; 6,0; 2,0; 1.500 e 4,0. Neste caso, um valor, 1.500, destoa muito dos demais, sendo considerado um *outlier*.

Em razão da presença do *outlier*, a média dos valores será 1.515,0/6 = 252,5, que pode levar a uma interpretação incorreta da distribuição dos valores. Uma forma de reduzir a influência do *outlier* é usar outra medida de centralidade, a mediana. O cálculo da mediana, $\tilde{x}$, para o mesmo conjunto de n valores é apresentado na Equação 5.2.

Conteúdo Extra

Existem diferentes categorias de média, por exemplo, média ponderada, média geométrica e média harmônica. Veja exemplos no artigo *Measures of central tendency: The mean* (MANIKANDAN, 2011).

$$\text{Mediana}(x) = \tilde{x} = \begin{cases} x_r \text{ se } n \text{ é ímpar } (r = [n+1]/2) \\ \frac{1}{2}(x_r + x_{r+1}) \text{ se } n \text{ é par } (r = n/2) \end{cases} \quad (5.2)$$

A mediana ordena os valores, do menor para o maior, e retorna o valor que estiver no meio, se a quantidade de valores for ímpar, ou a média dos dois valores que estiverem no meio, se a quantidade for par, que é o caso dos seis valores apresentados. Ordenando eles, teríamos: 1,0; 2,0; 2,0; 4,0; 6,0 e 1.500. Os dois valores do meio são 2,0 (terceiro valor) e 4,0 (quarto valor). A mediana seria a média deles, (2,0 + 4,0)/2 = 3,0.

A mediana divide um conjunto de dados ao meio. Por isso, ela é usada quando se deseja dividir um conjunto de dados em dois conjuntos do mesmo tamanho. É claro que nem sempre as partes são iguais, pois a divisão pode ter um resto diferente de zero, como é o caso da mediana quando o número de valores é ímpar. Outras medidas que dividem um conjunto de dados em partes iguais são os decis, que dividem um conjunto de dados em 10 partes iguais, cada uma com 10% dos valores e os percentis, que dividem em 100 partes iguais, cada uma com 1% dos valores.

Por isso, a mediana também pode ser chamada de 5º (quinto) decil, 2º (segundo) quartil (Q2) ou 50º (quinquagésimo) percentil. Percentil indica a quantidade de valores menores que um dado valor. Por exemplo, suponhamos que um jogador de futebol que fez 15 gols em um campeonato está no 88 percentil. Isso quer dizer que ele fez mais gols que 88% dos outros jogadores que participaram do campeonato.

Outros termos relacionados usados com frequência são o 1º (primeiro) quartil (Q1), ou 25º (vigésimo quinto) percentil, e o 3º (terceiro) quartil (Q3), ou 75º (septuagésimo quinto) percentil. A Equação 5.3 mostra como calcular o valor do percentil, $p^{\underline{o}}$, **a posição**

de um valor em um conjunto de dados, em que o valor de p varia de 1 a 100 e n é o número de dados no conjunto.

$$p^{\underline{\text{o}}} \text{ percentil} = \left\lceil \frac{p}{100} \times n \right\rceil = \text{valor na posição} \tag{5.3}$$

Como exemplo, o valor do 30º percentil, p^{30}, em um conjunto com $n = 200$ valores seria igual ao valor na posição $\lceil 0{,}3 \times 200 \rceil$ dos valores ordenados em ordem crescente, que dá o valor que estiver na 60ª posição.

A média é uma boa medida de localização quando os valores estão distribuídos simetricamente. Além disso, ela é mais fácil de atualizar dinamicamente, quando novos valores são incluídos no conjunto de dados. Por outro lado, a mediana indica melhor o centro dos valores, apropriada para casos em que a distribuição é oblíqua (assimétrica) ou o conjunto de dados apresenta *outliers*.

A média e a mediana funcionam apenas com valores numéricos, mas, como visto no início deste capítulo, em muitas aplicações os valores podem ser categóricos. Quando isso ocorre, a medida indicada é a moda. No nosso dia a dia, a palavra moda está associada a algo que ocorre com uma alta frequência, como uma palavra que está na moda, ou alguém se vestir conforme a moda atual para vestuários. Na Estatística, a moda é o valor que aparece com maior frequência, ou seja, por mais vezes, em um conjunto de dados.

Embora seja geralmente usada para valores categóricos, também pode ser medida para um conjunto de valores numéricos. Um conjunto de dados pode ter uma moda, mais de uma moda (quando mais de um valor apresenta a maior frequência) ou nenhuma moda, quando todos os valores aparecem com a mesma frequência. Quando um conjunto tem apenas uma moda, ele é unimodal. Se ele tem duas modas, ele é bimodal, se tem várias modas, é multimodal, e se não tem moda alguma, ele é amodal.

Para ilustrar seu uso, suponhamos vários conjuntos de valores, em que cada conjunto representa os valores para um atributo preditivo. Proponho usarmos essa definição para calcular a moda dos valores para cada coluna da Tabela 5.2 que representa um atributo preditivo (as 3 colunas do meio). A Tabela 5.2 apresenta resultados de exames clínicos realizados para os mesmos 6 pacientes do Capítulo 1, com alteração de 2 atributos preditivos para terem valores qualitativos, Medicamento e Pressão. As modas para o conjunto de valores dos atributos Medicamento, Pressão e Temperatura são, respectivamente, B (unimodal), $Baixa$ (unimodal) e $\{37 \text{ e } 38\}$ (bimodal).

Em geral, a moda é calculada quando um conjunto de dados tem poucos possíveis valores. Quando a distribuição de valores é completamente simétrica, média, mediana e moda têm o mesmo valor. Também é usada quando os valores apresentam uma assimetria moderada, o que será visto nas próximas seções. Assim como a mediana,

Tabela 5.2 Conjunto de dados estruturados e rotulados

Nome	Medicamento	Pressão	Temperatura	Diagnóstico
Ana	C	Alta	38	Doente
Bárbara	A	Baixa	37	Saudável
Cláudia	B	Alta	38	Saudável
Pedro	B	Baixa	36	Doente
Rosa	A	Baixa	37	Saudável
Rui	B	Baixa	39	Doente

a moda é insensível a *outliers*. É possível estimar o valor da moda a partir do valor da média e da mediana, para um mesmo conjunto de dados, como indica a Equação 5.4.

$$\text{Moda} = 3 \times \text{mediana} - 2 \times \text{média} \tag{5.4}$$

Medidas de Espalhamento

Como o nome sugere, medem variabilidade, dispersão ou espalhamento de um conjunto de valores, indicando se eles estão amplamente espalhados ou relativamente concentrados em torno de um ponto ou região, por exemplo, a média. As medidas de espalhamento mais comuns são:

- amplitude ou intervalo;
- distância entre quartis;
- desvio médio absoluto;
- variância; e
- desvio-padrão.

A medida de amplitude, também chamada amplitude amostral ou intervalo, é a mais simples. Ela mostra o espalhamento máximo de um conjunto de valores, sendo por isso muito usada para controle de qualidade. Para ver como ela funciona, sejam $\{x_1, x_1, ..., x_n\}$ os n valores para um conjunto de dados que vamos chamar x. A amplitude dos valores é dada pela Equação 5.5.

$$\text{Amplitude}(x) = \max(x) - \min(x) \tag{5.5}$$

Por ser muito simples, pode não trazer informações úteis em algumas situações, por exemplo, se a maioria dos valores estão próximos de um ponto central e poucos valores próximos aos extremos. Além disso, é afetada pela presença de *outliers*. Assim como existe uma forma de diluir o efeito de um *outlier* na medida de localidade, usando a mediana no lugar da média, o efeito de um *outlier* na medida de espalhamento pode ser diminuído, usando o intervalo entre quartis, sendo a diferença entre os valores do 3º e do 1º quartis. Outra medida que pode ser usada é o desvio médio absoluto, sendo ela a média da distância absoluta entre cada valor e a média dos valores, desvios da média, cujo cálculo é dado pela Equação 5.6.

$$\mathrm{DMA}(x) = \frac{\sum_{i=1}^{n} |x_i - \mathrm{Média}|}{n} \tag{5.6}$$

Uma medida mais utilizada para analisar espalhamento de valores é a variância, que mede o quanto os valores de um conjunto de dados destoam da média. Para os mesmos n valores de x, a variância pode ser calculada pela Equação 5.7.

$$\mathrm{Variância}(x) = \frac{1}{n-1} \sum_{i=1}^{n} (x_i - \bar{x})^2 \tag{5.7}$$

Observe que a soma das diferenças ao quadrado entre cada valor de x e a média dos valores é dividida por $n - 1$. A divisão por $n - 1$, chamada correção de Bessel, é usada para obter uma melhor estimativa da variância verdadeira, da população, ao calcular a variância para uma amostra. Outra medida de espalhamento muito usada é o desvio-padrão, que é a raiz quadrada da variância. A variância também é chamada de um dos momentos de uma distribuição de probabilidade, que nos leva ao último conjunto de medidas, as medidas de distribuição.

Medidas de Distribuição

Estas medidas definem como os valores de um atributo estão distribuídos em um conjunto de dados, descrevendo as propriedades da distribuição. Elas são calculadas por momentos, que possuem uma relação com o momento na Física, que não será explorada neste livro. Os momentos de uma função estão relacionados com o formato do gráfico de uma função, mostrando, no âmbito da CD, como se distribuem os valores de um atributo para um conjunto de dados. Existem várias formas de calcular momentos, dentre elas:

- momentos originais;

- momentos centrais; e
- momentos padronizados.

O momento original tem esse nome por ser o momento em torno da origem. Ele é definido pela Equação 5.8. Nesta equação, o valor de k define qual é a medida de momento estimada. Em geral, apenas o primeiro momento, $k = 1$, a média, é usado.

$$\text{Momento Original}_k(x) = \sum_{i=1}^{n} x_i^k p(x_i) = \sum_{i=1}^{n} x_i^k f(x_i) \tag{5.8}$$

Os momentos centrais, também chamados centralizados ou centrados, recebem este nome por serem medidos em torno do centro dos valores, podendo ser calculados pela Equação 5.9. Mais uma vez, o momento central calculado é definido pelo valor de k, que pode ser:

- $K = 1$: média = 0 (primeiro momento em torno da média = primeiro momento central);
- $K = 2$: variância (segundo momento central);
- $K = 3$: obliquidade (terceiro momento central); ou
- $K = 4$: curtose (quarto momento central).

$$\text{Momento Central}_k(x) = \frac{\sum_{i=1}^{n}(x_i - \bar{x})^k}{(n-1)} \tag{5.9}$$

O momento padronizado assume que os dados têm uma distribuição normal com média igual a 0 e variância igual a 1, resumido para média 0 e variância 1, e mais ainda para $N(0,1)$, em que N indica que os valores estão distribuídos de acordo com uma distribuição normal, uma das várias distribuições de valores estudadas em Probabilidade e Estatística, e $N(0,1)$ representando uma distribuição normal padrão.

O termo padronizada é usado porque ele normaliza o k-ésimo momento pelo desvio-padrão elevado a k, tornando as medidas deste momento independentes de escala. Como indicado pela Equação 5.10, os momentos centralizados são divididos pelo desvio-padrão elevado ao valor de k.

$$\text{Momento Padronizado}_k(x) = \frac{\text{Momento Central}_k}{\sigma^k} \tag{5.10}$$

O que resulta na Equação 5.11.

$$\text{Momento Padronizado}_k(x) = \frac{\sum_{i=1}^{n}(x_i - \bar{x})^k}{(n-1)\sigma^k} \tag{5.11}$$

Mais uma vez, o valor de k define o momento padronizado que está sendo utilizado. Quando $k = 1$, temos o primeiro momento padronizado, a média, com valor 0. Para $k = 2$, temos o segundo momento, a variância, com valor 1. A função de distribuição dos valores distribuirá os valores em torno de um ponto central, neste caso, a média. As distribuições dos valores menores e maiores que o ponto central formam, respectivamente, uma calda à esquerda e uma calda à direita do ponto central. A Figura 5.1 ilustra um exemplo de distribuição em que o ponto central tem valor igual a 0.

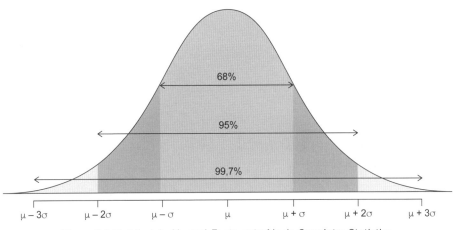

Figura 5.1 Distribuição Normal. Fonte: extraído de *OpenIntro Statistics*.

Conteúdo Extra

Para explorar mais sobre os conceitos expostos neste capítulo, indicamos a leitura do seguinte material: *OpenIntro Statistics*.

- ***Link* 1:** https://www.openintro.org/book/os/. Acesso em: 26 abr. 2023.
- ***Link* 2:** https://github.com/OpenIntroStat/openintro-statistics. Acesso em: 26 abr. 2023.

Essa distribuição é simétrica, ou seja, as caldas à esquerda e à direita do ponto central têm o mesmo tamanho, apresentando a mesma aparência. Nesse caso, o valor do ponto central pode ser calculado pela média, mediana ou moda, que retornarão o mesmo valor.

Quando $k = 3$, temos o terceiro momento, obliquidade (também chamado assimetria), que mede o quão simétrica é a distribuição dos valores em torno da média.

Em uma distribuição simétrica, como a da Figura 5.1, o valor da obliquidade é igual a 0. Quando o valor da obliquidade é negativo, a maioria dos valores está abaixo da média, o que faz com que a calda do lado esquerdo seja mais longa. O oposto ocorre quando a obliquidade tem valor positivo. Esses dois casos são ilustrados pela Figura 5.2. A Equação 5.12 ilustra o cálculo do valor da obliquidade de um conjunto de valores.

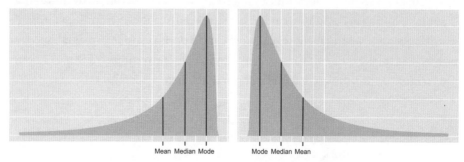

Figura 5.2 Distribuição assimétrica – Obliquidade negativa e positiva. Fonte: extraído de https://denvirlab.marshall.edu/MS1/distributions.html. Acesso em: 26 abr. 2023.

$$\text{Obliquidade}(x) = \frac{\sum_{i=1}^{n}(x_i - \bar{x})^3}{(n-1)\sigma^3} \tag{5.12}$$

O quarto momento, chamado curtose, também mede a dispersão dos valores, mas agora no quanto os valores destoam do maior valor, ou qual é o achatamento da distribuição dos valores. Para isso, usa-se como referência o achatamento de uma distribuição $N(0,1)$. A curtose pode ser calculada pela Equação 5.13.

$$\text{Curtose}(x) = \frac{\sum_{i=1}^{n}(x_i - \bar{x})^4}{(n-1)\sigma^4} \tag{5.13}$$

Como para uma distribuição normal padrão o valor da curtose é igual a 3, é feita uma pequena correção na fórmula, subtraindo 3 de seu resultado, a fim de que, para $N(0,1)$, o valor da curtose seja 0, como mostra a Equação 5.14.

$$\text{Curtose Ajustada}(x) = \frac{\sum_{i=1}^{n}(x_i - \bar{x})^4}{(n-1)\sigma^4} - 3 \tag{5.14}$$

5.4.2 Análise Multivariada

A análise multivariada, ou de dados multivariados, examina dados de mais de um atributo. A forma mais simples de fazer uma análise multivariada é realizar uma análise univariada para cada um dos atributos individualmente, e representar as medidas extraídas por um vetor de m elementos, sendo um para cada atributo. Para dados multivariados numéricos, é possível também calcular medidas de espalhamento que identificam se existe uma relação de dependência entre 2 atributos.

Para isso, os atributos devem ter a mesma quantidade de valores. Uma maneira simples de estimar se existe uma relação de dependência entre 2 atributos é calcular a covariância entre eles (análise bivariada) utilizando a Equação 5.15.

$$\text{Covariância}(x,y) = \frac{1}{m-1} \sum_{k=1}^{m} (x_k - \bar{x})(y_k - \bar{y}) \tag{5.15}$$

Nessa equação, $\bar{x}$ é a média de x e x_k é o k-ésimo valor de x. A covariância de dois atributos mede o grau com que os atributos variam juntos (linearmente). Cada valor retornado tem um significado.

- **Valor próximo de 0:** atributos não têm um relacionamento linear.
- **Valor positivo:** atributos são diretamente relacionados. Quando o valor de um atributo aumenta, o do outro também aumenta, e quando o valor de um diminui, o do outro também diminui.
- **Valor negativo:** os atributos são inversamente relacionados, quando o valor de um aumenta, o valor do outro diminui, e vice-versa.

O tamanho do valor depende da magnitude (faixa de valores) dos atributos. Quando $x = y$, a equação calcula a variância de x. O cálculo da covariância pode ser expandido para todos os pares de atributos preditivos (x_i, x_j) de um conjunto de dados, gerando uma matriz de covariância, em que o valor de cada elemento é dado pela Equação 5.16.

$$\text{Covariância}(x_i, x_j) = \frac{1}{m-1} \sum_{k=1}^{m} (x_{ki} - \bar{x}_i)(x_{kj} - \bar{x}_j) \tag{5.16}$$

A matriz de covariância tem em sua diagonal as variâncias dos atributos. Como o valor da covariância é afetado pela magnitude dos atributos, é difícil avaliar o relacionamento entre dois atributos olhando apenas essa medida entre eles. Uma forma de eliminar esta limitação é calcular a correlação em vez da covariância.

A correlação linear entre dois atributos ilustra a força da relação linear entre eles ao escalar o valor da covariância obtida entre eles pelos seus desvios padrões. Por eliminar influência da magnitude dos valores, indicando a força da relação linear entre dois atributos, a correlação acaba sendo mais usada que a covariância. Da mesma forma que fizemos para a covariância, podemos calcular uma matriz de correlação, em que cada elemento representa a correlação entre dois atributos. A matriz pode ser obtida utilizando a Equação 5.17.

$$\text{Correlação}(x_i, x_j) = \frac{\text{Covariância}(x_i, x_j)}{\sigma_i \sigma_j} \tag{5.17}$$

Nesta equação, x_i é o i-ésimo atributo do conjunto de dados e σ_i é o desvio-padrão do atributo x_i. Os valores de correlação variam entre $-1,0$ e $+1,0$, com os valores da diagonal, correlação máxima, tendo valor igual a $+1$.

> **Conteúdo Extra**
>
> Para aplicar conceitos expostos neste capítulo em Python, indicamos explorar a documentação das seguintes bibliotecas:
>
> - **Pandas:** https://pandas.pydata.org/. Acesso em: 26 abr. 2023.
> - **NumPy:** https://numpy.org/. Acesso em: 26 abr. 2023.
> - **Scipy:** https://scipy.org/. Acesso em: 26 abr. 2023.
> - **Statistics:** https://docs.python.org/3/library/statistics.html. Acesso em: 26 abr. 2023.
> - **Statsmodels:** https://www.statsmodels.org/stable/index.html. Acesso em: 26 abr. 2023.

5.5 Considerações Finais

Como em diversas outras áreas de conhecimento, a Estatística tem pelo menos duas correntes ou escolas de pensamento que propõem diferentes abordagens para lidar com o mesmo problema: bayesiana e frequentista. Nenhuma interpretação está errada, são apenas duas formas diferentes de ver um mesmo problema. Voltando ao exemplo de lançamento de uma moeda, uma maneira de alguém descobrir se você possui pensamento bayesiano ou frequentista é apresentada no *site Towards Data Science*.[1]

No exemplo, suponha que alguém lance uma moeda e, escondendo de você a face da moeda que está para cima, pergunte qual a probabilidade do resultado (face para cima) ser coroa. Se você responder que é de 50%, de acordo com sua opinião ou crença, você é bayesiano. Se, por outro lado, você responder que não existe uma probabilidade sobre o resultado, você é frequentista. Para um frequentista, o fato de não saber a resposta não muda: se o resultado for cara, a probabilidade é de 0%, e se for coroa, de 100%.

É preciso ler com cuidado os valores gerados na análise estatística para exploração dos dados. Observar apenas os valores que resumem a informação presente nos dados, e os resultados gerados por essa análise, pode levar a interpretações incorretas. Como já dito em várias ocasiões, por diferentes pessoas, o diabo está nos detalhes. Valores gerados pelo processo exploratório devem ser analisados com uma lupa. Dado o seu poder, é importante mencionar também os riscos de utilizar a Estatística para passar, deliberadamente, informações incorretas, quando não mentiras, tema coberto no ótimo livro, chamado "Como Mentir com Estatística" (HUFF; GEIS, 1993).

---

[1] Disponível em: https://towardsdatascience.com/statistics-are-you-bayesian-or-frequentist-4943f953f21b. Acesso em: 26 abr. 2023.

Capítulo 6 Visualização para Exploração de Dados

Para um melhor entendimento das suas características e das informações neles contidas, dados são frequentemente apresentados em formas de tabelas ou gráficos. Como visto nos capítulos anteriores, tabelas constituem uma forma simples e direta de representação de informações presentes em dados. No entanto, à medida que cresce a quantidade e a complexidade dos dados, mais difícil se torna extrair conhecimento deles, quando apresentados apenas por meio de tabelas.

A utilização de imagens para representar visualmente os dados, processo que chamamos de visualização gráfica, visualização científica ou, simplesmente, visualização, permite resumir as informações presentes em um conjunto de dados para mostrar o que pode ser mais relevante para um determinado contexto. A representação de informação por meio de visualização já era efetuada dezenas de milhares de anos atrás, como atestam algumas pinturas rupestres.[1] A primeira visualização de dados é provavelmente um mapa-múndi babilônico, do ano V a.C., que ilustrava o mundo de forma cartográfica em peças de argila.

---

[1] Desenhos pré-históricos encontrados em cavernas.

Dando um salto na história, no século XVII, o astrônomo (além de cientista, filósofo, físico e matemático) italiano Galileu Galilei desenhou um mapa para provar que o céu, e não a Terra, era o centro do sistema solar. Um dos principais marcos históricos do uso do processo de visualização foi um gráfico representando as perdas humanas do exército francês, comandado pelo imperador Napoleão I, ao invadir a Rússia em 1812, desenhado pelo engenheiro civil francês Charles Joseph Minard. Este gráfico é apresentado na Figura 6.1, na sua versão original, em francês.

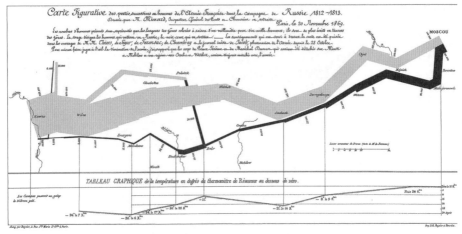

Figura 6.1 Gráfico de evolução do exército francês durante a invasão à Rússia em 1812.
Imagem extraída de: https://upload.wikimedia.org/wikipedia/commons/2/29/Minard.png.
Acesso em: 07 nov. 2023.

As principais informações desta figura estão presentes em dois traçados. Um claro, na parte de cima, que ilustra a marcha do exército francês a partir da França em direção à Rússia e um preto, na parte de baixo, que ilustra o retorno do exército à França. Cada milímetro no traçado equivale a 10.000 militares. É possível observar nos dois traçados que a espessura, que indica o tamanho do exército em número de militares, é reduzida ao longo do tempo, representando as perdas do exército francês na campanha de invasão. Cada traçado traz também as cidades pelas quais o exército passou ao longo da marcha. A parte mais baixa da figura mostra a variação de temperatura em diferentes pontos da marcha em grau Réaumur, no qual o valor 0 é o grau em que a água congela.

A principal motivação para a representação de dados por gráficos é a suposição de que as pessoas possuem maior facilidade para entender e encontrar padrões em imagens do que em números ou textos. Mesmo sem perceber, as pessoas conseguem usar conhecimento que elas têm de outros domínios de aplicação para entender o que um gráfico representará. Informações extraídas por outras ferramentas estatísticas ou computacionais, em geral, não apresentam essa mesma facilidade.

Em muitas situações, a visualização gráfica simplifica a compreensão de padrões complexos presentes nos dados, sejam eles presentes na fase inicial de análise exploratória, ou até da modelagem e análise de desempenho de modelos. Com isso, a utilização de gráficos para rápida visualização das variáveis investigadas se torna uma ferramenta poderosa nas mãos de um cientista de dados.

Existem diversos tipos de gráficos que podem ser escolhidos conforme as características dos dados que precisam ser exploradas, analisadas e destacadas. A seguir, apresentamos, no Quadro 6.1, um resumo dos principais métodos de visualização, incluindo uma menção para qual tipo de análise pode ser feita e um esboço do gráfico gerado.

6.1 Métodos de Visualização Disponíveis em Python

Existem diversas opções de bibliotecas de *software* que permitem trabalhar com visualizações de maneira prática no ecossistema Python. No contexto de exploração de dados estruturados, as bibliotecas mais tradicionais são a **Matplotlib** e a **Seaborn**. Porém, para maior praticidade, a biblioteca **Pandas** incorporou algumas das funções de visualização mais simples diretamente das bibliotecas mais tradicionais.

Para visualizações interativas, existem ainda opções como o **Plotly** e o **Altair**. Elas oferecem diversas alternativas de customização no gráfico, enquanto o mesmo é manipulado com movimentos do *mouse*. Esse processo pode ser útil para que o usuário possa, por exemplo, melhor identificar a origem, ou características, de um ponto individual ou subconjunto ao colocar o cursor sobre ele. Além disso, nas opções interativas é possível alterar dinamicamente a fonte dos dados e gerar comparações diretamente no próprio gráfico.

Para exemplificar as diferentes opções de gráficos e o contexto em que cada uma se insere, neste capítulo utilizaremos algumas das bibliotecas citadas para gerar visualizações sobre um conjunto de dados que reúne valores numéricos que representam aspectos econômicos e populacionais de todos os municípios brasileiros.

O conjunto de dados é um compilado de informações de fontes governamentais e da iniciativa privada e está disponível para *download* na plataforma educacional Kaggle.[2] A descrição de alguns dos atributos da base de dados está presente no Quadro 6.2. O código com o pré-processamento básico da base de dados está disponível no Apêndice deste livro.

---

[2] Disponível em: https://www.kaggle.com/datasets/crisparada/brazilian-cities. Acesso em: 26 abr. 2023.

Quadro 6.1 Ilustração dos gráficos mais utilizados em CD

Gráfico	Tipo de análise	Esboço
Barras ou Colunas	Qualitativa/Quantitativa	
Setor (Pizza)	Qualitativa	
Dispersão	Quantitativa	
Linhas	Quantitativa	
Radar	Quantitativa	
Coordenadas Paralelas	Qualitativa	
Histograma	Quantitativa	
Caixas (*Boxplot*)	Qualitativa/Quantitativa	
Violino	Qualitativa/Quantitativa	
Nuvem de Palavras	Qualitativa	
Mapas de Calor	Qualitativa/Quantitativa	

Visualização para Exploração de Dados

Quadro 6.2 Descrição de algumas categorias do conjunto de dados dos municípios brasileiros

Atributo	Descrição
CITY	Nome do município.
STATE	Nome do estado.
CAPITAL	Indicação se o município é capital do seu estado.
REGION	Nome da região brasileira onde o município se encontra.
POPULATION_2010	População estimada daquele município em 2010.
POPULATION_2018	População estimada daquele município em 2010.
COMP_TOT	Número de empresas registradas atuando no município em 2016.
LAT	Latitude do município.
LONG	Longitude do município.
ALT	Altitude do município.
AREA	Área do município em quilômetros quadrados.
IDHM	Índice de Desenvolvimento Humano Municipal em 2010.
GDP	Produto Interno Bruto do município em 2016.
GDP_CAPITA	Produto Interno Bruto *per capita* do município em 2016.
TAXES	Valor de impostos arrecadados em 2016.
MUN_EXPENDT	Valor declarado de gastos do município.
PLATED_AREA	Área plantada em hectares no município.
GVA_AGROPEC	Valor agregado bruto referente às atividades agropecuárias.
RURAL_URBAN	Tipologia do município atribuída pelo IBGE em 2016.
WHELEED_TRACTOR	Número de tratores registrados no município em 2019.

A seguir, serão apresentadas algumas funções para a linguagem Python que permitem explorar visualmente conjuntos de dados. A aplicação dessas funções, assim como o resultado obtido, serão ilustrados utilizando o conjunto de dados indicado anteriormente.

6.2 Gráficos de Barras ou Colunas

Um dos tipos de gráficos mais simples, e populares, são os gráficos de barras, utilizados para ilustrar a frequência de valores de variáveis tanto quantitativas quanto qualitativas. Sua representação é dada por meio de retângulos dispostos horizontal ou verticalmente. Cada retângulo é associado a um valor, um conjunto de valores ou um intervalo de valores de uma variável. O comprimento do retângulo está relacionado com quantas vezes (frequência) o valor ou conjunto de valores que representa aparece no conjunto de dados.

Como visto no Capítulo 5, dependendo do número de variáveis representadas em um gráfico, o mesmo pode permitir uma análise univariada (uma variável) ou multivariada (mais de uma variável). Para facilitar a compreensão dos gráficos, apresentaremos inicialmente a versão univariada e, em seguida, a multivariada.

6.2.1 Análise Univariada

Para a análise de uma variável por vez, a seguir, na Figura 6.2, usaremos um gráfico com barras verticais para comparar o produto interno bruto *per capita* dos estados brasileiros e do distrito federal para o ano de 2016.

```
data = df_brasil.groupby(by=['STATE']).mean()['GDP_CAPITA']
ax = data.plot.bar(figsize=(10,5))

_ = ax.set(xlabel='Estados', ylabel='Produto interno Bruto (PIB) per
↪    capita')
```

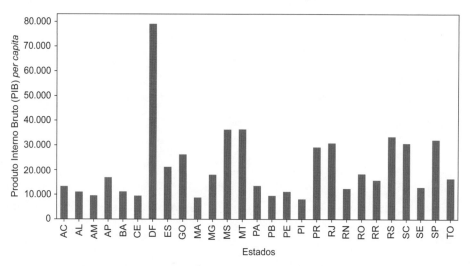

Figura 6.2 Gráfico de barras com o PIB de cada estado brasileiro.

Por meio do gráfico apresentado na Figura 6.2, é possível comparar o valor do PIB dos estados e do distrito federal de maneira mais clara do que utilizando uma tabela com o valor de cada PIB. O gráfico mostra, por exemplo, que o Distrito Federal tem o maior PIB *per capita*, que os maiores valores estão concentrados nos estados que compõem as Regiões Sul, Sudeste e Centro-Oeste do país. Uma possível interpretação do gráfico, considerando também uma outra variável como a quantidade total de pessoas que vivem em cada estado, é que os estados do Sudeste e Sul apresentam valores, em proporção, altos e similares, e que o Distrito Federal abarca muitas pessoas com alta concentração de renda.

6.2.2 Análise Multivariada

Para descrição de múltiplas variáveis, podemos comparar diretamente agora as regiões do país no ano de 2018 utilizando duas variáveis, com os respectivos valores para cada região: o número de municípios na região e a população na região.

Como essas duas variáveis não estão na mesma escala, uma vez que a população é estimada na ordem de milhares ou milhões e a de municípios na de centenas ou milhares, o gráfico gerado poderia ser de difícil interpretação. Para melhorar a interpretabilidade do gráfico, podemos representar cada um pela proporção em porcentagem com relação ao total no país. Como resultado, apresentamos os dados utilizando o gráfico de barras ilustrado na Figura 6.3, que mostra a porcentagem de municípios na região e a porcentagem da população brasileira em cada região, com relação, respectivamente, ao total de municípios e à população total no Brasil.

```
data = df_brasil.groupby(by=['REGION']).agg({'CITY': 'count',
                                              'POPULATION_2018':
                                              ↪ 'sum'})

data['CITY'] = (data['CITY'] /
                data['CITY'].sum()) * 100

data['POPULATION_2018'] = (data['POPULATION_2018'] /
                           data['POPULATION_2018'].sum()) * 100

ax = data.plot.barh(figsize=(10,5))
_ = ax.set(xlabel='Porcentagem com relação ao Brasil', ylabel='Região')
_ = ax.legend(['Porcentagem de cidades por região no Brasil',
               'Porcentagem de pessoas por região no Brasil'])
```

Por meio do gráfico apresentado na Figura 6.3, é possível observar quais regiões apresentam uma relação mais semelhante entre a porcentagem de município e a porcentagem de habitantes. Enquanto as Regiões Centro-Oeste e Norte apresentam proporções similares, a Região Sudeste concentra mais de 40% da população e menos de 30% dos

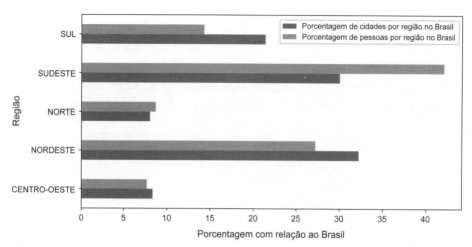

Figura 6.3 Gráfico de barras horizontais com a distribuição da população pelas regiões do país.

municípios do país. Mostra ainda que, provavelmente, as cidades do Sudeste são as mais populosas e as do Nordeste e do Sul as menos populosas do país.

6.3 Gráfico de Setor

Os gráficos de setor, também conhecidos como diagrama de setor, circular ou gráfico de pizza, são gráficos específicos para a representação da frequência relativa de variáveis categóricas ou valores que representam proporção de variáveis numéricas. Em geral, esses gráficos são utilizados para análises univariadas.

Cada gráfico representa um conjunto de valores de uma variável por um círculo dividido em fatias ou setores circulares, cujo tamanho é proporcional à frequência relativa (ou porcentagem) daquele valor com relação ao todo. Para ilustrar como funciona o gráfico de setor, a Figura 6.4 mostra seu uso em dois gráficos cuja distribuição das fatias espera-se que sejam semelhantes: a distribuição do volume de impostos pagos por região no Brasil e a distribuição do PIB nessas regiões.

```
import matplotlib.pyplot as plt

# Especifica a sequência de cores a ser utilizada na visualização
colors = ['lightskyblue', 'red', 'blue', 'green', 'gold']
fig, axes = plt.subplots(nrows=1, ncols=2, figsize=(15, 15))

_ =
↪   df_brasil.groupby(by=['REGION']).sum()['TAXES'].plot.pie(colors=colors,
    autopct='%1.1f%%', ax=axes[0])
```

Visualização para Exploração de Dados

```
_ = df_brasil.groupby(by=['REGION']).sum()['GDP'].plot.pie(colors=colors,
    autopct='%1.1f%%', ax=axes[1])

_ = axes[0].set(xlabel='Distribuição do volume de impostos pagos por
↪ região
    do Brasil em 2016', ylabel='')
_ = axes[1].set(xlabel='Distribuição do PIB por região do Brasil em 2016',
↪ ylabel='')
```

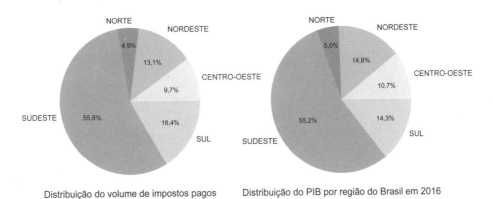

Figura 6.4 Gráficos de setor ilustrando a distribuição de impostos pagos por região do país e do PIB nessas regiões.

6.4 Gráficos de Dispersão

Os gráficos de dispersão, em inglês, *scatter plot*, são utilizados para mostrar como duas variáveis se relacionam. Para isso, representa a relação dos valores de pares de atributos de variáveis quantitativas. Os valores de cada variável são representados em um dos dois eixos do gráfico. Nesses gráficos, cada par de valores se refere a um objeto ou exemplo do conjunto de dados, sendo representado por um ponto no gráfico. Os valores dessas variáveis para os exemplos do conjunto de dados formam uma coleção de pontos. A relação com valores de uma variável adicional pode ser incluída variando a cor ou o tamanho de cada ponto.

6.4.1 Análise Bivariada

Para exemplificar essa forma de visualização, utilizaremos um gráfico de dispersão para descrever a relação entre o índice de desenvolvimento humano municipal (IDHM) de cada município e o valor das despesas declaradas pelo município para o ano de 2016.

Para representar uma terceira variável, a região do município, associaremos uma cor para cada região. Isso gerará o gráfico ilustrado pela Figura 6.5.

Como a amplitude dos valores dos gastos dos municípios é muito alta, utilizamos a escala logarítmica[3] dos seus valores para facilitar a visualização.

```
import matplotlib.pyplot as plt
import seaborn as sns

# O valor de despesas de alguns municípios não foi disponibilizado na base
↪ de dados
data = df_brasil.query("MUN_EXPENDIT != 0")

f, ax = plt.subplots(figsize=(10, 6))
plt.yscale('log')

sct_plot = sns.scatterplot(x=data['IDHM'],
                           y=data['MUN_EXPENDIT'],
                           hue=data['REGION'])

sct_plot.set_xlabel(xlabel = 'IDH do município', fontsize = 12)
sct_plot.set_ylabel(ylabel = 'Gastos do município', fontsize = 12)
```

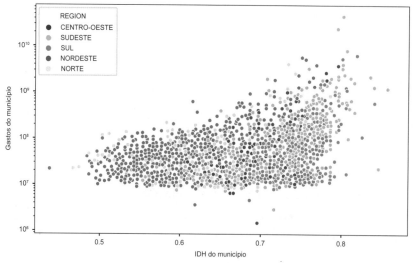

Figura 6.5 Gráfico de dispersão relacionando os gastos dos municípios brasileiros com o seu IDH, e com a sua região no país.

---

[3] A aplicação da escala logarítmica a um conjunto de valores reduz a amplitude dos valores. Por exemplo, para os valores 1, 10 e 100, a aplicação do logaritmo de base 10 transforma eles em 0, 1 e 2, respectivamente.

Esse gráfico mostra que, colocando em proporção, para gastos de até 100 milhões de reais, a maioria dos municípios nordestinos apresenta valores de IDH entre 0,5 e 0,65.

Para a mesma média de gastos, os municípios do Sudeste e Sul apresentam melhores indicadores de IDH, cujos valores variam entre 0,65 e 0,8. No entanto, o gráfico em questão não considera outras informações importantes para uma análise econômica mais confiável, por exemplo, a arrecadação com impostos e a população de cada município. Para melhor identificar a situação de cada município, podemos traçar o gráfico em função da sua latitude e longitude. Neste caso, como mostrado na Figura 6.6, a cor e o tamanho de cada ponto representarão o IDH e as despesas de cada município.

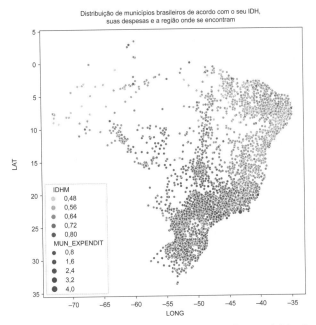

Figura 6.6 Gráfico de dispersão relacionando os gastos dos municípios brasileiros com o seu IDH e com a região onde se encontram.

```
import matplotlib.pyplot as plt
import seaborn as sns

f, ax = plt.subplots(figsize=(8, 8))
sns.scatterplot(x=data.LONG,
                y=data.LAT ,
                hue=data['IDHM'],
                size=data['MUN_EXPENDIT'])
```

```
_ = plt.title("Distribuição de municípios brasileiros de acordo com o seu
    IDH, suas despesas e a região onde se encontram.")
```

6.4.2 Análise Multivariada

Uma forma de utilizar gráficos de dispersão para uma análise multivariada é gerar uma matriz de gráficos de dispersão para cada par de atributos, em que cada gráfico da matriz descreve a relação entre um par de atributos. Dessa forma, é possível descrever a relação entre diferentes subconjuntos de atributos de uma só vez, facilitando a comparação simultânea entre os diversos pares de atributos.

Para apresentar um exemplo dessa análise multivariada, a Figura 6.7 ilustra uma matriz que descreve as relações, dois a dois, entre três atributos: área plantada, número de tratores e área total de cada município, com um indicativo em cor para cada região. Para a elaboração do gráfico, usaremos apenas os municípios que possuem tratores registrados e aplicaremos a escala logarítmica para facilitar a análise dos padrões.

```
df = df_brasil[['WHEELED_TRACTOR', 'PLANTED_AREA', 'AREA', 'REGION']]

# Para filtrar municípios sem tratores registrados
df = df[df['WHEELED_TRACTOR'] != 0]

df['WHEELED_TRACTOR'] = np.log(df['WHEELED_TRACTOR'])
df['PLANTED_AREA'] = np.log(df['PLANTED_AREA'])
df['AREA'] = np.log(df['AREA'])

_ = sns.pairplot(df, hue="REGION")
```

Na matriz de gráficos de dispersão, a diagonal principal representa a distribuição marginal de cada variável individualmente, enquanto os outros gráficos indicam a relação entre os diversos pares de atributos. Por meio de uma análise rápida da matriz de gráficos, é possível ver que existe uma correlação positiva entre a área e a área plantada. Contudo, como mostrado também no gráfico, não é porque a área plantada é maior que o número de tratores registrados na cidade também será.

Visualização para Exploração de Dados

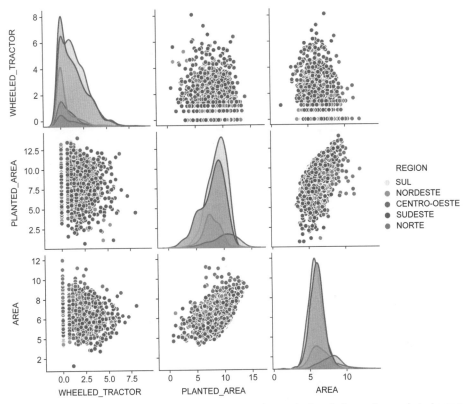

Figura 6.7 Matriz de gráficos de dispersão descrevendo as relações de área, número de tratores e área plantada dos municípios brasileiros.

6.5 Gráficos de Linhas

O gráfico de linhas é a versão "contínua" do gráfico de dispersão, no qual as variações dos valores de dois atributos podem ser vistas de maneira mais clara por meio da linha formada entre os valores nos eixos horizontal e vertical. Como uma linha conecta cada ponto representado, geralmente utilizamos este tipo de gráfico para visualizações de medidas ao longo do tempo. Para facilitar a identificação dos padrões existentes, normalmente são necessários inúmeros objetos.

Essa categoria de gráfico é comumente utilizada para representar séries temporais, sequências de valores coletados ao longo do tempo, cada valor em um período, com o mesmo intervalo de tempo entre períodos consecutivos. Um exemplo de série temporal é o volume de chuvas para cada dia do ano em uma dada cidade.

Para representar séries temporais, o eixo horizontal geralmente representa o decurso do tempo, enquanto o eixo vertical mostra os valores da variável estudada. Como nesse conjunto de dados a única referência temporal é dedicada à estimativa de população, no gráfico ilustrado na Figura 6.8 utilizaremos um gráfico de linhas para identificar a variação de população para cada estado no período de 2010 a 2018.

```
import matplotlib.pyplot as plt

data = df_brasil.groupby('STATE').sum()[['POPULATION_2010',
                                         'POPULATION_2018']]

plot = data.plot.line(figsize=(15,5))
_ = plt.xticks(range(0,len(data.index)), labels=data.index, rotation=45)
_ = plot.set(xlabel='Estados', ylabel='População')
```

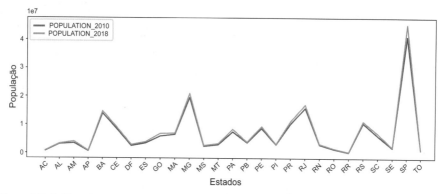

Figura 6.8 Gráfico de linhas com a população dos municípios brasileiros em dois anos diferentes. Como não houve censo populacional no Brasil em 2018, a população deste ano é apresentada como uma estimativa.

Considerando as variações populacionais para cada estado, é possível observar que, em todos os estados, o aumento da população foi pequeno. Nota-se também, ao comparar a variação da população nos estados entre 2010 e 2018, que a população do estado do Acre permaneceu praticamente a mesma, enquanto a do estado de São Paulo apresentou o maior aumento da população.

6.6 Gráficos de Radar

Os gráficos de radar, em inglês, *radar chart*, talvez sejam os gráficos conhecidos por mais nomes diferentes, como gráficos de aranha, por ter um formato similar ao de uma teia de aranha (*spider chart*), gráficos de estrela (*star chart*), por ter o formato parecido com o de uma estrela ou gráficos polares (*polar chart*), quando representa variáveis por coordenadas polares.

Eles são utilizados para descrever a relação entre os m atributos de um conjunto de dados multivariado para os n objetos do conjunto por meio de um gráfico circular bidimensional. Nele, os m atributos são posicionados ao redor de um círculo. Cada objeto do conjunto de dados é representado por um conjunto de "raios", no círculo, cada raio com tamanho proporcional ao valor do atributo correspondente.

Um aspecto importante desse tipo de gráfico é que a visualização acaba sendo prejudicada quando muitos objetos estão representados de uma só vez. Para ilustrar este tipo de visualização, utilizaremos a quantidade de cidades, área, população, impostos pagos e PIB agrupados por cada região brasileira. Com isso, analisaremos a relação dos valores desses 6 atributos para 5 objetos (as regiões do país).

```
import plotly.graph_objects as go

data = df_brasil.groupby(by=['REGION']).agg({'CITY': 'count',
                                              'POPULATION_2018': 'sum',
                                              'AREA': 'sum',
                                              'GDP': 'sum',
                                              'COMP_TOT': 'sum',
                                              'TAXES': 'sum'})

# Colocando os valores individuais em proporção do valor total
for col in data.columns:
    data[col] = data[col] / sum(data[col])

fig = go.Figure(
    data=[go.Scatterpolar(r=data.values[0], theta=data.columns,
     ↪    fill='toself',
          name=data.index[0]),
          go.Scatterpolar(r=data.values[1], theta=data.columns,
           ↪    fill='toself',
          name=data.index[1]),
          go.Scatterpolar(r=data.values[2], theta=data.columns,
           ↪    fill='toself',
          name=data.index[2]),
          go.Scatterpolar(r=data.values[3], theta=data.columns,
           ↪    fill='toself',
          name=data.index[3]),
          go.Scatterpolar(r=data.values[4], theta=data.columns,
           ↪    fill='toself',
          name=data.index[4])],
    layout=go.Layout(
        polar={'radialaxis': {'visible': True}},
```

```
        showlegend=True
    )
)

fig.show()
```

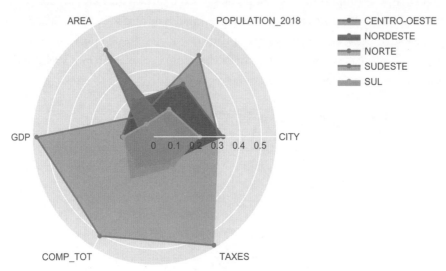

Figura 6.9 Gráfico de radar mostrando os valores de um conjunto de variáveis para as cinco regiões brasileiras.

A utilização de gráficos de radar permite identificar a relação de múltiplos atributos para vários objetos, por exemplo, avaliar que, em 2016, a Região Sudeste foi responsável por mais de 50% do PIB nacional e impostos arrecadados, além de possuir mais de 50% de empresas registradas no país. Enquanto isso, a Região Sul possuía 27% dos municípios brasileiros e participava com 14% do PIB nacional. É importante lembrar que a identificação individual das proporções é prejudicada à medida que mais objetos são adicionados ao gráfico.

6.7 Gráficos de Coordenadas Paralelas

Os gráficos de coordenadas paralelas também permitem a representação visual de múltiplas variáveis. Nesses gráficos, cada atributo é retratado por um eixo vertical. Assim, se o conjunto de dados tem m atributos, o gráfico terá m eixos. Cada objeto é representado por um ponto em cada eixo. A posição do ponto é definida pelo valor no atributo correspondente. Um gráfico de coordenadas paralelas permite observar grupos de objetos que compartilham valores semelhantes nos seus atributos ou o perfil de diferentes classes de objetos.

Para ilustrar a utilização deste tipo de gráfico na apresentação do perfil de diferentes classes de objetos, empregaremos como classes as 5 tipologias Rural-Urbana atribuídas pelo IBGE para cidades (Urbano, Rural Remoto, Rural Adjacente, Intermediário Remoto e Intermediário Remoto). Para construção do gráfico, utilizaremos 4 atributos: o número de cidades, a área média com plantações, a média da área total e o valor agregado bruto (VAB) médio atribuído à agropecuária naqueles municípios.

```python
import plotly.graph_objects as go

data = df_brasil.query("REGION == 'SUL' or \
                        REGION == 'NORDESTE'")

# Criando codificação para visualização das variáveis categóricas
category_rural_urban = data.RURAL_URBAN.astype('category').cat
category_region = data.REGION.astype('category').cat

# Declarando o gráfico com Plotly
fig = go.Figure(data=
    go.Parcoords(
        line = dict(color = category_region.codes),
        dimensions = list([
            dict(label = 'Área Total Média', values = data['AREA']),
            dict(label = 'Populaçao em 2018', values =
             ↪ data['POPULATION_2018']),
            dict(tickvals = [0, 1, 2, 3, 4],
                 ticktext = category_rural_urban.categories,
                 label = 'Tipologia Rural/Urbano',
                 values = category_rural_urban.codes),
            dict(label = 'PIB per capita', values = data['GDP_CAPITA']),
            dict(label = "Região", tickvals = [0, 1],
             ticktext=category_region.categories, values =
             ↪ category_region.codes),
        ])
    )
)

fig.show()
```

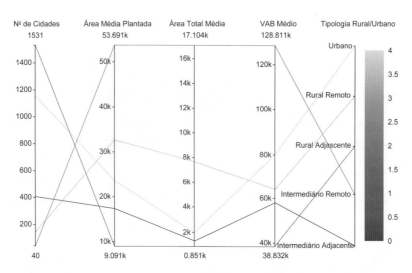

Figura 6.10 Gráfico de coordenadas paralelas comparando atributos das cidades agrupadas por tipologia Rural-Urbana.

Analisando o gráfico da Figura 6.10, é possível observar que o valor agregado bruto médio da agropecuária para as cidades brasileiras consideradas totalmente urbanas em 2019 foi maior que o das cidades com tipologia rural remota, mesmo esta última apresentando área maior de plantio. Os maiores resultados do VAB médio foram para os municípios com tipologia intermediária remota, que também apresentaram maiores valores em média para as áreas de plantações e de terras no geral.

Outra possível utilização desse gráfico é para encontrar grupos com características semelhantes para diferentes variáveis. A seguir, utilizaremos o mesmo tipo de visualização para observar os valores de área total, população em 2018, PIB *per capita* e tipologia Rural-Urbana para todos os municípios da Região Sul e Nordeste.

```
import plotly.graph_objects as go

data = df_brasil.query("REGION == 'SUL' or \
                       REGION == 'NORDESTE'")

# Criando codificação para visualização das variáveis categóricas
category_rural_urban = data.RURAL_URBAN.astype('category').cat
category_state = data.REGION.astype('category').cat

# Declarando o gráfico com Plotly
fig = go.Figure(data=
```

Visualização para Exploração de Dados

```
    go.Parcoords(
        line = dict(color = category_state.codes,),
                #showscale = True),
        dimensions = list([
            dict(label = 'Área Total Média', values = data['AREA']),
            dict(label = 'Populaçao em 2018', values =
            ↪ data['POPULATION_2018']),
            dict(tickvals = [0, 1, 2, 3, 4],
                ticktext = category_rural_urban.categories,
                label = 'Tipologia Rural/Urbano',
                values = category_rural_urban.codes),
            dict(label = 'PIB per capita', values = data['GDP_CAPITA']),
            dict(label = "Região", tickvals = [0, 1],
            ticktext=category_state.categories, values =
            ↪ category_state.codes),
        ])
    )
)

fig.show()
```

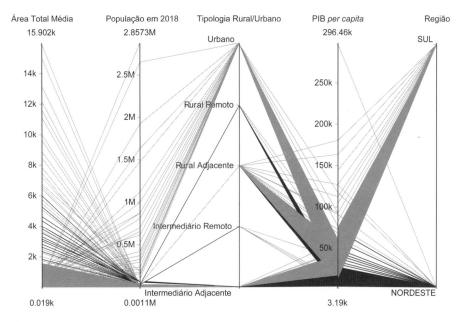

Figura 6.11 Gráfico de coordenadas paralelas comparando atributos das cidades da Região Sul e Nordeste.

No gráfico da Figura 6.11, com relação à população, observa-se que os maiores valores ocorrem nos municípios com tipologia urbana e que o Nordeste apresenta maiores variações nessa variável. Além disso, embora as duas regiões apresentem grandes variações com relação ao PIB *per capita* dos seus municípios, os da Região Sul apresentam uma maior densidade nos valores mais altos desse eixo.

6.8 Histogramas

Histogramas são gráficos utilizados para representar dados agrupados por intervalos de valores, de mesmo tamanho, ou por um valor nominal, para uma mesma variável, denominados *bins*. Um histograma utiliza barras contínuas para exibir a distribuição dos valores da variável. Ele é comumente aplicado para representação da distribuição de frequências de uma variável de interesse.

Em um histograma, a altura da barra indica a quantidade, ou frequência, de valores do intervalo correspondente. Dele podem ser derivados polígonos de frequências (união dos pontos médios de cada barra) e curvas de frequência (versão suavizada dos contornos de um polígono de frequência). Como exemplo deste tipo de gráfico, visualizaremos a distribuição de PIB *per capita* dos municípios brasileiros mais ricos, agrupados por estado.

```
import matplotlib.pyplot as plt

f, ax = plt.subplots(figsize=(14, 6))

filtro = df_brasil['GDP_CAPITA'] > df_brasil['GDP_CAPITA'].quantile(0.95)

ax = df_brasil[filtro]['STATE'].hist(histtype='bar', grid=False)
_ = ax.set(xlabel='Estado', ylabel='Proporção de PIB per capita')
```

Utilizando um filtro para obter a frequência dos estados que possuem os municípios com valores de PIB *per capita* maiores que 95% da maioria, é possível verificar, por meio da Figura 6.12, que os estados com maior valor de PIB *per capita* são Minas Gerais e São Paulo. Nota-se também o quão diferente são o PIB *per capita* dos estados da Região Centro-Oeste com relação aos estados do Nordeste.

6.9 Gráfico de Caixa – *Boxplot*

O gráfico ou diagrama de caixa, em inglês, *boxplot*, também chamado de *whisker plot* ou diagrama de caixa, sumariza a distribuição de valores de uma variável ou atributo por

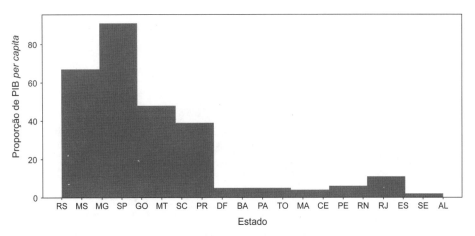

Figura 6.12 Gráfico de histograma com a representação da distribuição do PIB *per capita* de cada estado levando em conta os municípios brasileiros dentro dos 5% mais ricos.

meio de uma caixa e 5 valores. Para construir um *boxplot*, o primeiro passo é ordenar os valores da variável em ordem crescente e selecionar 3 valores, quartis, que dividem o conjunto ordenado de valores em 4 partes com o mesmo número de valores.

A amplitude interquatílica, também chamada de distância entre quartis, indica a diferença entre o terceiro e o primeiro quartil. Ela representa a altura da "caixa" onde estão concentrados 50% de todos os valores da amostra. Os valores máximo e mínimo de um gráfico de caixa determinam se um valor é discrepante (*outlier*) com relação aos demais. Os valores máximo e mínimo são calculados, respectivamente, pelas equações $Q3 + 1,5 \times (Q3 - Q1)$ e $Q1 - 1,5 \times (Q3 - Q1)$.

Uma das vantagens de se utilizar gráficos de caixa para entender os valores de uma variável é que eles disponibilizam graficamente muitas informações úteis sobre a distribuição dos valores, como localização, dispersão e assimetria, além dos possíveis *outliers*. A Figura 6.13 ilustra a posição dos quartis, os valores máximo e mínimo e os *outliers* em um gráfico de caixas.

Para conjuntos de dados multivariados, podemos usar um gráfico de caixa para descrever a distribuição de cada variável ou atributo. Como exemplo, a Figura 6.14 apresenta um gráfico de caixa para ilustrar graficamente a distribuição do IDH dos municípios em cada estado brasileiro no ano de 2010.

A Figura 6.14 permite várias comparações diretas das distribuições dos valores de IDH dos estados. Por exemplo, nenhum estado das Regiões Norte e Nordeste apresentou uma mediana dos valores de IDH acima de 0,7. Enquanto isso, os estados com municípios que apresentam IDH mais discrepante com relação a sua maioria, ou seja, com mais *outliers*, tanto positiva quanto negativamente, foram Paraná e São Paulo.

```
import matplotlib.pyplot as plt

ax = df_brasil.boxplot(column='IDHM', by='STATE', figsize=(15,6))
_ = ax.set(xlabel='', ylabel='')
plt.title('IDH dos municípios de cada estado.')
plt.suptitle('')
```

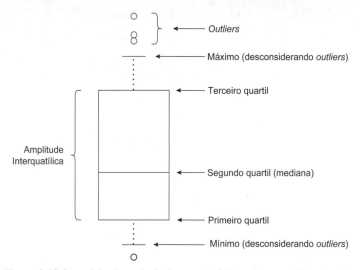

Figura 6.13 Descrição das principais características de um gráfico de caixa.

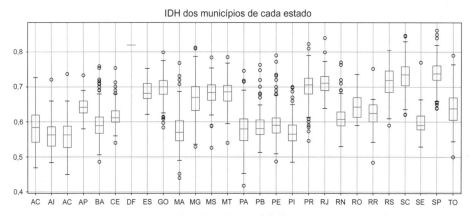

Figura 6.14 Gráfico de caixas com representação da distribuição do IDH dos municípios para cada estado brasileiro.

6.10 Gráficos de Violino

Similarmente ao gráfico de caixa, o gráfico de violino (*violin plot*), também sumariza a distribuição dos valores de um atributo em um conjunto de dados. No entanto, em vez de utilizar "caixas" para definir a disposição dos dados, ele utiliza a própria densidade amostral de cada região dos dados, facilitando a identificação de assimetrias e distribuições multimodais.[4] Isso confere ao gráfico o formato que deu origem ao nome, o de um violino. Uma breve descrição das principais características do gráfico de violino pode ser observada na Figura 6.15.

```
import matplotlib.pyplot as plt
import seaborn as sns

fig, axes = plt.subplots(nrows=1, ncols=2, figsize=(12, 5))

violin_hdi = sns.violinplot(x = 'CAPITAL', y = 'IDHM', data = df_brasil,
↪  palette = "Set3", ax=axes[0])
violin_hdi.set_xlabel(xlabel = 'É Capital?', fontsize = 12)
violin_hdi.set_ylabel(ylabel = 'IDH', fontsize = 12)
violin_hdi.set_title(label = 'Capital vs IDH', fontsize = 15)

box_hdi = sns.boxplot(x = 'CAPITAL', y = 'IDHM', data = df_brasil, palette
↪  = "Set3", ax=axes[1])
box_hdi.set_xlabel(xlabel = 'É Capital?', fontsize = 12)
box_hdi.set_ylabel(ylabel = 'IDH', fontsize = 12)
box_hdi.set_title(label = 'Capital vs IDH', fontsize = 15)
```

Para melhor observar as semelhanças e diferenças com o gráfico de caixa, a Figura 6.16 apresenta ambos os gráficos para representação da distribuição de valores de IDH dos municípios que são e não são capitais dos seus estados.

Olhando com atenção os dois gráficos, é possível observar que, embora os valores de IDH para os municípios que não são capitais possuam mediana em algum valor próximo a 0,7, existem dois picos amostrais (acima de 0,7 e abaixo de 0,6) que somente o gráfico de violino permite observar e que podem ser importantes para análises mais detalhadas da variável.

---

[4] Distribuições com vários picos de densidade.

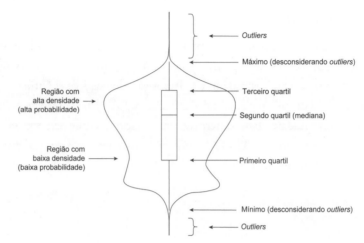

Figura 6.15 Descrição das principais características de um gráfico de violino.

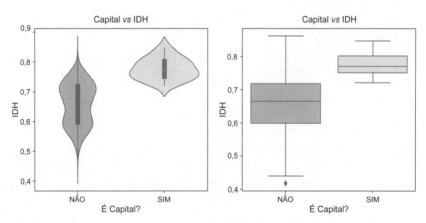

Figura 6.16 Gráfico de violino e de caixa com descrição da distribuição de IDH dos municípios que são e não são capitais dos seus estados.

6.11 Nuvens de Palavras

As nuvens de palavras (*word cloud*), também conhecidas como nuvem de etiquetas, são uma representação visual da frequência com que palavras ocorrem em um texto. Nela, cada palavra assume uma cor e o seu tamanho na nuvem é dado pela quantidade de vezes que a palavra aparece no texto. Por serem de fácil interpretação, nuvens de palavras são comumente utilizadas em apresentações que utilizam *slides* e na sumarização de conjuntos de dados formados por textos.

Para ilustrar o seu uso, foi criada uma nuvem de palavras utilizando um texto formado pelo nome de todos os municípios do Brasil utilizando a biblioteca Wordcloud,[5] desenvolvida especialmente para trabalhar com este tipo de visualização, que pode ser vista na Figura 6.17.

```
import matplotlib.pyplot as plt
from wordcloud import WordCloud

text = ' '.join(df_brasil['CITY'])

# Remoção de palavras repetidas irrelevantes
stop_words = ['De', 'Do', 'Da']

# Mapeamento da frequência de cada palavra e produção da nuvem de
↪ palavras
wordcloud = WordCloud(background_color="white",
                      max_words=len(df_brasil),
                      max_font_size=70,
                      stopwords=stop_words,
                      height=300,
                      width=600).generate(text)

plt.figure(figsize=(20,12))
plt.imshow(wordcloud, interpolation="bilinear")
plt.axis("off")
```

Figura 6.17 Nuvem de palavras criada com os nomes dos municípios brasileiros.

---

[5] Disponível em: https://amueller.github.io/word_cloud/index.html. Acesso em: 26 abr. 2023.

Algumas palavras aparecem em destaque, maior tamanho, por serem usadas com frequência no nome dos municípios. Uma breve análise desses nomes mostra, por exemplo, o impacto que a igreja católica tinha no país desde a colonização. Isso pode ser confirmado pelas múltiplas referências aos nomes de santos, a símbolos católicos e aos termos que os denominam, como "São", "Santa", "Santo", "Cruz", "João", "José", "Rita". Além disso, várias palavras fazem referências ao relevo e estruturas geográficas muito presentes no país, como "Campo", "Lagoa", "Minas", "Sul", "Norte" e "Monte".

6.12 Mapas de Calor

Outro gráfico muito utilizado para descrever a distribuição de vários atributos, permitindo uma análise multivariada, é o que produz mapas de calor (*heatmap*). Muito utilizado em várias áreas que demandam a análise simultânea de um grande número de variáveis, por exemplo, na Bioinformática, um mapa de calor destaca a intensidade da relação entre duas variáveis. O mapa de calor efetua isso pela representação da tonalidade de cor do elemento em uma matriz cujos índices são as variáveis e cuja relação é analisada. Quanto maior a relação, mais forte, ou quente, a intensidade da cor. Essa matriz é uma matriz quadrada em que o mesmo conjunto ordenado de variáveis aparece nos eixos horizontal e vertical. Um exemplo de utilização desse tipo gráfico é a representação de correlações entre variáveis. A Figura 6.18 ilustra o uso de um mapa de calor que mostra as correlações lineares entre as 14 variáveis quantitativas da base de dados dos municípios.

```
import matplotlib.pyplot as plt
import seaborn as sns

f, ax = plt.subplots(figsize=(8, 6))
ax = sns.heatmap(df_brasil.corr())
```

Como esta forma de visualização permite a análise de vários atributos de uma só vez, uma rápida exploração pode observar relações existentes entre vários pares de variáveis, que, para os dados utilizados, levam a conclusões como:

- Existe uma forte correlação entre um município ter uma grande população e possuir uma abundância de empresas registradas e de impostos coletados.

- Não é porque o município declara que tem mais gastos que outro que o valor de seu IDH será maior.

- Uma vez que a latitude assume valores decrescentes à medida que nos afastamos da linha do Equador e os municípios com maior valor PIB no Brasil *per capita* se encontram na Região Sul/Sudeste, existe uma alta correlação negativa entre esses atributos. O mesmo se aplica à relação da posição geográfica com o valor do IDH.

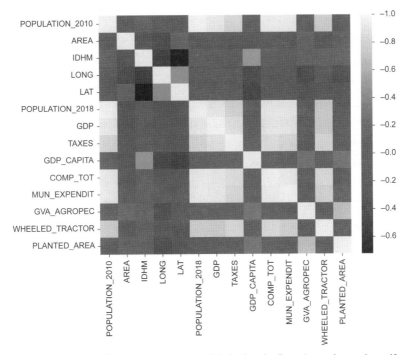

Figura 6.18 Mapa de calor mostrando a intensidade da relação entre cada par de variáveis da base de dados de municípios brasileiros.

6.13 Desafios para a Visualização de Dados

Suponha que você conquistou uma vaga de analista de dados dentro do IBGE. O gerente do setor, sabendo do seu potencial, está solicitando um breve relatório gráfico para auxílio de funcionários de um órgão público na elaboração do texto de algumas políticas públicas específicas. O relatório deve apresentar gráficos que facilitem a elaboração de respostas para as seguintes perguntas:

- Qual o crescimento populacional de cada estado brasileiro no período de 2010 até 2018?
- Como está a distribuição de áreas plantadas nos diferentes estados do país?
- Como está a distribuição da quantidade de empresas por região do Brasil?

- Como foi a distribuição da arrecadação de impostos por estado no país?
- Considerando a população brasileira em 2010 e 2018, as cidades que estabeleceram mais empresas também tiveram um maior crescimento populacional?

6.14 Considerações Finais

A exploração de dados fornece importantes subsídios para as decisões a serem tomadas por cientistas de dados nas fases seguintes de um projeto de CD. No Capítulo 5, vimos como isso pode ser feito utilizando técnicas de Estatística Descritiva (ED). A ED permite coletar, por meio de fórmulas matemáticas geralmente simples, várias medidas estatísticas importantes para conhecer melhor os dados.

Entretanto, os seres humanos têm mais facilidade para encontrar informações, relações e padrões em imagens. Assim, em várias situações, a descrição de dados visualmente por meio de gráficos facilita perceber os padrões e as relações existentes, principalmente para conjuntos de dados complexos, quando as relações entre os valores não é clara. Técnicas de visualização favorecem a construção de gráficos que extraem informações sob diferentes perspectivas, que não apenas facilitam a tomada de decisões, mas também aumentam a chance de encontrarmos uma solução de boa qualidade.

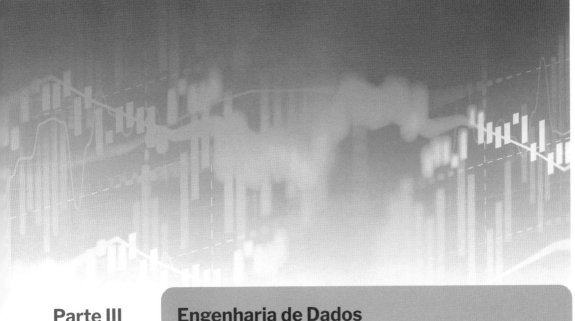

Parte III — Engenharia de Dados

De uma forma genérica, a engenharia de dados visa tornar mais eficiente e eficaz a construção de soluções capazes de minimizar ou resolver algum problema por meio de ações sobre conjuntos de dados. Para isso, apoia-se em conhecimentos científicos e uma abordagem pragmática de quando e como melhor realizá-las. Uma frase muito usada em projetos de engenharia é "O ótimo é inimigo do bom", ou seja, é melhor uma boa solução que funciona, que uma solução ótima que seja impraticável. Isso também vale em Ciência de Dados (CD), quando buscamos uma solução que resolva um problema lidando com um conjunto de restrições.

Em um projeto de CD, geralmente, os dados precisam ser tratados para uma tarefa de extração de conhecimento. Como visto no Capítulo 1, isso é feito por meio da melhoria da qualidade, transformação e da redução de dimensionalidade dos dados. Assim, após a aquisição de dados para uma determinada tarefa, é necessário identificar e tratar possíveis problemas no conjunto, como valores faltantes, duplicados, inconsistentes, redundantes, quais transformações devem ser feitas nos dados e como reduzir sua dimensionalidade.

Esses problemas são tratados nesta Parte, sendo um conhecimento fundamental para melhorar a qualidade do conjunto de dados, contribuindo para a construção de modelos mais fiéis, de modo mais eficaz e eficiente, e facilitando a identificação e a interpretação dos padrões existentes.

Engenharia de Dados

7	**Qualidade de Dados** 145
7.1	Valores Ausentes 147
7.2	Valores Redundantes 154
7.3	Valores Inconsistentes 155
7.4	Valores com Ruídos 156
7.5	Valores *Outliers* 157
7.6	Dados Enviesados 158
7.7	Considerações Finais 159
8	**Transformação de Dados** 161
8.1	Anonimização de Dados 162
8.2	Conversão de Valores entre Diferentes Tipos 168
8.3	Transformação de Valores Numéricos 175
8.4	Considerações Finais 182
9	**Engenharia de Características** 183
9.1	Definição e Criação de Características 185
9.2	Extração de Características 185
9.3	Redução de Dimensionalidade 188
9.4	Agregação de Atributos 189
9.5	Seleção de Atributos 191
9.6	Considerações Finais 200

Capítulo 7   Qualidade de Dados

Suponhamos que você decidiu construir uma casa. Após comprar um terreno, contratar arquiteto, engenheiro e construtor, você começa a comprar os materiais necessários para a construção. Você começa comprando areia, cimento e tijolo. Como você não pesquisou muito na hora de comprar o tijolo, você comprou o mais barato e, por coincidência, de pior qualidade.

Após assentar os tijolos do primeiro pavimento, sua casa é um sobrado, você percebe várias falhas nas paredes levantadas, principalmente pedaços dos tijolos que esfarelaram e caíram. Para tapar estes buracos, você precisará passar mais cimento nas paredes. O que mais incomoda nisso é que é bem mais caro cobrir os buracos com cimento do que se você tivesse comprado tijolos de melhor qualidade. Moral da história, material de baixa qualidade prejudica e encarece os passos seguintes da construção. Princípio semelhante se aplica aos projetos de Ciência de Dados (CD).

Um dos principais desafios da CD é lidar com dados de baixa qualidade, pois tem um forte efeito negativo no desempenho obtido nas etapas seguintes. Para minimizar esse problema, é importante avaliar logo no início a qualidade dos dados e tratar ou corrigir as imperfeições. Dependendo da aplicação e da forma como os dados foram coletados ou gerados, uma grande parte dos dados pode apresentar problemas. Dentre os problemas mais comuns, podem ser citados:

- atributos com valores ausentes;
- atributos e/ou objetos com valores redundantes;
- atributos e/ou objetos com valores inconsistentes;
- atributos com ruídos;
- atributos com valores atípicos (*outliers*);
- dados enviesados.

Outro problema, que pode afetar a representatividade dos dados, é o desbalanceamento dos dados, que ocorre quando os objetos de uma dada classe (tarefas de classificação) ou de um dado intervalo de valores alvo (tarefas de regressão) estão sub-representados no conjunto de dados. Mesmo em tarefas descritivas, como agrupamento de dados, o desbalanceamento pode ter um efeito adverso. Independentemente da tarefa, o desempenho de modelos produzidos em um processo de modelagem é fortemente afetado pela qualidade dos dados utilizados.

A avaliação da qualidade dos dados e a proposta de alternativas para melhorá-la cresceram de importância com o advento do *Big Data*. Na avaliação da qualidade, como os dados foram coletados constitui um dos primeiros aspectos a serem abordados. Dentre os aspectos da coleta que influenciam a qualidade, estão:

- a fonte dos dados;
- o dispositivo usado na coleta;
- o período da coleta dos dados;
- a forma como foi realizada a coleta.

O processo de aquisição dos dados é inerentemente propenso a erros. Para melhor ilustrar o uso das técnicas e algoritmos de CD, a partir deste capítulo, exploraremos o conteúdo de cada seção utilizando uma visão de aprendizado baseado em problemas (PLB, *problem based learning*). PBL é uma metodologia de ensino/aprendizado onde o aluno é encorajado a assumir as rédeas de seu aprendizado. Para isso, os alunos são expostos a problemas complexos dentro de uma área de conhecimento que precisam ser resolvidos e os alunos, para resolvê-los, vão atrás dos conceitos necessários.

Para ilustrar o funcionamento das diferentes técnicas e algoritmos de tratamento para melhoria da qualidade de dados, neste capítulo, utilizaremos o mesmo conjunto de dados que reúne valores numéricos econômicos e populacionais de todos os municípios brasileiros, conforme apresentado no Capítulo 6. Para isso, recomendamos a leitura do conjunto de dados usando a biblioteca Pandas.

```
import pandas

df = pd.read_csv('nome_do_arquivo.csv')
```

7.1 Valores Ausentes

Um problema frequente em conjuntos de dados é a ausência de valores para alguns dos atributos preditivos de alguns dos objetos. Quando a ausência de alguns valores ocorre no atributo alvo, temos outro caso, que é, como visto no Capítulo 1, um conjunto de dados parcialmente rotulado. A ausência de valores também é conhecida como dados faltantes, dados faltosos ou dados incompletos.

Inúmeros algoritmos de modelagem foram projetados assumindo que seriam aplicados a conjuntos de dados em que todos os objetos contam com valores para os seus atributos preditivos. Por isso, eles não possuem mecanismos para lidar com valores ausentes e, vários deles, não conseguem induzir um modelo e retornam mensagens de erro. Ou, quando conseguem, geram modelos de baixa qualidade.

No entanto, não é raro um objeto não ter valores para um ou mais dos seus atributos preditivos, e isso pode ter várias causas. A seguir, são apresentadas algumas das possíveis razões para a ausência de valores em um atributo preditivo:

- quando o Banco de Dados (BD) foi projetado e os primeiros dados foram coletados, não se vislumbrava a necessidade do atributo;
- quando os valores dos atributos de um objeto estavam sendo incluídos, a pessoa encarregada de preencher os valores não sabia que valor deveria ser inserido para o atributo;
- durante o preenchimento, a pessoa encarregada distraiu-se e não inseriu o valor do atributo;
- para o objeto cujos valores estavam sendo preenchidos, o atributo não deveria receber um valor;

- os valores do atributo são coletados automaticamente por um dispositivo que apresentou uma falha no momento de coletar o valor;
- má-fé, com o intuito de beneficiar ou prejudicar alguém.

7.1.1 Mecanismos de Ausência de Dados

A ausência de um valor pode estar relacionada com um valor assumido por outro atributo preditivo, ou a ausência de um valor para outro atributo, do mesmo objeto. Neste caso, pode existir algum padrão que justifique a ausência. No outro extremo, a ausência de um valor pode não ter relação com o que ocorre em outro atributo, tendo ocorrido de forma aleatória. Existe uma forma de avaliar se existe ou não uma razão para um valor ausente, ou que mecanismo está associado a esta ausência. Nesta avaliação, é analisado se a ausência se deve a um dentre três mecanismos, que definem de quem depende a probabilidade de um atributo preditivo de um objeto não estar preenchido:

- **Ausência completamente aleatória (MCAR, *missing completely at random*):** probabilidade da ausência de valor de uma variável independe dela e de qualquer outra variável.
- **Ausência aleatória (MAR, *missing at random*):** probabilidade da ausência de valor de uma variável independe dela, mas depende de outras variáveis.
- **Ausência não aleatória (MNAR, *missing not at random*):** probabilidade da ausência de valor de uma variável depende apenas dela, não de outras variáveis.

Para facilitar a descrição dos três mecanismos, conforme mencionado no Capítulo 1, o $j^{ésimo}$ atributo preditivo para o $i^{ésimo}$ objeto, vamos chamá-lo neste texto de elemento x_i^j.

O mecanismo MCAR é o mais comum. Nele, a probabilidade de um atributo preditivo de um objeto do conjunto de dados não apresentar um valor não depende direta ou indiretamente dos valores preenchidos nos outros atributos preditivos, quer eles tenham valores faltantes ou não. É completamente aleatória. Os valores ausentes não seguem nenhum padrão. Um exemplo de valores ausentes causados por esse mecanismo seria um atributo preditivo que registra a taxa de batimento cardíaco de pacientes. Se o sensor que extrai a taxa é acidentalmente quebrado antes do exame de um paciente (objeto) A, o atributo não receberá um valor no objeto que representa dados clínicos do paciente A.

No mecanismo MAR, a probabilidade de um atributo preditivo de um objeto não apresentar um valor está, de alguma forma, ligada aos valores de algum subconjunto dos demais atributos preditivos. Ao mesmo tempo, ela independe de outros atributos não preenchidos. Assim, ela é aleatória apenas com relação aos elementos não preenchidos, é parcialmente aleatória. Os valores ausentes seguem um padrão. Um exemplo de valores ausentes em razão desse mecanismo seria o caso em que um atributo preditivo que deveria apresentar o tamanho de um tumor encontrado em um paciente (objeto), mas não foi preenchido. O valor ausente pode ocorrer em função de valores preenchidos em outro(s) atributo(s) preditivo(s), que indicavam que o paciente estava bem.

O mecanismo MNAR diz respeito aos valores faltantes que não se encaixam nem como MCAR nem com MAR. Neste caso, a ausência de um valor não ocorre de forma aleatória. Ele pode ser por causa de alguma característica do domínio da aplicação ou por um motivo que não está claro. Como exemplo, seja uma pesquisa de salários em que os entrevistados de maior renda não informam o salário. A ausência deste valor pode ainda impedir o preenchimento do valor de outro atributo associado à renda, causando outro valor ausente.

Um quarto mecanismo está associado à presença de valores fora da faixa esperada para um atributo. Valores preenchidos que se enquadram nessa situação podem ser tratados como valores faltantes. Entretanto, isso deve ocorrer apenas se não houver outra tarefa de pré-processamento que trate esses valores fora da faixa esperada. Um exemplo seria um atributo preditivo para a idade de um paciente em anos que tivesse o valor 200. Uma tarefa de pré-processamento que lida com essa situação é a de detecção de valores inconsistentes.

7.1.2 Técnicas para Lidar com Ausência de Dados

Nesta seção, são apresentadas técnicas e algoritmos que podem ser usadas quando a ausência se deve a um dentre os mecanismos anteriores. Existem diversas técnicas para tratar de valores faltantes. A forma escolhida para tratá-los, em geral, tem forte impacto na etapa de modelagem. A escolha feita pode diferenciar um estudo tendencioso de um não tendencioso. O mais importante aspecto da forma de lidar com valores ausentes está na não distorção das características e estatísticas do conjunto de dados original. As principais formas de lidar com valores ausentes são:

- agir como se não houvesse valores ausentes;
- descartar objetos ou atributos preditivos com valores ausentes;
- preencher os valores ausentes com valores "fictícios" (por exemplo, substituir sempre por zero);
- preencher os valores ausentes com estimativas;

A primeira alternativa funciona apenas se as demais técnicas e algoritmos de modelagem a serem utilizados funcionarem, mesmo se o conjunto de dados possua valores ausentes.

Remoção de Objetos ou Atributos Preditivos

A remoção de objetos, ou linhas de uma tabela atributo-valor, é geralmente empregada quando um dos atributos com valores ausentes é o atributo alvo ou quando o objeto tem muitos valores faltantes. Esta alternativa não é indicada quando poucos atributos preditivos, ou atributos preditivos irrelevantes para a modelagem, têm valores ausentes, pois seu uso leva ao risco de perder informações importantes. Seguindo a mesma ordem da seção anterior, apresentaremos inicialmente as técnicas para lidar com valores ausentes por um mecanismo MCAR.

- **Remoção em lista:** remove o objeto do conjunto de dados se ele apresenta pelo menos um valor ausente. Funciona melhor quando existem poucos valores ausentes.
- **Remoção em pares (emparelhada):** somente ignora um objeto se um dos atributos preditivos a serem usados na modelagem não apresenta valor. Essa estratégia é indicada quando o conjunto de dados tem um excesso de valores faltantes e permite que a modelagem seja feita com os valores restantes não ausentes sem a necessidade de remoção direta dos valores faltantes do conjunto de dados.

A remoção de objetos não é uma boa alternativa quando muitos objetos têm valores ausentes, pois pode levar à perda da representatividade dos dados para a tarefa a ser resolvida. Outra forma de lidar com valores ausentes é remover atributos preditivos, em vez de objetos. A remoção de um atributo ocorre quando ele não apresenta valor em uma grande proporção dos objetos. Essa proporção depende da distribuição dos valores para o atributo e só é aconselhável quando grande parte dos valores ausentes está em um ou poucos atributos. Para melhor compreensão da remoção em Python, alguns exemplos são apresentados a seguir, dentre eles:

- remoção de objetos com valor ausente em qualquer atributo preditivo;
- remoção de objetos com valor ausente em todos os atributos preditivos;
- remoção de objetos com valor ausente em qualquer/todos os atributos preditivos selecionados;

Qualidade de Dados

```
# Identificando dados ausentes
df.isnull().sum()

# Remoção de objetos com valor ausente em qualquer atributo
↪ preditivo;
df_obj = df.dropna(how='any')

# Remoção de objetos com valor ausente em todos os atributos
↪ preditivos
df_obj = df.dropna(how='all')

# Remoção de objetos com valor ausente em qualquer/todos os atributos
↪ preditivos selecionados
df_obj = df.dropna(how='any', subset=['Coluna1', 'Coluna2'])
df_obj = df.dropna(how='all', subset=['Coluna1', 'Coluna2'])
```

- remoção de atributo preditivo com valor ausente em qualquer objeto;
- remoção de atributo preditivo com valor ausente em todos os objetos;
- remoção de atributo preditivo com valor ausente em um número determinado de objetos.

```
# Remoção de atributo preditivo com valor ausente em qualquer objeto
df_pred = df.dropna(axis='columns')

# Remoção de atributo preditivo com valor ausente em todos os objetos
df_pred = df.dropna(axis='columns', how='all')

# Remoção de atributo preditivo com valor ausente em um número
↪ determinado de objetos
df_pred = df.dropna(axis='columns', thresh=3)
```

Preenchimento de Valores

O preenchimento pode ser feito de diferentes formas, como:

- Criação de um valor que signifique ausência. Essa alternativa é geralmente utilizada para atributos preditivos com valores nominais, produzindo, assim, novos valores nominais.
- Criação de um atributo preditivo, identificando objetos em que um dado atributo preditivo tinha valor ausente.

- Estimativa de um valor para suprir a ausência, que pode ser a partir de uma medida de localidade ou de um valor retornado pela indução de um modelo preditivo para ser utilizado como estimador.

Quando o valor a ser preenchido é estimado por uma medida de localidade, a medida a ser utilizada depende do tipo do atributo preditivo a ser preenchido. Se for quantitativo, pode ser usada a média ou a mediana dos demais valores do atributo para todos os objetos ou apenas para os objetos da mesma classe (classificação) ou para os objetos com valores semelhantes para o atributo alvo (regressão). Se for qualitativo, pode ser a moda dos valores para todo o conjunto de dados ou restringindo os objetos, como no caso dos valores quantitativos. Para ilustrar como podemos preencher valores ausentes utilizando medidas de localidade, vamos usar a Tabela 7.1.

Tabela 7.1 Conjunto de dados estruturados com valores ausentes

Nome	Batimento	Pressão	Temperatura	Sintoma	Diagnóstico
Alberto	65	132	38	Nenhum	Doente
Bárbara	88	90			Saudável
Cláudia	74		38		Saudável
Pedro		115	36	Dor no peito	Doente
Rosa		86	37		Saudável
Rui	60	138	39		Doente

Após preencher os valores ausentes com medidas de localidade, média para atributos quantitativos e moda para atributos qualitativos, considerando os valores de todos os objetos do conjunto de dados, teremos a Tabela 7.2.

Valores ausentes para conjuntos de dados não estruturados são preenchidos conforme a distribuição e formato dos valores. Por exemplo, para um conjunto de dados que representa uma série temporal, pode ser aplicada uma medida de localidade usando os valores preenchidos para objetos que aparecem antes e depois na série.

A segunda alternativa para preencher valores ausentes em dados estruturados seria induzir valor por algum estimador, modelo preditivo. Nesta alternativa, será considerada a relação do atributo preditivo cujo valor será preenchido de acordo com os demais atributos preditivos do conjunto de dados, ou seja, o valor presente em objetos semelhantes será considerado. Esse modelo pode ser induzido utilizando um algoritmo de modela-

Tabela 7.2 Conjunto de dados estruturados com valores ausentes

Nome	Batimento	Pressão	Temperatura	Sintoma	Diagnóstico
Alberto	65	132	38	Nenhum	Doente
Bárbara	88	90	38	Dor de cabeça	Saudável
Cláudia	74	112	38	Dor de cabeça	Saudável
Pedro	72	115	36	Dor no peito	Doente
Rosa	72	86	37	Dor de cabeça	Saudável
Rui	60	138	39	Dor de cabeça	Doente

gem, por exemplo, os que serão vistos no Capítulo 11. Em geral, essa é a alternativa mais eficiente para estimar de forma automática o valor ausente.

É importante observar que, em alguns casos, a ausência de valor é uma informação importante sobre o objeto. Existem, por exemplo, situações em que o valor pode ou precisa estar ausente. Isso vale para o preenchimento de um atributo preditivo número do apartamento para uma pessoa que mora em uma casa. Nestes casos, no lugar de um valor ausente, tem-se um valor inexistente. A presença de um valor inexistente em um conjunto de dados é mais difícil de identificar e tratar de maneira automática. Um modo de fazer isso é por meio da criação de um atributo preditivo que identifique um valor inexistente em outro atributo preditivo. Finalmente, para mostrar como pode ser realizado o tratamento de valores ausentes, são apresentados alguns trechos de códigos, entre eles:

- preencher com um valor constante;
- preencher com a média para dados quantitativos;
- preencher com a mediana para dados quantitativos;
- preencher com a moda para dados qualitativos;
- preencher com o valor anterior ou seguinte.

```
# Preencher com um valor constante
df_tratamento = df.fillna(value=0)

# Preencher com a média
```

```
df["Coluna"].fillna(df["Coluna"].mean())

# Preencher com a mediana
df["Coluna"].fillna(df["Coluna"].median())

# Preencher com a moda
df["Coluna"].fillna(df["Coluna"].mode())

# Preencher com o valor do próximo exemplo
df_tratamento = df.fillna(method="bfill")
```

Uso de Algoritmo de Modelagem Capaz de Lidar com Valores Ausentes

Alguns algoritmos de modelagem possuem mecanismos internos para lidar com valores ausentes, estimando, de alguma maneira, um valor para ser usado para a construção de um modelo. Exemplos de algoritmos que podem lidar com valores ausentes são variações do algoritmo k-vizinhos mais próximos, o algoritmo Naive Bayes e algoritmos que geram comitês de árvores de decisão, como as Florestas Aleatórias. Princípio semelhante pode ser usado para modificar um algoritmo de modelagem existente, provendo ele de um mecanismo para lidar com valores ausentes.

7.2 Valores Redundantes

A redundância ocorre quando um ou mais valores não trazem informação nova, e, em geral, repetem o que já está presente no conjunto de dados. Podem ocorrer tanto nos objetos quanto nos atributos preditivos. Um exemplo de redundância de objetos seria a presença em um BD com o cadastro de pacientes de pessoas registradas mais de uma vez.

Nesse caso, temos uma duplicação de pacientes, representados como objetos na base de dados. Quando os objetos estão duplicados, eles podem ser reduzidos a apenas um objeto por uma operação de deduplicação, que detecta e elimina (ou combina) objetos duplicados.

A redundância também está presente quando o mesmo paciente apresenta diferenças para alguns dos atributos preditivos, objetos quase duplicados. Um exemplo seria o de pacientes que possuem mesmo nome e número de registro geral (RG), mas endereços diferentes. A diferença pode ser causada pelo preenchimento por pessoas distintas ou em períodos diferentes, ou por erro no momento do preenchimento. A maioria dos sistemas de BD permite evitar esses casos.

O processo de deduplicação pode também ser aplicado nesse caso, mas deve-se ter cuidado para não eliminar objetos realmente diferentes. Isso pode ocorrer quando pacientes compartilham parte da identificação ou quando, por engano, os dados são preenchidos com uma identificação incorreta e já utilizada. Uma maneira de reduzir a ocorrência da remoção indevida é utilizar mais de um modo para identificar um paciente, por exemplo, o nome da mãe. Alguns exemplos de como tratar dados duplicados em Python são apresentados no trecho de código a seguir:

```python
# Encontrando dados duplicados
df.duplicated()

# Especificar a coluna que deseja encontrar dados duplicados
df.duplicated(["Coluna1", "Coluna2"])

# Apresentando dados duplicadas
df[df.duplicated(keep=False)]

# Contando dados duplicados
df.duplicated().sum()

# Removendo dados duplicadas
df.drop_duplicates()

# Removendo dados duplicados de uma coluna específica
df.drop_duplicates(["Coluna"])
```

7.3 Valores Inconsistentes

Outro problema de qualidade de dados ocorre quando atributos preditivos são preenchidos com valores inconsistentes. Um exemplo é, em atributos preditivos associados a um endereço, a presença de um código de endereçamento postal (CEP) inválido para a cidade. Outro exemplo é uma pessoa com dois anos e formação em curso superior.

Assim como para valores ausentes, várias razões podem causar a presença de valores inconsistentes, as mais comuns, engano na hora de preenchimento ou proposital, para prejudicar ou beneficiar alguém de forma fraudulenta. Os valores inconsistentes também podem estar presentes no atributo alvo. Nesse caso, pode levar a situações de ambiguidade, quando dois objetos têm os mesmos valores para os atributos preditivos correspondentes, mas valores diferentes para o atributo alvo. Essa inconsistência pode ser provocada por erro humano na rotulação de um dos objetos. Algumas inconsistências são de fácil detecção, como:

- A presença de uma violação de relações conhecidas entre atributos. Por exemplo, para uma mesma pessoa (objeto), o valor de um atributo que representa o tamanho do pé em centímetros é maior que o valor de um atributo que representa a altura em centímetros.
- Valor inválido para o atributo. Por exemplo, um valor negativo para um atributo que representa a idade em anos.

Valores inconsistentes para atributos preditivos de um mesmo objeto podem indicar presença de ruído nos dados. Além disso, alguns tratamentos para valores inconsistentes são (já exemplificados em Python anteriormente):

- remoção de atributos preditivos que apresentam valor inconsistente com o valor de pelo menos um outro atributo;
- remoção dos objetos que apresentam valores inconsistentes em seus atributos preditivos;
- substituir atributos inconsistentes pela média, mediana ou moda dos valores desse atributo nos outros objetos.

7.4 Valores com Ruídos

Conjuntos de dados reais, em geral, apresentam ruídos que resultam de desvios dos valores verdadeiros. Valores com desvios dificultam o processo de modelagem, por levarem a inconsistências nos valores dos atributos preditivos ou do atributo alvo. As principais consequências da presença de ruídos no processo de modelagem são:

- aumento no tempo de processamento para a geração de modelos;
- aumento na complexidade do modelo induzido, que reduz a capacidade preditiva do modelo para novos exemplos, comprometendo sua confiabilidade.

Esses desvios podem ser provocados por imprecisão dos equipamentos ou dispositivos que geram, coletam ou transmitem os valores ou por erro humano. Se detectados e corrigidos (ou eliminados), podem melhorar o desempenho do algoritmo de modelagem, por aumentar a representatividade e confiabilidade dos dados.

Qualidade de Dados

É difícil ter certeza de que um valor é decorrente da presença de ruído. A menos que o valor seja inconsistente, tem-se apenas um indício de que isso pode estar ocorrendo. Porém, uma vez identificados, ruídos podem ser tratados de forma similar ao tratamento de valores ausentes.

Os ruídos podem ser tratados durante o processo de modelagem, identificando problemas na capacidade de generalização[1] ou, o que é mais comum, em uma etapa de pré-processamento. Nessa etapa, filtros podem ser utilizados para identificar ruídos tanto no atributo alvo quanto nos atributos preditivos. É importante observar que a presença de ruído nos atributos preditivos ou no atributo alvo tem diferentes consequências e utilizam filtros distintos.

Os filtros de ruído para atributo alvo procuram geralmente ruídos no rótulo da classe, por isso dados com este ruído são também chamados dados mal rotulados. É assumido que o ruído ocorre quando a rotulação é feita de forma incorreta. Os filtros de ruído para atributos preditivos assumem que ruídos foram incluídos na coleta, geração ou transmissão desses valores. Como a identificação de ruídos nos atributos preditivos é geralmente mais custosa e difícil que a identificação no atributo alvo, a maioria das técnicas propostas prefere assumir o atributo alvo como uma possível fonte de ruído.

7.5 Valores *Outliers*

Outra tarefa importante para a melhoria da qualidade de um conjunto de dados é a identificação de valores atípicos, anomalias ou *outliers*, valores que destoam em comparação com a maioria dos valores de um atributo. A definição estatística de um valor atípico, neste caso, pode depender do contexto ou ferramenta utilizada para a sua identificação. Por exemplo, ao considerar que um *outlier* é um valor que supera em mais de 50% o valor da amplitude interquartil dos dados, ele pode ser facilmente identificado a partir do gráfico de *boxplot* introduzido no Capítulo 6.

A presença de *outliers* não necessariamente representa um problema com a qualidade dos dados. Valores atípicos tanto podem sugerir a presença de ruído quanto podem ser valores legítimos. Em um grande número de problemas reais, *outliers* são informações relevantes que ajudam a identificar problemas ou falhas em algum processo. Por conta disso, uma das principais subáreas de Modelagem de Dados é a construção de modelos capazes de identificar *outliers*. Existem outras maneiras de identificar valores atípicos, além do uso de *boxplot*, entre elas, o método Z-score, intervalo interquartil,

---

[1] Apresenta bom desempenho preditivo para dados nunca antes vistos.

gráfico de dispersão e detecção automática de valores discrepantes.[2] Ao identificá-los, alguns tratamentos para estes valores atípicos são:

- remoção do *outlier*;
- imputação de um novo valor (por exemplo, média ou mediana).

Para ilustrar a utilização do Z-score para identificação dos *outliers* em atributos preditivos, precisamos rever o conceito que caracteriza uma distribuição normal. A Figura 5.1 presente no Capítulo 5 exemplifica uma distribuição normal, em que todos valores estão centrados na média com valor zero e são representados de acordo com a quantidade de desvios-padrões que estão de distância dessa média. Ao considerar a hipótese de que a distribuição dos valores de um atributo preditivo segue uma distribuição normal, pode-se assumir que mais de 99% dos seus valores estarão dentro de uma distância de 3 desvios-padrões da média para cima e para baixo $[-3, 3]$. Nesse caso, para identificação dos valores atípicos, é possível transformar os dados do atributo em questão para a sua versão padronizada do Z-score e filtrar quais deles estão acima ou abaixo desse intervalo. O trecho de código a seguir traduz a explicação utilizando Pandas e a biblioteca do Scipy para cálculo da estatística necessária:

```
from scipy import stats

z_df = df.apply(stats.zscore)
df_filtered = df[(z_df < 3).all(axis=1)]
```

7.6 Dados Enviesados

Talvez o problema que gere consequências mais graves em um projeto de CD seja a presença de dados enviesados. Nessas situações, os dados não representam bem o problema a ser tratado, produzindo um modelo incorreto, muitas vezes preconceituoso ou perigoso para ser utilizado em sociedade. Um caso típico é o de sistemas para identificação de suspeitos, que usam muitas vezes, de maneira indireta, dados raciais para reconhecimento facial.

Diferentemente das fontes referentes à baixa qualidade de dados apresentadas nas seções anteriores, onde os problemas se devem à estrutura ou sintaxe dos dados, o

---

[2] *Isolation Forest:* https://ieeexplore.ieee.org/abstract/document/4781136. Acesso em: 26 abr. 2023.
Identifying density-based local outliers: https://dl.acm.org/doi/10.1145/335191.335388. Acesso em: 26 abr. 2023.

problema decorrente de dados enviesados se deve à semântica e sua representatividade incorreta com relação ao problema que se quer resolver.

Com frequência, dados enviesados são causados por uma falha no processo de coleta ou geração, que fazem com que eles não correspondam à verdadeira distribuição de valores que existe do mundo real. Embora não exista solução fixa, duas formas de mitigar esse problema são o controle mais rígido do processo de coleta de dados e uma boa análise exploratória para melhor e mais rápido diagnosticar a situação.

7.7 Considerações Finais

A avaliação da qualidade dos dados é essencial para um processo de modelagem bem-sucedido, onde ela deve ser tratada como um dos pilares para o desenvolvimento de um projeto de CD. Como, em geral, os dados são produzidos sem a preocupação de facilitar a vida do cientista de dados, eles geralmente apresentam problemas, sejam eles relacionados com valores ausentes, redundantes, inconsistentes ou ruidosos. A presença de *outliers* não é necessariamente um problema de qualidade, mas uma característica dos dados gerados em uma dada aplicação. Embora não tão fácil de se identificar, um problema cada vez mais comum, e com possíveis consequências graves, é o uso de dados enviesados. Em todo o caso, independentemente da situação, é tarefa do cientista de dados estar ciente de todas as dificuldades e alternativas para melhor preparar a matéria-prima da sua grande "obra".

Capítulo 8 Transformação de Dados

Os seres humanos têm facilidade para transformar dados ou informações quando a situação em que se encontram assim demandar. Por exemplo, quando você vai contar um segredo, ou uma história que não quer que outros saibam, e tiver várias pessoas em volta, você precisa arrumar uma forma de contar sem que outros percebam ou entendam. Para isso, você pode, por exemplo, usar o nome de dois personagens, ou trocá-los por nomes fictícios.

Se você resolver passar um período em outro país, além da possível necessidade de adaptação ao clima e ao fuso horário, você deve estar preparado para algumas transformações que podem ser necessárias. Caso você vá para a Inglaterra, você vai precisar transformar os nomes, frases e texto que você vai ler, escutar, escrever ou falar do português para o inglês. Além de traduzir o que você fala de um idioma para outro, você pode precisar transformar o valor das distâncias para polegadas, pés e milhas, dos pesos para onça e libra, e dos volumes, para galão.

Portanto, mesmo conjuntos de dados que apresentam uma boa qualidade, com frequência, precisam que alguns de seus valores sejam transformados. Para a atribuição de valores aos atributos, preditivos ou alvo, é necessária uma escala de medição, que nada mais é que uma regra ou função que associa um valor numérico ou simbólico a um atributo. Com isso, uma grandeza física ou imaginária pode ser mapeada para um valor do atributo.

Exemplos desse mapeamento incluem representar o peso de um objeto físico por um valor numérico (por exemplo, prato de comida), representar um dia da semana por um dentre sete valores nominais (por exemplo, segunda-feira, terça-feira, ...), e representar a posição de um atleta em uma corrida por um valor ordinal (por exemplo, primeiro, segundo, ...).

Em CD, para melhor atender objetivos da aplicação e/ou das ferramentas usadas, pode ser necessária uma etapa de mudança nos dados após a atribuição de valores. Essa mudança se dá pela transformação dos valores atuais em outro conjunto de valores mais adequados para as etapas subsequentes de análise e modelagem. Em geral, as transformações ocorrem por meio de:

- anonimização de dados;
- conversão de valores entre diferentes tipos;
- normalização de valores numéricos;
- tradução de valores de atributos.

Nas seções seguintes descrevemos como estas transformações podem ser realizadas.

8.1 Anonimização de Dados

A coleta de dados pessoais, institucionais e empresariais, que cresce rapidamente em volume e quantidade de fontes, aumenta a exposição e a possibilidade de ações antiéticas e ilegais. Esses perigos motivam a proposta de várias formas diferentes de anonimizar os dados, principalmente quando pessoais. A anonimização tem uma forte ligação com o direito à privacidade, um dos pilares da IA e CD responsável, garantido em legislações recentes aprovadas por vários países e pela União Europeia.

Processos de anonimização podem ser aplicados a dados estruturados ou não estruturados e têm por objetivo remover ou esconder informações que permitam a identificação da pessoa que possui, forneceu ou gerou os dados. Assim, entende-se que, em um conjunto de dados anonimizado, não é possível identificar os indivíduos. Para isso, o processo de anonimização deve englobar informações que possam identificar alguém direta ou indiretamente.

Informações que propiciam a identificação direta, incluem nome, *e-mail*, endereço, foto, dados biométricos (por exemplo, impressão digital), e outras chaves primárias que

Transformação de Dados

permitem identificação única em bancos de dados, por exemplo, o número de contribuinte no cadastro de pessoa física (CPF). A identificação indireta pode vir dos contatos em redes sociais, local de trabalho, função exercida e salário recebido, resultados de exames clínicos, ou até mesmo notas obtidas em disciplinas cursadas no semestre. Duas abordagens utilizadas para anonimização são a generalização, em que a granularidade dos valores de um ou mais atributos é alterada, e a aleatorização, que busca remover a associação entre um valor e um indivíduo.

8.1.1 Anonimização de Identificadores

Como visto no Capítulo 1, um conjunto de dados tabular pode ser visto como um banco de dados (BD) relacional. Em um BD relacional, cada registro pode ser unicamente identificado utilizando um atributo como chave primária. Nesse caso, a chave primária é um dos atributos do conjunto de dados e, para cada registro no conjunto, identifica unicamente aquele objeto. Nesse texto, cada objeto representa dados de uma só pessoa.

O valor desse atributo identificador pode ser definido utilizando valores de outros atributos do mesmo objeto, quando é chamado de chave composta. Em dados tabulares utilizados em CD, como o identificador não tem seu valor definido a partir dos outros atributos, ele é chamado de chave não composta. Quando o conjunto de dados pode ter mais de um objeto para uma mesma pessoa, como um conjunto de transações realizadas utilizando cartões de crédito, o mesmo identificador, número do cartão de crédito, aparece mais de uma vez.

Uma forma simples de anonimizar chaves não compostas é associar a cada valor de chave um valor único gerado de forma aleatória. Nesse caso, a relação entre o valor original e o novo valor para todos os objetos é guardada para, quando necessário, retornar a identidade da pessoa relacionada com os dados. Isso pode ser feito para qualquer atributo que permita identificar a pessoa relacionada. O uso de uma tabela para guardar os valores originais e novos é chamado de pseudo-anonimização. Um problema dessa abordagem é a necessidade de verificar se o valor gerado aleatoriamente não está sendo usado, que pode levar a um grande número de consultas à tabela, e ter um custo computacional elevado. Isso pode ser resolvido gerando valores crescentes.

A forma mais simples de fazer isso é usar um valor inicial para o primeiro objeto, por exemplo, 1, e incrementar esse valor para cada novo objeto, utilizando os valores 2, 3, ... Embora elimine a possibilidade de valores repetidos, isso ainda levará a inúmeras consultas para retornar o valor original. Para as abordagens anteriores, será ainda necessário um espaço adicional para armazenar cada par de valor original e novo valor.

Se não for necessário recuperar mais tarde o valor original, a geração de valores de grande magnitude, e a necessidade de armazenar tabelas com os pares de valores podem ser eliminadas fazendo a anonimização por meio de um código *hash*, que usa um número fixo de valores numéricos ou alfanuméricos (letras e números). No entanto, com isso, o código *hash* não impede que dois valores originais diferentes sejam codificados para o mesmo valor.

Se os valores originais possuem uma relação de ordem, são ordinais ou numéricos, e essa relação for importante no processo de análise de dados, a abordagem não funciona, pois perderá essa informação. É importante observar que atributos identificadores não trazem informações relevantes para análise de um conjunto de dados, removidos antes da aplicação das técnicas e algoritmos de CD.

8.1.2 Anonimização de Atributos

Pessoas podem ser indiretamente identificadas pelos valores de um ou mais atributos preditivos e/ou do atributo alvo. Para esses casos, os valores definidos com a anonimização devem preservar as informações presentes nos valores originais. Cada atributo preditivo pode ser anonimizado diferentemente e a forma de anonimizar depende do tipo, dos possíveis valores, do atributo.

Para atributos qualitativos, procedimentos diferentes são adotados para atributos categóricos e ordinais. Para atributos categóricos, basta preservar o mesmo número de valores e selecionar valores que não ajudem na identificação dos objetos. Para atributos ordinais, os novos valores devem preservar a relação de ordem presente nos valores originais. Uma forma de fazer isso é, inicialmente, substituir cada valor pela posição dele, quando os valores são ordenados.

Para atributos numéricos, uma alternativa utilizada é somar um valor constante a todos os valores de um atributo preditivo. Isso pode ser feito, por exemplo, para um atributo que representa a idade de cada pessoa. Nesse caso, não é necessária uma tabela com as conversões, uma vez que são simples operações de soma e subtração.

A seguir, mostraremos um exemplo de como um conjunto de dados pode ser anonimizado utilizando os procedimentos descritos. Para ilustrar as diferentes situações, vamos anonimizar todos os atributos. A Tabela 8.1 mostra o conjunto de dados antes do processo de anonimização.

Transformação de Dados

Tabela 8.1 Conjunto de dados sem anonimização

Nome	Altura	Idade	Pressão	Temperatura	Sexo	Escolaridade	Diagnóstico
Ana	175	25	132	38	Feminino	Superior	Doente
Bárbara	162	37	90	37	Feminino	Nenhuma	Saudável
Cláudia	161	45	140	38	Feminino	Superior	Saudável
Pedro	190	61	115	36	Masculino	Fundamental	Doente
Rosa	172	28	86	37	Feminino	Médio	Saudável
Rui	174	35	138	39	Masculino	Fundamental	Doente

As seguintes transformações foram realizadas no conjunto de dados para anonimizar as informações presentes nos dados:

- Para o atributo na primeira coluna, denominado Nome, que virou A1, o primeiro nome recebeu o valor nominal "001", e cada linha seguinte, o nominal anterior com um incremento no que seria seu valor numérico.

- Para o atributo na segunda coluna, denominado Altura, que virou A2, a cada valor foi substituído pelo valor gerado pela Equação: $Valor_{Anonimizado} = Altura + 1123$.

- Para o atributo na terceira coluna, denominado Idade, que virou A3, cada valor foi substituído pelo valor gerado pela Equação: $Valor_{Anonimizado} = 150 - Idade$.

- Para o atributo na quarta coluna, denominado Pressão, que virou A4, cada valor foi substituído pelo valor gerado pela Equação: $Valor_{Anonimizado} = (300 - Pressão) \times 7 - 2$.

- Para o atributo na quinta coluna, denominado Temperatura, que virou A5, cada valor foi substituído pelo valor gerado pela Equação: $Valor_{Anonimizado} = Temperatura \times 17 + 1$.

- Para o atributo na sexta coluna, denominado Sexo, que virou A6, cada valor foi substituído por uma letra, no caso, o valor "Feminino" pela letra "A" e o valor "Masculino" pela letra "B".

- Para o atributo na sétima coluna, denominado Escolaridade, que virou A7, que tem valor original do tipo ordinal, o valor mais alto "Superior" virou o número 4. Para os demais valores ordinais, são colocados em ordem crescente, começando com a posição 1, sendo utilizada a Equação: $Valor_{Anonimizado} = 4 + 3 \times (4 - Posição)$.

- Para o atributo na oitava coluna, o atributo rótulo, denominado Diagnóstico, que virou A8, cada valor foi substituído por uma letra, no caso, o valor "Doente" pela letra "W" e o valor "Saudável" pela letra "G".

Essas transformações produziram como dados anonimizados os apresentados na Tabela 8.2. É importante observar que as equações utilizadas permitem, quando necessário, a recuperação ou retorno do valor original. Em algumas situações, pode ser necessário dificultar a recuperação.

Tabela 8.2 Conjunto de dados após a anonimização

A1	A2	A3	A4	A5	A6	A7	A8
"001"	1298	125	1174	647	A	4	W
"002"	1285	113	1468	630	A	13	G
"003"	1284	105	1118	647	A	4	G
"004"	1313	89	1293	613	B	10	W
"005"	1295	122	1496	630	A	7	G
"006"	1297	115	1132	664	B	10	W

O processo de anonimização deve preservar a distribuição dos dados originais. Para conjuntos de dados rotulados com classes, equações diferentes podem ser utilizadas para os objetos de cada classe. Outra forma de anonimizar, mas parcialmente, é usar uma versão mais genérica dos valores, como código da região, em lugar de todo o número telefônico. Mas isso impede recuperar o valor original. O mesmo vale para a anonimização por meio de técnicas de agregação de atributos, como análise de componentes principais, que será explicada no Capítulo 9.

Existem várias técnicas de anonimização de dados, que modificam ou distorcem os dados de diferentes formas. Nos últimos anos, tem ganhado popularidade o uso de redes neurais, por meio das redes autocodificadoras (*autoencoders*), para a anonimização de dados (MAINA *et al.*, 2020). Para fins de melhor compreensão, um exemplo em Python é apresentado usando a biblioteca *AnonymizeDF*,[1] que pode gerar dados falsos para anonimização, incluindo nomes, IDs, números, categorias, entre outros. Para instalar a

---

[1] Disponível em: https://github.com/AlexFrid/anonymizedf. Acesso em: 26 abr. 2023.

Transformação de Dados

biblioteca, caso esteja utilizando o ambiente do *Colab*, execute o seguinte comando em uma célula: *!pip install AnonymizeDF*.

```
# Importando as bibliotecas
import pandas as pd
from anonymizedf.anonymizedf import anonymize

# Criando um DataFrame com as 3 primeiras amostras do exemplo anterior
dados = {'Nome': ['Ana', 'Bárbara', 'Cláudia'],
         'Altura': [175, 162, 161],
         'Idade': [25, 37, 45],
         'Pressão': [132, 90, 140],
         'Temperatura': [38, 37, 39],
         'Sexo': ['Feminino', 'Feminino', 'Feminino'],
         'Escolaridade': ['Superior', 'Nenhuma', 'Superior'],
         'Diagnóstico': ['Doente', 'Saudável', 'Saudável']}

df = pd.DataFrame(dados)

# Anonimizando os dados
an = anonymize(df)
an.fake_names('Nome')
an.fake_whole_numbers('Altura')
an.fake_whole_numbers('Idade')
an.fake_whole_numbers('Pressão')
an.fake_whole_numbers('Temperatura')
an.fake_categories('Sexo')
an.fake_categories('Escolaridade')
an.fake_categories('Diagnóstico')

# an.fake_dates('Coluna')
# an.fake_decimal_numbers('Coluna')

# Dados anonimizados
df.iloc[:, 8:16]
```

	Fake_Nome	Fake_Altura	Fake_Idade	Fake_Pressão	Fake_Temperatura	Fake_Sexo	Fake_Escolaridade	Fake_Diagnóstico
0	Laura Glover	174	28	122	39	Sexo 1	Escolaridade 1	Diagnóstico 1
1	Rosie Foster	163	31	91	39	Sexo 1	Escolaridade 2	Diagnóstico 2
2	Joyce Jackson-Robertson	166	31	120	37	Sexo 1	Escolaridade 1	Diagnóstico 2

Outra alternativa para prover uma maior privacidade é o uso de aprendizado federado (*federated learning*), quando modelos são gerados para subconjuntos de dados armazenados em diferentes locais e enviados para uma central de processamento, ao invés dos próprios dados. Como consequência, usuários e desenvolvedores em um local não têm acesso aos dados armazenados em outros locais. Outro conceito relacionado, associado a dados abertos, é o de visitação de dados (*data visitation*), o qual defende que, em vez de coletar e compartilhar os dados provenientes de diferentes fontes em um único local, as fontes de dados devem ser "visitadas" por algoritmos, que podem ser algoritmos de AM.

8.2 Conversão de Valores entre Diferentes Tipos

A conversão de valores muda o tipo dos valores de um atributo, de quantitativo (numérico) para qualitativo (simbólico ou categórico), ou o contrário, de qualitativo para quantitativo. Conforme visto no Capítulo 1, os atributos em um conjunto de dados podem ter valores de diferentes tipos, qualitativos (nominais ou ordinais) e quantitativos (racionais ou intervalares). Isso vale tanto para atributos preditivos, como para o atributo alvo.

Tarefas, técnicas e algoritmos de CD podem ter restrições quanto aos valores dos atributos. No caso de tarefas, se ela é de classificação, o tipo do atributo alvo deve ser qualitativo, indicando uma classe, enquanto para regressão, o tipo deve ser quantitativo. A seguir, detalhamos mais a fundo estas conversões.

8.2.1 Qualitativos para Quantitativos

Algumas técnicas e algoritmos trabalham apenas com valores numéricos, caso dos algoritmos usados para o treinamento de redes neurais artificiais, em que valores simbólicos devem ser convertidos para numéricos. Existem diferentes formas de fazer a conversão, que dependem, inicialmente, da existência de uma relação de ordem entre os valores, ou seja, se eles são ordinais ou nominais. Se existe uma relação de ordem, ela deve ser mantida. Dessa forma, os valores ordinais mais próximos devem se tornar os valores numéricos mais próximos. Caso não exista a relação, a conversão deve ser feita sem manter nenhuma estrutura ordinal.

Uma alternativa simples para converter valores ordinais é codificar o valor original para um valor inteiro positivo, começando pelo menor valor. Como exemplo, se um atributo do tipo ordinal contém 3 valores, $\{Pequeno, Médio, Grande\}$, eles podem ser convertidos para os valores numéricos $\{1, 2, 3\}$. Para melhor compreensão, um exemplo em Python é apresentado no trecho a seguir usando a biblioteca *scikit-learn*. Neste capítulo, utilizaremos um conjunto de dados representando uma planilha de cidades com o número de habitantes, média salarial e classificação pelo maior salário.

> **Conteúdo Extra**
>
> *Scikit-Learn:* Biblioteca amplamente adotada para AM. Disponível em: https://scikit-learn.org/stable/. Acesso em: 26 abr. 2023.

```
cidades = pd.DataFrame(
    [
        ['Paraná', 'Londrina', 575377, 1356.00, 'Quinto', 'Não'],
        ['São Paulo', 'São Carlos', 254484, 1508.00, 'Quarto', 'Não'],
        ['Santa Catarina', 'Florianópolis', 508826, 1798.00, 'Segundo',
        ↪ 'Sim'],
        ['Paraná', 'Curitiba', 1963726, 2293.00, 'Primeiro', 'Sim'],
        ['São Paulo', 'Campinas', 1223237, 1710.00, 'Terceiro', 'Não']
    ], columns=['Estado', 'Cidade', 'Habitantes', 'Salário-Médio',
            'Classificação', 'Capital'])

# Importando a função de transformação ordinal do scikit-learn
from sklearn.preprocessing import OrdinalEncoder

ordem = ['Primeiro', 'Segundo', 'Terceiro', 'Quarto', 'Quinto']
codificador = OrdinalEncoder(categories=[ordem])
cidades['Classificação'] =
↪   codificador.fit_transform(cidades[['Classificação']])
```

Para converter valores nominais para numéricos, não inserindo uma relação de ordem que não existe, a abordagem mais utilizada é codificar cada valor simbólico por um valor numérico na escala binária, onde o valor será formado por um ou mais algarismos binários.[2]

---

[2] A escala numérica que estamos acostumados a usar é a escala decimal, do sistema numérico decimal, em que cada valor é representado por uma sequência de algarismos decimais, 0, 1, 2, 3, 4, 5, 6, 7, 8 e 9. Assim, 3828 é um valor numérico formado por 4 algoritmos decimais: 3, 8, 2 e 8. Na escala binária, temos apenas dois algarismos, 0 e 1, e o dígito que pode assumir estes valores é chamado *bit* (*binary digit*). Um valor binário é formado por uma sequência de algarismos binários, *bits*, por exemplo, 100110, sendo um valor formado por 6 *bits*. Os sistemas de numeração decimal e binário são sistemas considerados posicionais, pois a posição dos algarismos determina o quanto o número representa em seu valor total. Assim como para os valores decimais, temos 4 operações básicas para os valores binários. Para calcular a diferença (que também pode ser vista como distância) entre dois valores binários com o mesmo número de algarismos, basta calcular a distância de Hamming. A distância entre dois valores binários é o número de posições em que eles apresentam algarismos diferentes. Dessa forma, a diferença calculada pela distância de Hamming entre os valores 10100 e 00110 é 2, pois eles diferem apenas nos algarismos nas posições 1 e 4.

Por meio do uso da representação com algarismos binários, o valor nominal é geralmente codificado utilizando a codificação 1-de-n, em que n é o número de algarismos binários. Essa codificação, também chamada codificação canônica, *one-hot* ou *hot-encoding*, é conhecida por 1-de-n por apresentar apenas 1 algarismo com valor igual a 1 e $n - 1$ demais algarismos iguais a 0.

Supondo que um atributo nominal tenha 4 possíveis valores {Azul, Rosa, Verde, Vermelha}, como ilustrado pela Tabela 8.3, se a codificação 1-de-4 for usada, teremos 4 possíveis valores para cada uma das cores: 0001, 0010, 0100 e 1000. Com esta codificação, cada atributo nominal é representado por n atributos numéricos, cujo valor é um conjunto de algarismos binários 0 ou 1.

Tabela 8.3 Conjunto de dados estruturados

Valor nominal	Algarismo 1	Algarismo 2	Algarismo 3	Algarismo 4
Azul	0	0	0	1
Rosa	0	0	1	0
Verde	0	1	0	0
Vermelha	1	0	0	0

Outra forma de enxergar essa codificação é pensar que cada algarismo representa um valor nominal, nesse exemplo uma cor, e terá o valor 1 quando o valor no atributo nominal original for ele. Aplicando isso ao exemplo anterior, o primeiro atributo numérico representa o valor nominal da cor Vermelha, o segundo o valor nominal da Verde, e assim por diante.

Essa codificação faz com que a diferença entre quaisquer dois valores de n algarismos usando a codificação 1-de-n seja a mesma, isto é, terá a mesma distância de Hamming. Como nenhum dos valores é maior ou menor que os outros, não existe uma ordenação natural entre os valores. Um exemplo em Python do *one-hot* é apresentado no trecho que se segue utilizando também a biblioteca *Scikit-Learn*:

```
# Importando a função de transformação binária do scikit-learn
from sklearn.preprocessing import OneHotEncoder

encoder = OneHotEncoder()

estados = encoder.fit_transform(cidades[['Estado']]).toarray()
```

Transformação de Dados

```
estados = pd.DataFrame(estados, columns=encoder.categories_[0])
cidades = pd.concat([cidades, estados], axis=1)

# Removendo a coluna original com os dados nominais
cidades.drop('Estado', axis=1, inplace=True)
```

O mesmo resultado pode ser obtido utilizando a função *get_dummies* da biblioteca Pandas:

```
estados = pd.get_dummies(cidades['Estado'])
cidades = pd.concat([cidades, estados], axis=1)

# Removendo a coluna original com os dados nominais
cidades.drop('Estado', axis=1, inplace=True)
```

Outro aspecto positivo da codificação canônica é a facilidade de calcular a moda, que seria o valor nominal associado à posição com maior número de valores iguais a 1. Para mostrar como isso funciona, supõe-se o conjunto de dados representado pela Tabela 8.4 com os alunos de um curso, representados pelo nome, idade e cor da mochila (Azul, Rosa, Verde, Vermelha), em que, pelo que vimos de Estatística Descritiva no Capítulo 5, o valor da moda para o atributo cor é Rosa.

Tabela 8.4 Conjunto de dados estruturados

Nome	Idade	Cor da mochila
Pedro	23	Vermelha
Luís	21	Rosa
Roberta	74	Azul
Renata	70	Rosa
Maria	81	Azul
João	60	Rosa
Rita	60	Verde

Suponha agora que o atributo cor, sendo do tipo qualitativo (nominal), precisa ser convertido para um tipo quantitativo. Usando a codificação canônica, os dados seriam representados pela Tabela 8.5.

Tabela 8.5 Conjunto de dados estruturados

Nome	Idade	Algarismo 1	Algarismo 2	Algarismo 3	Algarismo 4
Pedro	23	1	0	0	0
Luís	21	0	0	1	0
Roberta	74	0	0	0	1
Renata	70	0	0	1	0
Maria	81	0	0	0	1
João	60	0	0	1	0
Rita	60	0	1	0	0

A moda da cor pode também ser definida olhando a coluna de valor binário com mais valores iguais a 1, sendo essa a coluna "Algarismo 3", que representava a presença da cor Rosa. A conversão de valores do tipo nominal para o tipo numérico pode ser simplificada se o tipo nominal tiver apenas 2 possíveis valores. Nesse caso, podemos usar apenas uma coluna de valor numérico binário, onde o valor 0 é associado a um dos valores nominais e o valor 1 ao outro. Um exemplo em Python para tal situação é apresentado no trecho a seguir, onde utilizaremos a função de conversão de valores nominais em possíveis valores numéricos de rótulo (atributo alvo):

```
# Importando a função de transformação de scikit-learn
from sklearn.preprocessing import LabelEncoder

encoder = LabelEncoder()
cidades['Capital'] = encoder.fit_transform(cidades[['Capital']])
```

Um problema da codificação canônica é que ela pode gerar conjuntos de dados com um número muito grande de atributos. Supondo um atributo do tipo nominal com 1.000 possíveis valores, sua transformação para valores numéricos usando a codificação canônica substituiria um atributo preditivo por 1.000, e com uma enorme quantidade de valores iguais a 0.

Transformação de Dados

Uma abordagem de codificação utilizada quando o número de valores é muito grande consiste na construção de pseudo-atributos. Ela permite criar atributos artificiais, combinando informações de um conjunto de atributos. Como exemplo, supõe-se um atributo nominal que representa o nome de um país. Conforme o *site* worldometers,[3] existem 195 países no mundo. Assim, se formos usar a codificação 1-de-n, criaríamos 195 atributos numéricos binários.

Podemos criar um pseudo-atributo reunindo características dos países, como área total (1 valor inteiro), índice de desenvolvimento humano (IDH) (1 valor real), população (1 valor inteiro), produto interno bruto (PIB) (1 valor real) e nome do continente (como existem 7 valores nominais, teríamos 7 algarismos binários), totalizando 11 atributos preditivos com valores numéricos.

Existem outras transformações que minimizam ou contornam esse problema, usadas com frequência quando os atributos simbólicos representam um dos 4 nucleotídeos em uma sequência de uma molécula de ácido desoxirribonucleico (DNA, *deoxyribonucleic acid*), ou de ácido ribonucleico (RNA, *ribonucleic acid*), ou um dos 20 aminoácidos em uma sequência que representa uma proteína. Um exemplo de sequência curta de uma molécula de DNA seria: AACCTCATATATATCGAACACTGAAAACTGGCGA.

Uma alternativa simples para transformar uma sequência de DNA (ou de RNA) em valores numéricos é quebrar a sequência em n pedaços de tamanhos aproximadamente iguais e representar cada pedaço pela frequência de cada nucleotídeo naquele pedaço. Assim, um pedaço com 1000 nucleotídeos pode ser representado por 4 valores, atributos numéricos, a frequência de cada um dos 4 nucleotídeos naquele pedaço. E a sequência completa por $n \times 4$ atributos numéricos. Raciocínio semelhante pode ser usado para proteínas.

Essa codificação, apesar de reduzir bastante o número de atributos nominais na sequência original ($n \times 1000$), pode perder muita informação relevante presente nas sequências. Uma alternativa que preserva mais informações, como veremos no Capítulo 13, é por meio da extração de características das sequências.

8.2.2 Quantitativos para Qualitativos

Essa transformação segue o sentido oposto à transformação anterior. Ela é usada porque algumas técnicas de pré-processamento e algoritmos de modelagem aceitam apenas valores simbólicos. Alguns desses algoritmos são baseados em lógica matemática, que manipula símbolos em vez de valores numéricos.

---

[3] Disponível em: https://www.worldometers.info/geography/how-many-countries-are-there-in-the-world/. Acesso em: 26 abr. 2023.

Para aplicar esses algoritmos a conjuntos de dados com atributos numéricos, é preciso transformar estes valores em simbólicos. A abordagem padrão é discretizar valores contínuos em intervalos e atribuir cada intervalo a um valor simbólico. Como existe uma relação de ordem nos valores numéricos, os valores simbólicos gerados serão ordinais. Assim, essa transformação ocorre pela discretização dos valores numéricos, sendo a transformação deles em intervalos, que serão os valores ordinais. Para isso, devem ser definidos:

- o número de intervalos, geralmente estabelecido pelo usuário;
- se os valores originais farão parte de cada intervalo, ou seja, como mapear valores dos atributos numéricos para esses intervalos, o que é geralmente definido por um algoritmo.

Duas principais abordagens para definir quais valores estarão em cada intervalo são por quantidade e proporção de valores em cada intervalo, que faz com que cada intervalo tenha o mesmo número aproximado de valores, ou por limites inferior/superior, ou largura dos intervalos, que faz com que as diferenças entre o valor máximo e o valor mínimo de cada intervalo sejam similares.

Para ilustrar a diferença entre essas abordagens, supõe-se a discretização dos possíveis valores numéricos de um atributo preditivo, {1, 3, 4, 5, 6, 7, 9, 12}, para um tipo ordinal com dois valores. Os intervalos gerados para as duas abordagens de discretização podem ser:

- **Por proporção:** {1, 3, 4, 5} e {6, 7, 9, 12}, em que cada intervalo, valor ordinal, representa 4 valores numéricos do atributo sendo transformado.
- **Por largura:** {1, 3, 4, 5, 6} e {7, 9, 12}, onde as diferenças entre os valores máximo e mínimo para cada intervalo são iguais a 5.

Um exemplo em Python para essa situação é apresentado no trecho que se segue, onde queremos gerar um rótulo para intervalos de idade (0:3 – Bebê; 4:17 – Criança; 18:70 – Adulto; 71:99 – Idoso):

```
# Criando o DataFrame de idade
df = pd.DataFrame({'Idade': [42, 15, 67, 55,
                   1, 29, 75, 89, 4,
                   10, 15, 38, 22, 77]})
```

```
df['Label'] = pd.cut(x=df['Idade'], bins=[0, 3, 17, 70, 99],
                labels=['Bebê', 'Criança',
                        'Adulto', 'Idoso'])
df
```

8.3 Transformação de Valores Numéricos

Esta transformação muda o valor numérico de um atributo quantitativo para outro valor numérico. Ela é utilizada para facilitar a exploração dos dados ou para melhorar a modelagem dos dados. Neste capítulo, vamos nos ater ao segundo uso. O objetivo é mudar a variação ou espalhamento dos valores originais. Assim como nas transformações anteriores, as conversões são aplicadas aos valores de um atributo específicos considerando todos os exemplos. As duas principais formas de transformação para pré-processamento são:

- funções matemáticas simples;
- normalização.

8.3.1 Funções Matemáticas Simples

No primeiro caso, como o próprio nome sugere, uma função matemática simples é aplicada a cada valor do atributo preditivo a ser transformado. Esta transformação mudará a distribuição de valores de um atributo para atender a uma necessidade específica da aplicação. Dada uma variável x representando o atributo a ser transformado, algumas das funções matemáticas mais utilizadas são:

- **Logarítmica ($log\ x$):** comprime valores distribuídos em um grande intervalo, tornando mais parecidas as diferenças entre valores consecutivos.
- **Inverso ou recíproco ($1/x$):** usada quando os valores diferem de 0, inverte a ordem entre eles.
- **Módulo (valor absoluto ($|x|$):** transforma valores negativos em positivos, eliminando, assim, valores negativos.

Alguns exemplos são apresentados a seguir:

```
# Importando a biblioteca numpy
import numpy as np

#Criando um atributo randômico usando distribuição beta para teste
dados = np.random.beta(a=4, b=15, size=300)
```

```
#Transformação logarítmica
dados_log = np.log(dados)
dados_log

#Transformação de raiz quadrada
dados_sqrt = np.sqrt(dados)
dados_sqrt

#Transformação Módulo (valor absoluto)
dados_absoluto = np.absolute(dados_log )
dados_absoluto
```

8.3.2 Normalização

A maioria dos algoritmos de modelagem na CD assume que, em cada atributo preditivo, a quantidade de valores menores que a média e a quantidade de valores maiores que a média são semelhantes. Quanto mais parecidas estas quantidades, mais a distribuição dos valores se aproxima de uma distribuição normal ou gaussiana. E quanto mais próxima dessa distribuição, melhor tende a ser o desempenho dos modelos induzidos pelos algoritmos de modelagem. Mas, atenção, depende do algoritmo, uma vez que nem todo algoritmo precisa que os valores estejam normalizados (por exemplo, algoritmos baseados em árvores de decisão).

Outra necessidade de transformação de valores, para alguns algoritmos de modelagem, é que, em alguns conjuntos de dados, as faixas, variâncias, ou limites de valores para atributos preditivos distintos podem ser muito diferentes. Isto faz com que um ou mais atributos preditivos, que possuem uma maior faixa de valores, variância ou limites que são valores positivos elevados, tenham uma maior influência no modelo que será gerado. Mais uma vez, isso não ocorre para todos os algoritmos de modelagem e, novamente, uma exceção são os algoritmos baseados em árvores de decisão, por considerarem um atributo de cada vez na hora de gerar um modelo.

A técnica de normalização, em Estatística, busca atender a essas necessidades modificando a distribuição dos valores originais. Com frequência, três termos são usados na literatura para distinguir formas de transformação na distribuição dos valores: escala, normalização e padronização.

Existe uma confusão na literatura com o significado destes termos. A definição dada para padronização em alguns textos é atribuída à normalização em outros textos, e vice-versa. Em outros textos, padronização e normalização são definidas como tipos de transformação de escala. Em outros textos, ainda, padronização e escala são definidas como uma forma de normalização, definição que será adotada neste texto. Assim, será assumido que existem diferentes formas de normalização:

- por escala ou largura;
- por padronização ou variação.

Normalização por Escala

A normalização por escala, algumas vezes chamada apenas de escalonamento, faz com que os valores de um atributo fiquem todos dentro de um intervalo, entre um valor mínimo e um valor máximo predefinido. Para aplicar esta normalização a um conjunto de valores, a forma mais simples é dividir todos os valores pelo maior valor atual, como mostra a Equação 8.1.

$$x_{i-Normalizado} = \frac{x_i}{max_x} \tag{8.1}$$

Os novos valores terão como valor máximo 1,0 e como valor mínimo o resultado da divisão do menor valor pelo maior valor máximo no conjunto de dados original. Com isso, o valor mínimo dependerá do menor valor original. Em várias aplicações, é preferível que o valor mínimo seja previamente conhecido, em geral, igual a 0,0. Para isso, basta aplicar a Equação 8.2, chamada *Minmax*, aos valores originais.

$$x_{i-Escala} = \frac{x_i - min_x}{max_x - min_x} \tag{8.2}$$

A Equação *Minmax* altera todos os valores de um atributo para o intervalo [0,0; 1,0], mas ela pode ser modificada para gerar valores para qualquer intervalo. Caso o usuário deseje outros valores para mínimo e máximo, pode utilizar uma versão da equação anterior onde os valores mínimo e máximo podem ser especificados pelos valores *a* e *b*, respectivamente, como mostra a Equação 8.3.

$$x_{i-Escala} = a + \frac{x_i - min_x(b - a)}{max_x - min_x} \tag{8.3}$$

As equações usadas para normalização por escala realizam duas operações básicas:

1. adicionar ou subtrair uma constante;
2. multiplicar ou dividir por uma constante.

Uma deficiência da normalização por escala é que se o conjunto de dados de teste tiver um valor superior maior que max_x ou um valor inferior menor que min_x, as consequências na predição são imprevisíveis. Outra deficiência é que a presença de *outliers* pode fazer com que a maioria dos valores de teste fique distante dos novos extremos. Um exemplo em Python da Equação *Minmax* é apresentado no trecho a seguir:

```
# Importando a função MinMaxScaler
from sklearn.preprocessing import MinMaxScaler

df = pd.DataFrame({'Valores': [1, 18, 0.5, 20, 10, 0.1, 15]})

scaler = MinMaxScaler(feature_range=[0, 1])
df_minmax = scaler.fit_transform(df)
df_minmax
```

A normalização por escala é importante para algoritmos de modelagem que utilizam o cálculo do gradiente de uma função para os ajustes dos parâmetros do modelo induzido.

Normalização por Padronização

Outra forma de uniformizar o intervalo de valores de um atributo é padronizar esses valores. Neste caso, busca-se transformar os valores originais em um conjunto de valores que seguem uma distribuição normal padrão. Por esta razão, eventualmente, a transformação é chamada apenas de normalização ou de padronização.

A forma mais usada para essa transformação é inicialmente calcular a média e o desvio-padrão dos valores originais e, em seguida, subtrair cada valor original pela média e dividir o resultado pelo desvio-padrão, como ilustra a Equação 8.4.

$$x_{i-Padrão} = \frac{x_i - \mu_x}{\sigma_x} \tag{8.4}$$

Essa padronização é também conhecida por escore padrão e escore Z (*Z-score*). O escore Z retorna a distância que um valor está em relação à média. Quando aplicada a uma população de valores, retorna quantos desvios-padrões um valor está com relação à média dos valores da população. Um escore Z igual a $-2,0$ para um valor indica que ele está a dois desvios-padrões abaixo da média, muito abaixo da média. Já um escore Z igual a 0,2 indica que um valor está a 1/5 do valor do desvio-padrão acima da média, ou seja, somente um pouco acima da média. Em uma distribuição normal padrão, com média 0 e variância 1, temos as seguintes situações:

Transformação de Dados

- 68% dos valores estão entre 1,0 desvio-padrão abaixo da média e 1,0 desvio-padrão acima da média;
- 95% dos valores estão entre 2,0 desvio-padrão abaixo da média e 2,0 desvio-padrão acima da média;
- 99,7% dos valores estão entre 3,0 desvio-padrão abaixo da média e 3,0 desvio-padrão acima da média.

Neste livro, a padronização é usada para transformar o conjunto de valores originais em um conjunto de valores com uma distribuição normal padrão, média igual a 0 e desvio-padrão (e variância) igual a 1. Para padronização, são realizadas duas operações básicas:

1. adicionar ou subtrair uma medida de centralidade;
2. multiplicar ou dividir por uma medida de espalhamento.

No nosso caso, o valor original é subtraído da média e o resultado é dividido pelo desvio-padrão. Um exemplo em Python da Equação *Z-score* é apresentado no trecho a seguir:

```python
# Importando a função StanderScaler
from sklearn.preprocessing import StandardScaler

df = pd.DataFrame({'Valores': [1, 18, 0.5, 20, 10, 0.1, 15]})

scaler = StandardScaler()
df_normal = scaler.fit_transform(df)
df_normal
```

8.3.3 Quando Normalizar

Diferentes algoritmos de modelagem de dados possuem diferentes necessidades de normalização dos valores dos atributos preditivos. Caso você esteja utilizando um algoritmo de modelagem que considera um atributo preditivo de cada vez no processo de treinamento, como no algoritmo de indução por árvores de decisão, a normalização pode ser dispensada.

Caso você esteja usando um algoritmo de modelagem que considera o valor de mais de um atributo preditivo a cada momento, e que usam internamente a distância entre os objetos, escalas diferentes para os atributos preditivos podem impactar negativamente o desempenho dos modelos induzidos. Assim, é importante proceder com a normalização dos valores.

Este é o caso, por exemplo, da técnica de análise de componentes principais, dos algoritmos de regressão (linear ou logística), máquinas de vetores de suporte (SVM, *support vector machines*), k-vizinhos mais próximos, k-médias, além dos utilizados para o treinamento de redes neurais artificiais.

Uma vez decidido que você normalizará os dados, é comum surgir a dúvida se é melhor escalar ou padronizar. Na dúvida, a sugestão é usar os dois separadamente e ver o efeito nas demais fases do *pipeline* de indução do modelo. É importante antes, no entanto, observar as diferenças entre as duas formas de normalizar os dados, resumidas na Tabela 8.6.

Tabela 8.6 Principais diferenças entre normalização por escala e por padronização

Escalar	Padronizar
Não lida bem com *outliers*	Lida bem com *outliers*
Muda os valores extremos dos dados	Muda o formato da distribuição dos dados
Utiliza os valores extremos	Utiliza média e desvio-padrão
Usada quando os atributos preditivos possuem diferentes escalas de valores	Usada quando os valores dos atributos preditivos apresentam uma distribuição normal

É necessário observar também que existem situações onde faixas de tamanho diferentes e limites de magnitudes diferentes representam uma importante informação do problema sendo resolvido, e que, por isso, devem ser mantidos para gerar um modelo que melhor represente o processo que gerou os dados. Por exemplo, em um conjunto de dados em que cada atributo é o resultado de um exame médico, se o resultado de um exame é 10 vezes mais importante que o resultado de outro exame, seu valor deveria afetar 10 vezes mais o modelo que será gerado. Além disso, é importante pontuar que alguns algoritmos de modelagem podem não apresentar um bom desempenho se os valores dos atributos preditivos não seguirem uma distribuição gaussiana.

8.3.4 Tradução de Valores de Atributos

O procedimento de tradução é aplicado a um conjunto de valores quando existem limitações no formato utilizado para armazenar o atributo, pois algumas técnicas de CD podem ter dificuldades com o formato original. Isso pode ocorrer porque os valores originais advêm de uma composição de valores ou porque é necessário converter um valor qualitativo não ordinal, mas que permite calcular a diferença entre valores, para um valor quantitativo, preservando a diferença.

Para o primeiro caso, dois exemplos seriam a conversão de um horário, com hora, minuto e segundo, e de uma data, com dia, mês e ano, para um valor inteiro. Exemplos para o segundo caso seriam a conversão de um nome de rua para um valor inteiro e a conversão de uma sequência de aminoácidos que representa uma proteína para um valor real. Observe que o segundo caso pode também ser tratado usando um pseudo-atributo.

No primeiro caso, a conversão é importante para que horários próximos, ou datas próximas, sejam mais semelhantes que horários distantes. Imagine que a técnica que você está utilizando precise calcular a diferença entre três horários: 21:23:45, 18:56:14 e 22:21:40. Como você calcularia a diferença entre os horários por uma função matemática simples?

Calculando a diferença entre as horas, a diferença entre os minutos e a diferença entre os segundos e somando as diferenças depois? Isso retornaria o primeiro e o terceiro horário como os mais próximos. Outra alternativa é dividir a hora em 3 atributos preditivos diferentes, mas, neste caso, a conversão seria para 3 números, e nada indica que as técnicas e algoritmos que você aplicar a estes valores entendam que existe uma relação entre os atributos.

A forma mais simples seria converter cada horário para a unidade de menor valor, segundos, e depois calcular as diferenças em segundos entre os horários. Raciocínio semelhante pode ser usado para calcular a diferença entre datas, mas nessa situação, a unidade de menor valor é a primeira, que neste caso poderia ser o dia do mês.

Para converter um endereço em um valor numérico, uma alternativa simples seria utilizar as coordenadas do endereço, sua latitude e longitude. Isso resultaria em duas novas variáveis, problema semelhante ao caso da data e do horário. No entanto, essa substituição pode refletir na perda de relação entre outros atributos, por exemplo, se o conjunto de dados com o endereço possuir referências separadas para a rua e o número de cada imóvel. Neste caso, o problema de substituir o atributo da rua pelas duas coordenadas geográficas poderia ser tratado também mediante à remoção do atributo número do imóvel.

8.4 Considerações Finais

Neste capítulo, foi abordado um tema que aparece com frequência em projetos de CD, a transformação de valores entre diferentes tipos, sejam eles de valores quantitativos para qualitativos e vice-versa, ou de valores numéricos para novos valores numéricos, que sejam mais representativos ou fáceis para trabalhar. O objetivo dessas transformações é facilitar o trabalho das técnicas de CD e melhorar o desempenho na indução de modelos por meio dos algoritmos de modelagem. No final deste capítulo, foram apresentadas algumas possíveis traduções que podem ser necessárias para enfrentar as limitações presentes em certos tipos de valores que ocorrem no mundo real.

Capítulo 9   Engenharia de Características

Como mencionado no Capítulo 1, conjuntos de dados podem apresentar objetos não estruturados ou estruturados. Imagine que uma equipe de biólogos encontrou na floresta amazônica duas espécies desconhecidas de mamíferos, *Abc* e *Xyz*, cada uma com 50 animais. A equipe quer agora treinar novos biólogos a reconhecer as espécies sempre que tiverem contato com um animal de uma das duas.

Como os biólogos não tinham máquina fotográfica nem celular com câmera, e menos ainda sabiam desenhar, eles descreveram os 100 animais por um conjunto de dados estruturados com 100 objetos, cada um deles representado por 10 atributos preditivos e 1 atributo alvo, rótulo, em uma tabela atributo-valor. Nessa tabela, cada atributo preditivo descreve uma característica de um animal, incluindo altura, peso, altura do pelo, formato do focinho, formato dos olhos e o atributo alvo pode ter um dentre dois valores, *Abc* ou *Xyz*.

Ao retornarem à cidade, foram treinar uma turma de 10 estudantes de Biologia. No treinamento, mostraram para cada um deles uma cópia da tabela com 80 dos animais, 40 de cada espécie (conjunto de treinamento). Para ver se eles aprenderam, perguntaram qual era a espécie dos 20 animais restantes (conjunto de teste). O resultado foi terrível: erraram a espécie de mais da metade destes animais.

Por conta disso, a equipe voltou para a selva, agora com uma câmera fotográfica. Como o dinheiro era pouco, a máquina tirava fotos apenas em preto e branco. Procuraram 50 animais de cada espécie e levaram as fotos, dados não estruturados, para treinar uma segunda turma de 10 estudantes de Biologia. Usando o mesmo processo do treinamento anterior, os estudantes conseguiram agora acertar, em média, a espécie de 18 dos 20 animais do conjunto de teste. A equipe de biólogos ouviu falar de Ciência de Dados (CD), e todos ficaram maravilhados. Resolveram contratar um cientista de dados para desenvolver um modelo preditivo capaz de distinguir animais das duas espécies.

Como no cenário anterior os melhores resultados foram obtidos utilizando as imagens dos animais, a equipe não pensou duas vezes e entregou ao cientista de dados apenas as imagens dos animais. O cientista de dados faltou, no seu curso de formação, à aula de engenharia de características para dados não estruturados. Para representar as imagens, ele cobriu cada imagem com uma grade com 8 linhas e 8 colunas, dividindo a imagem original em $8 \times 8 = 64$ quadrados. Em seguida, a imagem em cada quadrado foi representada por um valor no intervalo [0,0...1,0], em que quanto mais clara a imagem, menor o valor. Cada quadrado representou um atributo preditivo e sua cor, o valor do atributo preditivo.

Em seguida, o cientista dividiu os dados na mesma proporção utilizada no curso ministrado para biólogos, e repetiu o processo de treinamento utilizado antes. Contrário à expectativa, os resultados foram péssimos, o modelo preditivo gerado no processo de treinamento errou a classe de mais da metade dos 20 objetos de teste. Um dos membros da equipe sugeriu que, em vez das imagens, o cientista de dados usasse a tabela atributo-valor aplicada no primeiro treinamento dado aos estudantes de Biologia. Repetido o experimento, agora com os dados estruturados, o modelo acertou a classe de mais de 90% dos exemplos de teste. E todos ficaram tranquilos, e viveram felizes para sempre.

Moral da história: seres vivos são bons para aprender a classificar dados não estruturados, mas ruins para aprender a classificar dados estruturados. CD é boa para aprender bem modelos preditivos para dados estruturados, mas, se a engenharia de características for mal feita ou muito simples, não irá gerar bons modelos.

Em muitas situações, as peculiaridades da tarefa a ser solucionada, aqui representadas por um conjunto de atributos preditivos, apresentam um ou mais dos seguintes problemas:

- presença de atributos preditivos que não descrevem bem a informação relevante para resolver o problema;

- quantidade excessiva de atributos para descrição do problema.

Neste capítulo serão apresentados como definir, criar, extrair, agregar e selecionar características presentes em um conjunto de dados.

9.1 Definição e Criação de Características

Características são aspectos que representam os principais fatores relacionados com um problema ou aplicação. Em um conjunto de dados, cada característica é representada por um atributo. Quando utilizando conjuntos de dados não estruturados, frequentemente é necessário criar características, não presentes nos objetos, que melhor descrevam aspectos importantes dos dados.

9.2 Extração de Características

Uma opção à criação de características é extrair informações dos objetos originais, principalmente quando eles são não estruturados, por exemplo, imagens, sinais e sequências biológicas, dentre os mais comuns. Imagens são um dos tipos de dados em que as técnicas de extração de característica são mais utilizadas. Elas podem variar desde a representação de paisagens e objetos físicos a caracteres de um texto impresso em papel. A Figura 9.1 ilustra um desses resultados. Pode ser observado que, nesta figura, são consideradas características relacionadas com a geometria da face de uma pessoa na imagem.

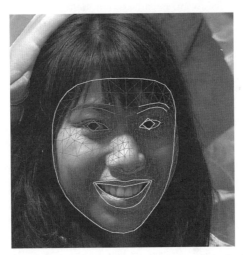

Figura 9.1 Exemplo de extração de características faciais.

Em geral, cada imagem é tratada como um objeto, que, para ser utilizada em tabelas atributo-valor, precisa ser transformado em um vetor de atributos. Quando os objetos são imagens, é comum dividir em blocos e extrair os níveis de cinza nestes blocos ou, quando a imagem é colorida, as intensidades das cores primárias, vermelho, verde e azul. Para algumas aplicações, podem ser utilizadas características mais específicas, como descritores capazes de extrair medidas de textura da imagem. As características que podem ser extraídas de imagens geralmente se enquadram em 3 grupos:

1. estatísticas;

2. transformações globais e expansões de séries;

3. geométricas e topológicas.

Muitos conjuntos de dados, em particular na área médica, são representados por sinais, por exemplo, resultados de um exame de eletroencefalograma (EEG). Nesses casos, assim como para imagens, o sinal representa todo o objeto e, para sua representação tabular, características precisam ser extraídas dele. A Figura 9.2 ilustra um resultado de exame de EEG.

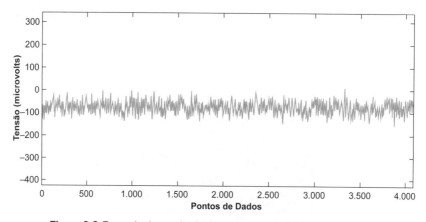

Figura 9.2 Exemplo de resultado de um exame de EEG (OLIVA, 2018).

Nesses conjuntos de dados, cada sinal de EEG é considerado um objeto. Para aplicação de algoritmos de modelagem a esses conjuntos de dados, o processo de extração de características facilitará a indução dos modelos, uma vez que os atributos utilizados tendem a representar as informações mais relevantes para o problema em questão. Características podem ser extraídas de EEGs considerando os diferentes domínios do sinal, como de tempo, de frequência, de tempo-frequência, além de relações não lineares (OLIVA, 2018). No domínio da frequência, por exemplo, elas podem ser extraídas utilizando transformada de Fourier e medidas de entropia.

Engenharia de Características

Para objetos que são sequências biológicas, a extração de características é uma etapa frequentemente essencial para a construção de modelos com boa capacidade preditiva. Esses modelos são importantes em várias aplicações de Bioinformática, uma área que estuda como a Computação pode ser utilizada na Biologia, principalmente a Biologia Molecular.

Um exemplo de sequência biológica é a da molécula de DNA, o qual é formado por uma sequência de moléculas mais simples, nucleotídeos, que podem ser de quatro tipos: adenina (A), citosina (C), guanina (G) e timina (T). Um exemplo de uma sequência de 10 nucleotídeos seria a sequência de letras AAGCTCAGAG. Grande parte dos algoritmos de modelagem utilizados em Bioinformática precisam que os atributos preditivos sejam valores numéricos.

Para isso, várias técnicas foram desenvolvidas para extrair características numéricas de sequências de nucleotídeos. Exemplos de características numéricas vão desde abordagens simples, como o conteúdo GC (quantidade de nucleotídeos G e C na sequência), a quantidade de sequências de k nucleotídeos (k-mers) e as fases de leitura aberta (ORFs, *open reading frame*), até extratores numéricos baseados em equações matemáticas mais complexas, como transformada de Fourier, entropia e redes complexas.

A Figura 9.3 mostra um exemplo de sequência de DNA, cujas características são extraídas, usando o descritor k-mer, amplamente conhecido na área de Bioinformática.

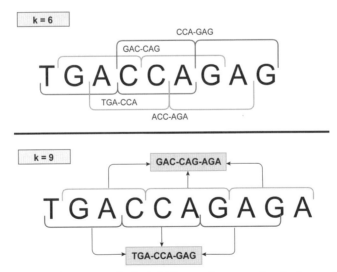

Figura 9.3 Exemplo de uma sequência de DNA, usando como extração de características o descritor k-mer (BONIDIA et al., 2021b). Exemplo com $k = 6$ e $k = 9$.

Para esta aplicação, adotam-se histogramas com janelas curtas, como [{A}, {C}, {G}, {T}], que ocorrem para $k = 1$, até histogramas com janelas de contagem de sequências longas como [{$AAAAA$}, ..., {$GGGGG$}], resultantes em $k = 5$. Após contar as frequências absolutas de cada k, geramos frequências relativas que podem ser utilizadas como representação da sequência. Voltaremos a este tema no Capítulo 13, que cobrirá em detalhes a forma de extrair características de dados não estruturados nesse domínio.

9.3 Redução de Dimensionalidade

Alguns conjuntos de dados podem ter um número elevado de atributos para representação de um problema. Um exemplo é um conjunto de dados em que cada objeto representa um texto com centenas de palavras e cada atributo é uma palavra que pode aparecer no texto. Outro exemplo é um conjunto de dados de expressões gênicas em que cada objeto é um tecido extraído do corpo, representado pelo nível de expressão com a quantidade de ocorrência de milhares de genes.

Em um conjunto de dados com certo número de objetos, quanto maior o número de atributos, maior o número de dimensões do espaço que representa os objetos. Um elevado número de atributos faz com que o espaço de representação se torne mais esparso e a distância entre os objetos aumente ou fique indistinguível. Como resultado, mais objetos são necessários para representar as diferentes combinações dos valores dos atributos, ou seja, maior o número de objetos necessários para representar o problema descrito pelos dados. Situações nas quais a razão entre o número de atributos e o número de objetos é elevada geralmente dificultam a modelagem dos dados, degradando o desempenho final do algoritmo de modelagem.

Esse problema está relacionado com a maldição da dimensionalidade (BELLMAN, 1961), que prega que o número de objetos necessários para estimar uma dada função com um valor de acurácia desejado cresce exponencialmente com o número de variáveis de entrada (atributos) de uma função. O problema da maldição da dimensionalidade é enfrentado reduzindo o valor desta razão, que pode se dar pelo aumento do denominador, número de objetos, ou pela redução do numerador, número de atributos.

Uma dificuldade é que, na prática, o número de objetos em um conjunto de dados é fixo. Em algumas situações, não é possível aumentar o número e, em várias outras, aumentar o número de objetos, principalmente se eles forem rotulados, tem um custo, que pode ser elevado. Resta então a redução da quantidade de atributos, também chamada de redução de dimensionalidade, pois diminui o número de dimensões do espaço de representação dos objetos. A redução de dimensionalidade pode trazer vários benefícios, dentre eles:

- redução do custo de coleta de dados;
- possível melhoria no desempenho do algoritmo de modelagem;
- redução da necessidade de memória e do tempo de processamento;
- diminuição de atributos irrelevantes e redução de ruído;
- simplificação do modelo gerado, facilitando sua interpretação;
- melhoria da visualização dos dados.

É importante observar que a redução de dimensionalidade tem o efeito negativo de redução da quantidade de informação presente nos dados. A redução de dimensionalidade pode ocorrer de duas formas:

1. agregação de atributos;
2. seleção de atributos.

A seguir, cada uma dessas formas é brevemente descrita.

9.4 Agregação de Atributos

A agregação reduz o número de atributos por meio da combinação de dois ou mais em um único atributo. Com isso, além da redução da quantidade, a variação dos valores dos atributos tende a ser reduzida. A agregação pode ocorrer de forma simples, quando é clara a relação entre os atributos originais e o novo atributo, e complexa, quando esta relação não é evidente.

Um exemplo de uma agregação simples seria substituir 3 atributos que representam 3 dimensões de um objeto físico pelo volume do objeto. Para a agregação complexa, técnicas sofisticadas têm sido desenvolvidas ao longo dos anos, dentre as quais se destacam:

- As que combinam linearmente os valores dos atributos originais (combinação linear):
    - análise de componentes principais (PCA, *principal component analysis*) (JOLLIFFE, 2002);

- análise de componentes independentes (ICA, *independent component analysis*) (HYVÄRINEN; OJA, 2000).

- As que combinam não linearmente os valores dos atributos originais (combinação não linear):
    - Kernel PCA (MIKA *et al.*, 1998);
    - escalonamento multidimensional (MDS, *multidimensional scaling*) (COX; COX, 2008);
    - projeção e aproximação de manifold uniforme (UMAP, *uniform manifold approximation and projection for dimension reduction*) (MCINNES; HEALY; MELVILLE, 2018).

Neste texto, descreveremos brevemente a técnica PCA, uma abordagem estatística muito utilizada para análise e compressão de dados, usada com frequência para o processamento de imagens e de sinais. Ela também possui aplicações em dados estruturados, em que muitas vezes é utilizada para reduzir os atributos de maneira a facilitar a visualização dos objetos e suas relações em um gráfico de 2-dimensões.

PCA faz uma transformação linear ortogonal dos dados, mapeando os dados para um novo sistema de coordenadas de menor dimensão. O usuário pode definir o número de dimensões, chamadas componentes, controlando o balanço entre perda de informação e simplificação do problema. PCA tem por objetivo encontrar a projeção do objeto no espaço original em um espaço de menor dimensão que capture a maior quantidade de variação presente nos dados. Para isso, encontra os autovetores da matriz de covariância, utilizados para definir o novo espaço.

Uma deficiência das técnicas de agregação, como PCA, é que, ao agregar os atributos originais, é perdida a informação contida neles. Isso prejudica a interpretabilidade dos modelos gerados. Para melhor compreensão, um exemplo em Python é apresentado no trecho a seguir, novamente com a biblioteca *scikit-learn*. Neste capítulo, utilizaremos um conjunto de dados de diabetes[1] para descrição das técnicas de engenharia de características. O conjunto de dados consiste em vários atributos preditivos médicos (número de gestações que a paciente possuiu, IMC, nível de insulina, idade, entre outros) e um atributo alvo (tem ou não tem diabetes?).

---

[1] Disponível em: https://www.kaggle.com/datasets/uciml/pima-indians-diabetes-database. Acesso em: 26 abr. 2023.

```python
import pandas as pd

df = pd.read_csv('diabetes.csv')
```

É importante ressaltar que nos próximos exemplos utilizaremos o conjunto de dados inteiro para redução de dimensionalidade. No entanto, em um *pipeline* de AM padrão, seria necessário fazer a divisão do conjunto em treino e validação/teste antes da engenharia de características para uma verificação de desempenho menos enviesada. Esses conceitos serão mais bem explorados nos capítulos seguintes. Na sequência, utilizamos a técnica PCA com a biblioteca *scikit-learn* para redução dos atributos para 2 dimensões.

```python
# Importando a Técnica PCA e Método de normalização (Z-score)
from sklearn.decomposition import PCA
from sklearn.preprocessing import StandardScaler

# Separando os dados em atributos preditivos (X) e atributo alvo (y)
X = df.iloc[:, :-1].values
y = df.iloc[:, -1].values

# Pressuposto do PCA é que os dados seguem uma distribuição normal
sc = StandardScaler()
X = sc.fit_transform(X)

# Atribuindo a técnica PCA e indicando o número de componentes principais
# desejados
pca = PCA(n_components=2)

# Ajustando e aplicando aos dados
X_pca = pca.fit_transform(X)

# A variação explicada informa quanta informação (variação) pode ser
↪   atribuída
# a cada um dos componentes principais.
pca.explained_variance_ratio_
```

9.5 Seleção de Atributos

A seleção de atributos visa selecionar, dentre os atributos originais, um subconjunto que melhore, ou até mesmo mantenha o desempenho preditivo quando comparado ao desempenho utilizando todos os atributos originais. Manter o desempenho pode ser um bom resultado, porque, como mencionado, pode reduzir o custo computacional e financeiro para captura dos valores dos atributos e aumentar a interpretabilidade dos modelos gerados.

A seleção de atributos, ao contrário da agregação, mantém a informação presente nos atributos originais selecionados. Por outro lado, perde as informações presentes nos atributos descartados. Embora possa ser aplicada em qualquer tarefa de CD, a seleção de atributos é geralmente utilizada em tarefas preditivas, principalmente de classificação. Por isso, nesta seção, sem perda de generalidade, será assumido que estamos falando de tarefas preditivas de classificação.

A seleção visa remover os atributos redundantes ou irrelevantes. Atributos redundantes são aqueles que repetem a informação contida em um ou mais atributos, ou que podem ter seu valor estimado pelos valores de um ou mais atributos. Um exemplo para o primeiro caso é ter dois atributos com os mesmos valores para cada um dos objetos. Um exemplo para o segundo caso é, em uma aplicação onde o imposto pago é uma porcentagem fixa do preço de um produto, ou seja, ter no conjunto de dados um atributo para o preço do produto, outro para o valor de imposto pago. O atributo com o valor do imposto pago é redundante, pois ele pode ser estimado a partir do preço pago e da porcentagem usada para o cálculo do valor do imposto.

Atributos irrelevantes podem ser identificados como aqueles que não afetam o valor do atributo rótulo. São atributos que não possuem informação útil para o problema que está sendo resolvido. Para alguns atributos, a irrelevância é tão clara que eles podem ser removidos logo no início, antes da fase de exploração dos dados. Esse seria o caso, por exemplo, de um atributo com o número do registro geral (RG) de cada paciente em um conjunto de dados utilizado para diagnóstico médico. Seu valor não deve afetar o resultado do diagnóstico, não necessitando de quaisquer outras análises para considerar o atributo como irrelevante para tal contexto.

Outro caso, não tão evidente, é quando a irrelevância depende dos valores assumidos pelo atributo. No caso extremo, um atributo pode ter um valor constante, ou seja, o mesmo valor para todos os objetos. Mas podemos ter casos mais difíceis de serem detectados, como um atributo que possui a mesma distribuição de valores para as diferentes classes. Dependendo do quão rigorosa é a redução pretendida, atributos que possuem alguma relevância também são descartados. Quanto menor o número de atributos a serem selecionados, maior a chance de isso ocorrer.

A seleção pode ser feita de duas formas, por ordenação ou por complementaridade. No primeiro caso, os atributos são ordenados, ranqueados e os M atributos mais bem ranqueados são selecionados. No segundo caso, é selecionado o melhor subconjunto M

Engenharia de Características

de atributos, em que o valor de M é definido pelo usuário. Além disso, a seleção pode ser feita dependente ou independentemente do algoritmo de modelagem.

9.5.1 Seleção por Ordenação

Na abordagem por ordenação, os atributos são selecionados de acordo com seu poder discriminativo. Uma alternativa simples é colocar no topo do *ranking* o atributo preditivo cuja variação de valores for mais parecida com a variação de valores do atributo alvo. O atributo preditivo com a segunda maior semelhança seria colocado em segundo lugar no *ranking*, e assim por diante. Outra mais sofisticada seria uma em que o atributo que, se usado individualmente, gera o modelo que melhor discrimina os objetos das diferentes classes é colocado no topo do ranqueamento. O atributo que, se usado sozinho, gera o segundo melhor modelo é colocado logo abaixo do primeiro, e assim sucessivamente. Para ilustrar como funciona, utilizaremos o conjunto de 10 atributos da parte de cima da Figura 9.4 e suporemos que os atributos foram ranqueados de acordo com seu poder discriminativo. Na parte de baixo da mesma figura é indicada, para cada atributo, sua posição na ordenação, com o atributo 6 no topo do ranqueamento.

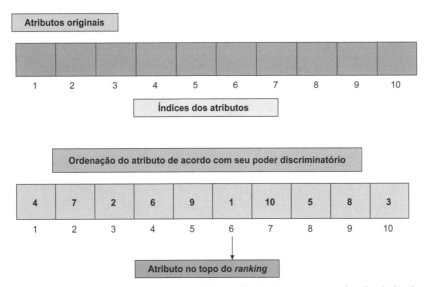

Figura 9.4 Exemplo de ordenação de 10 atributos de acordo com seu poder discriminativo.

Definida a posição de cada atributo, para selecionar M atributos, basta utilizar os que estão nas M primeiras posições da ordenação. A seleção por ordenação coloca os atributos de maior poder discriminativo nas posições próximas do topo. No entanto, caso cada atributo seja selecionado apenas por seu poder discriminativo, corre-se o risco de ter no topo do ranqueamento atributos redundantes, que observam aspectos semelhantes para discriminar objetos entre as diferentes classes.

Uma forma de mitigar esse problema é, ao selecionar cada novo atributo, após a seleção do primeiro que ficará no topo do *ranking*, selecionar aquele que, em conjunto com os atributos já selecionados, induz o modelo com melhor desempenho preditivo. Várias técnicas podem ser utilizadas para a ordenação, dentre elas:

- Golub;
- TNoN;
- Wilcoxon;
- Relief;
- T-test;
- ANOVA;
- Qui-quadrado (*Chi-Squared*).

Alguns exemplos em Python são apresentados nos trechos a seguir, usando o mesmo conjunto de dados de diabetes:

```
#Importando os métodos necessários
from sklearn.preprocessing import MinMaxScaler
from sklearn.feature_selection import SelectKBest
from sklearn.feature_selection import f_classif
from numpy import set_printoptions

# Separando os dados em atributos preditivos (X) e atributo alvo (y)
X = df.iloc[:, :-1].values
y = df.iloc[:, -1].values

# Escalando os dados agora com o método MinMax (apenas para fins de
↪   compreensão)
sc = MinMaxScaler()
X = sc.fit_transform(X)

# Método de seleção: Análise de Variância (ANOVA) -> F_classif
# k = números de atributos que se deseja selecionar no ranking
fs = SelectKBest(score_func=f_classif, k=3)
fs.fit(X, y)

# Exibindo a classificação
```

Engenharia de Características

```
set_printoptions(precision=3)
print(fs.scores_)

# Aplicando a seleção
X_selected = fs.transform(X)
```

```
#Importando os métodos necessários
from sklearn.preprocessing import MinMaxScaler
from sklearn.feature_selection import SelectKBest
from sklearn.feature_selection import chi2
from numpy import set_printoptions

# Separando os dados em atributos preditivos (X) e atributo alvo (y)
X = df.iloc[:, :-1].values
y = df.iloc[:, -1].values

# Escalando os dados agora com o método MinMax - Apenas para fins de
↪ compreensão
sc = MinMaxScaler()
X = sc.fit_transform(X)

# Método de seleção: Qui-quadrado (Chi-Squared) -> chi2
# k = números de atributos que se deseja selecionar no ranking
fs = SelectKBest(score_func=chi2, k=3)
fs.fit(X, y)

# Exibindo a classificação
set_printoptions(precision=3)
print(fs.scores_)

# Aplicando a seleção
X_selected = fs.transform(X)
```

9.5.2 Seleção por Complementaridade

Na seleção por complementaridade, os atributos não são tratados individualmente, mas em conjunto, de uma forma combinada. Assim, para selecionar M atributos, procura-se por aqueles atributos que, independentemente do poder discriminativo singular, quando utilizados em conjunto conferem ao modelo um melhor desempenho preditivo. Assim, os atributos selecionados não são necessariamente os melhores atributos, caso fossem utilizados individualmente.

À primeira vista, a seleção por complementaridade parece ser a melhor alternativa para achar o melhor conjunto de atributos. **Mas cuidado!** Dependendo do número de atributos no conjunto de dados original, pode haver um número muito grande de subconjuntos de M atributos,[2] muito maior que o número de atributos. Um número grande de subconjuntos implica um grande número de avaliações de possíveis subconjuntos, que pode levar a um custo computacional proibitivo.

Por ter um custo computacional menor que a seleção por complementaridade, a seleção por ordenação é geralmente preferida quando o número de atributos é muito grande. Por outro lado, a ordenação perde informações que podem ser relevantes sobre como os atributos se relacionam. O custo da seleção por complementaridade torna-se proibitivo se a seleção for feita por busca exaustiva, testando todas as possíveis combinações dos M atributos. E ainda pior se forem testados todos os possíveis valores de M.

Para reduzir o custo computacional, muitos trabalhos que fazem seleção por complementaridade utilizam técnicas de otimização. Em geral, são empregadas meta-heurísticas, como algoritmos genéticos (FACELI *et al.*, 2021), para selecionar de modo computacionalmente mais eficiente um bom subconjunto de atributos. A Figura 9.5 ilustra uma situação hipotética de seleção de $M = 4$ atributos utilizando ordenação na parte de cima e complementaridade na parte de baixo. Os atributos selecionados por cada abordagem estão destacados na figura.

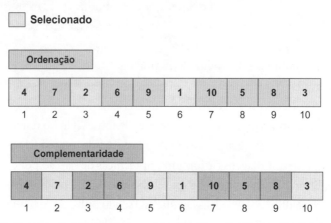

Figura 9.5 Comparação hipotética de quatro atributos selecionados por ordenação e por complementaridade.

---

[2] Encontrar o número de possíveis subconjuntos é um problema de análise combinatória, mais especificamente, de combinação.

Por vezes, as duas abordagens são utilizadas em conjunto, com a seleção por ordenação realizando uma primeira redução do número de atributos, e a seleção por complementaridade realizando uma segunda redução, mais elaborada. Essa combinação reduz o custo computacional da complementaridade e melhora a seleção final. A informação utilizada pela técnica de seleção de atributos também varia. Ela pode ser dependente ou independente do algoritmo de modelagem que será utilizado. As principais abordagens com relação à informação utilizada são:

- filtro (*filter*);
- empacotamento (*wrapper*);
- embutida (*embedded*).

A primeira, filtro, independe de qual algoritmo de modelagem será utilizado. Para as duas outras, empacotamento e embutida, os atributos selecionados dependem do algoritmo de modelagem que será utilizado.

Filtros utilizam as propriedades gerais apenas dos atributos de um conjunto de dados, e da relação entre eles, para descartar ou filtrar atributos redundantes, ou irrelevantes. As propriedades utilizadas, em geral, são baseadas em medidas estatísticas ou de teoria da informação. Uma dessas propriedades é a correlação entre atributos. Se dois atributos apresentam uma alta correlação, um deles pode ser descartado. Por usar apenas informações dos atributos preditivos, essa é a abordagem mais simples e rápida. Geralmente, as estratégias baseadas em filtros são utilizadas com técnicas de seleção por ordenação.

Wrappers utilizam modelos induzidos por algoritmos de modelagem como um oráculo para avaliar o quão bom é um subconjunto de atributos. Assim, utilizam informações dos atributos preditivos, dos atributos alvos e do desempenho preditivo dos modelos gerados empregando um subconjunto de atributos. Como resultado, possuem um custo computacional adicional referente à indução de um modelo preditivo. Em geral, esse grupo de abordagens é utilizado por técnicas de seleção por complementaridade. Uma limitação dos *wrappers* é que eles selecionam o melhor subconjunto de atributos para o algoritmo de modelagem que está sendo utilizado para gerar os modelos preditivos. O subconjunto selecionado pode não ser bom para modelos gerados por outros algoritmos.

A abordagem embutida é aquela em que a seleção de atributos faz parte do algoritmo de modelagem utilizado, caso, por exemplo, dos algoritmos que induzem árvores de decisão. Esse tipo de abordagem possui a mesma limitação descrita das técnicas de *wrappers* com relação à possibilidade de não generalização para outros modelos preditivos. Alguns exemplos em Python são apresentados nos trechos a seguir, usando o mesmo conjunto de dados de diabetes, na seguinte ordem: (1) filtro, (2) *wrapper* e (3) *embedded*.

```
# Importando os métodos necessários
from sklearn.preprocessing import MinMaxScaler
from sklearn.feature_selection import SelectKBest
from sklearn.feature_selection import mutual_info_classif
from numpy import set_printoptions

# Separando os dados em atributos preditivos (X) e atributo alvo (y)
X = df.iloc[:, :-1].values
y = df.iloc[:, -1].values

# Escalando os dados agora com o método MinMax - Apenas para fins de
↪ compreensão
sc = MinMaxScaler()
X = sc.fit_transform(X)

# Método de seleção: Informação Mútua -> mutual_info_classif
# k = números de atributos que se deseja selecionar no ranking
fs = SelectKBest(score_func=mutual_info_classif, k=3)
fs.fit(X, y)

# Exibindo a classificação
set_printoptions(precision=3)
print(fs.scores_)

# Aplicando a seleção
X_selected = fs.transform(X)
```

```
# Importando os métodos necessários
from sklearn.preprocessing import MinMaxScaler
from sklearn.feature_selection import RFE

# Algoritmo de indução para verificar o desempenho dos subconjuntos de
↪ atributos
from sklearn.ensemble import RandomForestClassifier

# Separando os dados em atributos preditivos (X) e atributo alvo (y)
```

Engenharia de Características

```
X = df.iloc[:, :-1].values
y = df.iloc[:, -1].values

# Escalando os dados agora com o método MinMax - Apenas para fins de
↪   compreensão
sc = MinMaxScaler()
X = sc.fit_transform(X)

# Instanciando o classificador para fazer a seleção de maneira recursiva
↪   nos subconjuntos
rf = RandomForestClassifier()

# Seleção de 4 atributos
n_features = 4

# Método de seleção: Eliminação Recursiva de Atributos (Recursive Feature
↪   Elimination) utilizando modelo preditivo
rfe = RFE(rf, n_features_to_select=n_features)

# Ajuste do modelo para os objetos e seleção dos atributos
rfe = rfe.fit(X, y)

# Transformação dos dados iniciais para a nova quantidade de dimensões
X_features = rfe.transform(X)

print("Num Atributos: %s" % (rfe.n_features_))
print("Atributos selecionados: %s" % (rfe.support_))
print("Ranking Atributos: %s" % (rfe.ranking_))
```

```
# Importando os métodos necessários
from sklearn.preprocessing import MinMaxScaler
from sklearn.feature_selection import SelectFromModel

# Algoritmo de indução para verificar o desempenho dos subconjuntos de
↪   atributos
from sklearn.ensemble import RandomForestClassifier

# Separando os dados em atributos preditivos (X) e atributo alvo (y)
X = df.iloc[:, :-1].values
y = df.iloc[:, -1].values

# Escalando os dados agora com o método MinMax - Apenas para fins de
↪   compreensão
```

```
sc = MinMaxScaler()
X = sc.fit_transform(X)

# Instanciando o classificador para fazer a seleção baseada na importância
↳   calculada de cada característica
rf = RandomForestClassifier()

# Valor limiar de importância para seleção dos atributos
threshold_value=0.06

# Método de seleção: Seleção dos K-melhores atributos com base na
↳   importância dos atributos para um modelo
sfm = SelectFromModel(rf, threshold=threshold_value)

# Ajuste do modelo para os objetos e seleção dos atributos
sfm.fit(X, y)

# Aplicando a seleção
X_features = sfm.transform(X)
```

9.6 Considerações Finais

Neste capítulo, abordamos como atuar nos atributos de um conjunto de dados, seja por meio da criação de novos atributos, pela extração de atributos de um conjunto de dados não estruturados, pela agregação de atributos ou pela seleção de um subconjunto de atributos para determinado problema. Conforme apontado no capítulo, a redução de dimensionalidade possui várias vantagens, sendo uma das mais importantes a melhoria no desempenho preditivo. No entanto, mesmo se não houver melhora, a diminuição do custo computacional, em comparação a ter de usar todos os atributos, já pode compensar a sua utilização. A parte seguinte do livro aborda o processo de modelagem. No primeiro capítulo da Parte IV, será apresentado o processo de separação de amostras para a etapa de modelagem.

Parte IV Modelagem de Dados

Nesta Parte, serão cobertos três temas de grande importância para a construção de modelos a partir de conjuntos de dados: a amostragem, a modelagem e a estimativa de desempenho de modelos quando aplicados a novos dados. Em um projeto de Ciência de Dados (CD), precisamos construir uma solução que seja confiável, ou seja, que apresente na vida real um desempenho semelhante ao estimado durante o seu desenvolvimento.

Para aumentar essa confiança, dividimos o conjunto de dados que temos em subconjuntos ou amostras. Um desses subconjuntos é utilizado para induzir, por meio de algoritmos de modelagem, o modelo que fará parte da solução desenvolvida. Para estimar o desempenho do modelo, e por consequência da solução, no mundo real, onde desempenhos abaixo do esperado podem causar prejuízos, danos ou até mesmo a perda de vidas, utilizamos uma amostra separada para simular o uso da solução nesse mundo. Estratégias para dividir um conjunto de dados em amostras e procedimentos para lidar com reflexos reais no conjunto de dados à nossa disposição são abordados no próximo capítulo.

Após a discussão e ilustração a partir de exemplos e códigos na linguagem Python de como particionar os dados, apresentaremos os principais conceitos relacionados com o processo de modelagem, principalmente utilizando algoritmos de AM. Para isso, faremos a distinção entre tarefas de aprendizado e algoritmos de aprendizado, apresentaremos exemplos clássicos associados a diferentes categorias desses algoritmos e formas de melhorar o desempenho por meio de comitês. Por fim, falaremos da importância, e dos tipos, de vieses dos algoritmos e discutiremos a relevância de balancear viés e variância dos modelos induzidos. Por fim, abordaremos brevemente o AM automatizado.

No último capítulo desta Parte, falaremos das diferentes alternativas para avaliar o desempenho de modelos, tanto preditivos quanto descritivos, como os melhores modelos podem ser selecionados e o papel dos testes de hipóteses nessa seleção. Por fim, abordaremos um tema que está ganhando cada vez mais destaque em CD: o desenvolvimento de soluções transparentes, que podem ser alcançadas por meio da explicabilidade e/ou interpretabilidade dos modelos utilizados.

IV Modelagem de Dados

10	**Amostras de Dados para Experimentos**	205
10.1	Amostragem	207
10.2	Procedimentos para Reamostragem de Dados	212
10.3	Vieses em Dados e Modelos	221
10.4	Conjuntos de Dados Desbalanceados	222
10.5	Considerações Finais	227

11	**Modelagem de Dados**	229
11.1	Aprendizado de Máquina	230
11.2	Tarefas de Modelagem	232
11.3	Algoritmos de Modelagem	234
11.4	Comitês de Modelos	240
11.5	Viés e Variância	246
11.6	Modelos Discriminativos e Generativos	248
11.7	Aprendizado de Máquina Automatizado (AutoML)	249
11.8	Considerações Finais	252

12	**Avaliação, Ajuste e Seleção de Modelos**	255
12.1	Avaliação de Modelos Preditivos	257
12.2	Avaliação de Modelos Descritivos	267
12.3	Seleção e Testes de Hipóteses	270
12.4	Interpretação e Explicação de Modelos	271
12.5	Considerações Finais	272

Capítulo 10 — Amostras de Dados para Experimentos

Imagine que João quer diferenciar entre o gosto do suco de duas mangas diferentes, o da manga rosa e o da manga espada. João tem na sua casa 10 árvores de cada espécie. João comentou com uma amiga que, quando os frutos das 20 árvores ficassem maduros, e eles ficam maduros ao mesmo tempo, ele iria fazer várias jarras de suco para cada árvore, para extrair suco de todo fruto maduro. João acredita que deve haver uma variação no sabor até para uma mesma espécie, dependendo, por exemplo, da árvore, de quanto sol o fruto coletado recebeu e do tamanho do fruto.

A amiga comentou que ele terá, além de uma dor de barriga, uma aversão a suco de manga. Sugeriu então que ele efetuasse uma amostragem. João ficou vermelho de raiva e perguntou por que a amiga estava fazendo piada com ele, que ele não era pessoa de sair por aí fazendo amostragem. Onde já se viu? A amiga então explicou que amostragem seria ele beber o suco de poucas mangas de cada árvore, e colocar o suco de cada uma em um copo pequeno. Falou ainda que, com isso, João aprenderia a diferenciar o suco das duas mangas, em diferentes situações, sem passar mal.

João conseguiu isso porque, em vez de provar todas as mangas das 20 árvores, provou apenas algumas amostras das mangas, e do suco de cada uma. Fez amostragem duas vezes. João pediu desculpas, fez como sugerido e, hoje, é o maior especialista em suco de manga do mundo. Se você encontrar com ele, e der o suco de uma dessas mangas para ele provar, pode ter certeza que ele acertará.

Em aplicações de Ciência de Dados (CD), a qualidade da solução desenvolvida depende fortemente da informação presente nos dados a serem utilizados. Quando recebemos um conjunto de dados para uma tarefa de modelagem, precisamos saber se temos em nosso conjunto de dados os objetos representativos necessários para desenvolver uma boa solução.

Poucas décadas atrás, conjuntos de dados reais eram raros, pois o processo de geração de dados era custoso. Quem tinha dados reais possuía uma grande vantagem com relação aos demais para desenvolver boas soluções para determinado problema. Com os dados, e um bom conhecimento de como analisá-los, era possível propor, testar e validar novas técnicas e algoritmos com maior facilidade. Para quem não tinha dados, para testar uma nova técnica ou algoritmo, era comum gerar dados artificiais, utilizando para isso um simulador. A pequena quantidade de dados reais, em geral, representavam apenas algumas situações específicas do problema a ser resolvido.

Como mencionado no Capítulo 1, os desenvolvimentos tecnológicos por trás do *Big Data* geraram uma grande abundância de dados, nos mais diferentes formatos, obtidos com velocidades variadas. Com isso, as chances de que os dados representem as possíveis situações que ocorrem no mundo real aumentaram consideravelmente. Assim, existe uma grande possibilidade de que dados representando uma grande parte das variações do problema a ser resolvido estejam presentes no conjunto de análise. Ainda que as situações mudem ou novas acabem surgindo. No entanto, mesmo com todo esse avanço e o barateamento das tecnologias para processamento de grandes volumes de dados, computadores, e até mesmo supercomputadores, têm um limite na capacidade de processamento. Logo, dependendo do volume a ser processado, podem levar um longo tempo para gerar um bom modelo.

Para ilustrar essa situação, suponha que você precise construir um modelo preditivo para predição de fraudes em transações de cartões de crédito. Suponha ainda que a maioria dos dados está armazenada em um computador/servidor em algum lugar, o caso da computação em nuvem. Como o número de transações aumenta continuamente, e com velocidade e volume crescentes, para dar conta seria necessário constantemente aumentar a infraestrutura computacional, que poderia ter um custo muito elevado. Para realizar experimentos com os recursos disponíveis e em um período adequado, em vez de todos os dados coletados, pode ser utilizada uma amostra deles.

10.1 Amostragem

Uma amostra de um conjunto de dados é um subconjunto do conjunto total, em que objetos são extraídos do conjunto geralmente de forma aleatória. O processo de extração de uma amostra é chamado amostragem. O Quadro 10.1 sumariza os principais aspectos positivos e negativos de usar o conjunto de dados original e um conjunto formado por uma amostra desses dados.

Quadro 10.1 Principais diferenças entre usar todo um conjunto de dados grande e apenas uma amostra dele extraída

Todo o conjunto de dados	Amostra do conjunto de dados
Representa com maior fidelidade a população	Representa o que é mais relevante na população
Permite gerar um modelo mais fiel ao problema, com maior custo computacional	Reduz o custo computacional, com o risco de induzir um modelo menos fiel ao problema
Apresenta uma quantidade de situações específicas, algumas delas raras	Busca preservar valores de localidade e de dispersão presentes no conjunto de dados original
Usado quando os atributos preditivos possuem diferentes distribuições de valores	Usada quando os valores dos atributos preditivos apresentam uma distribuição normal

A forma mais simples de extrair uma amostra é por meio de uma amostragem aleatória (*random sampling*). Nela, é assumido que todos os objetos da população original são igualmente importantes, tendo, portanto, a mesma probabilidade de serem selecionados para a amostra. Para uma melhor representatividade, amostragens grandes são, em média, melhores que amostragens pequenas.

No entanto, amostragens grandes não são necessariamente mais representativas que amostras pequenas, isso depende da análise de interesse. Como exemplo, imagine um conjunto formado por dados de todas as árvores do mundo das quais tiramos duas amostras:

1. amostra com dados que inclui 50% das árvores da Rússia;

2. amostra com dados que inclui 5% das árvores do planeta.

Qual dessas amostras melhor representa todas as árvores do mundo? A primeira amostra é provavelmente maior que a segunda, pois a Rússia tem 20% das áreas de florestas do planeta. No entanto, ela é a menos representativa, pois as árvores da Rússia estão distribuídas em poucas espécies, cerca de 230. O planeta tem mais de 60.000 espécies. Nesse caso, dentre essas duas amostras, embora a primeira seja maior, ela não é a mais representativa para o nosso problema. Amostras com dados do Brasil, caso utilizadas, teriam uma maior representatividade por possuir o maior número de espécies com relação ao conjunto total, com cerca de 8.700.

10.1.1 Representatividade de uma Amostra

A situação ideal, no caso de CD, é aquela em que uma amostra, ao ser utilizada por um algoritmo de modelagem, produz um modelo tão ou quase tão fiel ao modelo gerado utilizando todo o conjunto de dados. Para isso ocorrer, a amostra deve ser representativa. Ou seja, deve incluir as informações relevantes presentes no conjunto original, perdendo o mínimo possível delas durante o processo de amostragem.

Se uma amostra não for representativa, um modelo induzido a partir dela não irá incorporar o conhecimento presente no conjunto original. Assim, quando esse modelo for aplicado a novos dados, apresentará um pior desempenho preditivo do que se tivesse sido treinado com todos os dados disponíveis. Dessa forma, uma boa amostra é aquela em que as conclusões tiradas a partir dela são válidas também para todo o conjunto de dados original. Até que uma amostra representativa seja obtida, e estarmos cientes de que ela é representativa, é impossível saber se um padrão em uma amostra aleatória representa um padrão que ocorre na população.

É importante observar que vieses podem ser inadvertidamente introduzidos na amostra retirada, pois a amostragem aleatória não oferece nenhuma proteção contra isso. Um forma de analisar a representatividade de uma amostra é verificar a variabilidade nos valores dos atributos preditivos na amostra com relação à variabilidade no conjunto original.

10.1.2 Variabilidade de Valores

O processo de amostragem é, em geral, mais simples do que o de modelagem. Amostrar valores requer apenas a captura de informação suficiente sobre cada atributo preditivo do conjunto de dados original. Ela busca capturar principalmente a variabilidade de valores e a relação entre eles. Por que a variabilidade? Cada atributo pode assumir uma variedade de valores, que podem apresentar algum tipo de padrão. Para cada atributo, seus valores individuais estão distribuídos no domínio de todos os valores que ele pode assumir.

Para um dado atributo, alguns intervalos de valores podem estar presentes em muitos objetos (muito populados) e outros em poucos objetos (esparsamente populados). Além disso, alguns atributos podem assumir um número limitado de valores. A análise da variabilidade dos valores visa medir como os valores estão distribuídos, focando na sua variação. Ela pode ser realizada tanto para os atributos quantitativos quanto para os qualitativos.

Duas medidas simples que podem ser utilizadas para avaliar a variabilidade de um atributo quantitativo são uma medida de localidade, como a média, e uma de distribuição, como o desvio-padrão de seus valores para os objetos de um conjunto de dados. Como a média é afetada pela presença de *outliers*, a mediana também pode ser utilizada.

Para a variabilidade de um atributo qualitativo, uma das formas de avaliar é o número e a proporção para cada valor simbólico. Um problema, para grandes quantidades de dados, é que alguns atributos qualitativos podem ter uma quantidade de valores quase infinita, por exemplo, se o atributo tiver endereços de pessoas, o que dificulta essa análise. Mesmo considerando, essas especificidades, a variabilidade pode ser obtida similarmente a como é feita para atributos numéricos.

Em geral, é assumido que um atributo qualitativo tem um número limitado de valores simbólicos. Desse modo, cada valor ocorrerá em um dado número de objetos. Para avaliar a variabilidade, basta contar o número de objetos para cada valor simbólico e definir a porcentagem com que o valor aparece. Isso é similar a contar quantas vezes cada valor (ou intervalo) de uma variável numérica aparece em um histograma, e pode ser expandido para atributos com um grande número de valores simbólicos.

É importante observar que se a amostra é colhida randomicamente, a proporção correta provavelmente não aparecerá para amostras pequenas. No entanto, com o crescimento do tamanho da amostra, a proporção ficará mais próxima da que ocorre na população como um todo, mais semelhante a distribuição dos valores para os atributos preditivos, mais representativa é assumida ser a amostra.

0.1.3 Procedimentos de Amostragem

Infelizmente, não é possível garantir que uma amostragem seja representativa, mantendo a variabilidade presente no conjunto de dados original para todos os atributos preditivos. Várias técnicas para guiar o processo de amostragem nessa direção têm sido propostas, dentre elas:

- amostragem aleatória simples;
- amostragem estratificada;
- amostragem progressiva.

Para a amostragem aleatória simples, considere um conjunto de n objetos, selecionados ao acaso dentre todos os objetos do conjunto original. Essa amostragem pode ocorrer de duas formas:

- **Sem reposição:** cada objeto selecionado é removido do conjunto de dados (população) original, podendo, assim, ser selecionado uma única vez, ou seja, uma vez selecionado, não pode ser selecionado de novo.
- **Com reposição:** cada objeto, ao ser selecionado, continua no conjunto de dados original, podendo, assim, ser selecionado múltiplas vezes.

Uma amostra colhida com reposição é mais simples de analisar, pois a probabilidade de escolher qualquer objeto se mantém constante. As duas alternativas são semelhantes quando o tamanho da amostra é bem menor que o tamanho do conjunto original. Isso ocorre porque a chance de selecionar o mesmo objeto na alternativa com reposição diminui.

Para encontrar uma amostra representativa, a amostragem é repetida um número fixo de vezes, quando a amostra mais representativa é escolhida, ou é repetida até que uma dada variabilidade seja alcançada.

Pela forma como os objetos são selecionados, quando aplicada a um conjunto de dados rotulado, não existe controle sobre a quantidade de objetos extraídos com cada rótulo, podendo, como veremos mais adiante, prejudicar o processo de amostragem. Uma forma de garantir esse controle é usar a amostragem estratificada.

A amostragem estratificada é frequentemente usada quando os rótulos (atributos alvo) são classes, e podem representar dados com propriedades diferentes. Nesse caso, o conjunto original é dividido em k estratos, em que k é o número de classes. Em seguida, sobre os dados de cada estrato é aplicada uma amostragem aleatória simples. Assim como para amostragem simples, existem variações para a amostragem estratificada, dentre elas, as mais comuns são:

- Para cada estrato, selecionar um número de objetos proporcional ao número de objetos presentes no conjunto original, por exemplo, 50% dos objetos daquele estrato no conjunto original. Isso mantém na amostra as proporções entre as classes presentes no conjunto original.

- Selecionar o mesmo número de objetos para cada estrato, sendo mais simples e frequentemente usado para a indução de modelos preditivos quando os dados são originalmente desbalanceados, ou seja, no conjunto original, o número de objetos não é o mesmo para todas as classes.

Assim como na amostragem simples, o processo é repetido várias vezes até a melhor amostra possível ser selecionada. Para encontrar uma boa amostra, essas duas formas de amostragem podem ser repetidas várias vezes para diferentes tamanhos de amostras, tornando o processo muito custoso. Além disso, elas não ajudam a encontrar o melhor tamanho para uma amostra representativa.

- **Se grande:**
    - aumenta a chance de a amostra ser representativa;
    - mas reduz as vantagens da amostragem. O custo computacional será elevado.

- **Se pequeno:**
    - reduz o custo computacional;
    - mas reduz a representatividade. Padrões podem ser perdidos ou padrões incorretos podem ser detectados.

Uma amostra representativa, com menor custo e o menor número possível de objetos pode ser obtida por um fenômeno conhecido como convergência. Nela, é observado o que ocorre ao adicionar novos objetos a uma amostra. Para isso, pode-se começar com uma amostra pequena e calcular os valores de localização e distribuição. Em seguida, progressivamente, novos objetos podem ser incluídos na amostra e os valores para medidas de localização e de distribuição recalculados. Esses valores podem ser representados em um gráfico, formando uma curva para cada medida.

No início, ocorrerão grandes mudanças no valor da variabilidade e no formato das curvas. Quando o número de objetos na amostra for razoavelmente grande, as mudanças na inclinação das curvas serão menores. Quando o número de objetos for grande o suficiente, cada novo objeto trará uma alteração imperceptível, e as curvas não apresentarão inclinação.

Esse é o princípio por trás da amostragem progressiva. Nela, começa-se com pequenas amostras e, progressivamente, aumenta-se o tamanho da amostra até ocorrer a convergência das curvas. Uma variação dela usa um princípio semelhante à técnica *wrapper* para seleção de atributos. Nela, a curva é formada pelo desempenho preditivo de um modelo à medida que o tamanho da amostra é aumentado. Enquanto o desempenho preditivo crescer, a amostra tem seu tamanho aumentado. Quando parar de crescer, ocorreu a convergência e essa amostra é selecionada.

Outra vantagem dessa versão de amostragem progressiva é que a facilidade de aprendizado para diferentes classes pode ajustar a qualidade da amostra extraída. Nos dois casos, para ter uma maior certeza de que o tamanho é adequado, o processo pode ser repetido com outras amostras de tamanho semelhante à escolhida, porém selecionadas de forma aleatória. Com isso, tem-se uma boa estimativa de um bom tamanho para a amostra.

10.2 Procedimentos para Reamostragem de Dados

Suponha que você é um famoso cientista de dados, reconhecido por sua competência e pela qualidade de seu trabalho. Uma empresa com um problema de classificação de dados que precisa de uma solução baseada em CD quer contratar o seu serviço. Você desenvolve uma ferramenta que apresentou, para os dados fornecidos pela empresa, um desempenho preditivo de 90%, que significa que classificou corretamente 90% dos dados aos quais a ferramenta foi aplicada. A empresa ficou satisfeita com o desempenho obtido. No entanto, mesmo com a sua boa reputação, a empresa quer uma garantia de que o desempenho de sua ferramenta será semelhante para os dados que ainda vão aparecer.

O principal objetivo do desenvolvimento de uma ferramenta de CD desenvolvida para uma tarefa preditiva é que ela apresente um desempenho esperado quando aplicada a novos dados. No entanto, como não temos os novos dados, seja porque ainda não foram gerados, ou porque não estão disponíveis, temos dificuldade de prever o desempenho para eles. Porém, existe uma alternativa: estimar este desempenho futuro "simulando" o conjunto de dados nunca vistos.

Essa simulação se dá separando parte do conjunto de dados que temos à nossa disposição para uma avaliação final, denominando-a conjunto de teste. O que sobra do conjunto de dados, utilizado então para induzir modelos, principalmente quando a indução é realizada por algoritmos de AM, é, no que lhe concerne, denominado conjunto de treinamento. Dessa forma, o conjunto original rotulado é particionado em dois conjuntos, por meio da extração de duas amostras que serão utilizadas em uma tarefa preditiva:

- uma amostra A (treinamento), para induzir um modelo;

- uma amostra B (teste), que simula uma situação em que novos exemplos, nunca vistos, devem ter o valor de seu atributo alvo predito.

A interseção entre as duas amostras deve ser um conjunto vazio. Se houver pelo menos um objeto simultaneamente nos conjuntos de treinamento e de teste, temos um problema de vazamento de dados[1] (*data leakage*), chamado vazamento treinamento-teste, que ocorre também quando utilizamos dados do conjunto de teste para pré-processar dados de treinamento. Por exemplo, quando, ao normalizar o valor de um atributo, utilizamos também valores deste mesmo atributo contidos em dados do conjunto de teste.

Existem vários procedimentos para efetuar essa partição dos dados em subconjuntos de treinamento e de teste sem vazamento de dados. O mais simples é o *hold-out*, que faz uma única amostragem, extraindo apenas duas amostras de tamanho fixo e determinado: a de treinamento e a de teste. No *hold-out*, é inicialmente definida a porcentagem dos dados que irão para o conjunto de treinamento, seguindo os demais para o conjunto de teste. As porcentagens mais utilizadas são 50%, 66%, 75% e 80%. Em geral, quanto menor o conjunto de dados original, maior a porcentagem que vai para o conjunto de treinamento.

A Figura 10.1 mostra como um conjunto de dados é particionado utilizando *hold-out*, e a Figura 10.2 ilustra um exemplo da aplicação de *hold-out* a um conjunto de dados formado por 8 objetos, particionado com 50% dos dados no conjunto de treinamento e a outra metade no conjunto de teste.

Figura 10.1 Como *hold-out* particiona um conjunto de dados.

---

[1] O termo vazamento de dados também é utilizado quando dados são coletados ou disponibilizados criminosamente.

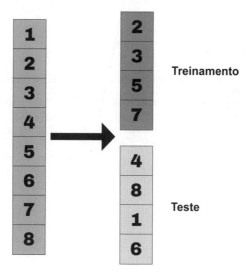

Figura 10.2 Partição de um conjunto de dados com 8 objetos por *hold-out*, com 50% dos dados no conjunto de treinamento e 50% dos dados no conjunto de teste.

Neste capítulo, utilizaremos novamente o conjunto de dados de diabetes[2] para descrição das técnicas de reamostragem. No trecho a seguir, exemplificamos a leitura do conjunto de dados e a técnica *hold-out*.

```
import pandas as pd

df = pd.read_csv('diabetes.csv')

# Importando o método hold-out
from sklearn.model_selection import train_test_split

# Separando os dados em atributos preditivos (X) e atributo alvo (y)
X = df.iloc[:, :-1].values
y = df.iloc[:, -1].values

# Aplicando a técnica para hold-out
training_set, test_set, train_labels, test_labels = train_test_split(X,
                                                                     y,
                                                                     test_size=0.3,
                                                                     random_state=12,
                                                                     stratify=y)
```

---

[2] Disponível em: https://www.kaggle.com/datasets/uciml/pima-indians-diabetes-database. Acesso em: 26 abr. 2023.

```
# test_size -> Indica o tamanho do teste
# random_state -> Fixa a geração de números aleatórios
# stratify -> Mantém a proporção das classes
```

Como resultado de um experimento utilizando *hold-out*, tem-se o desempenho obtido para o conjunto de treinamento e o desempenho obtido para o conjunto de teste. Uma deficiência do *hold-out* é que, dependendo de quais objetos forem colocados nos conjuntos de treinamento e de teste, a distribuição dos dados nos dois conjuntos pode diferir, fazendo com que a estimativa de desempenho fornecida para os dados de teste seja muito otimista, nesse caso estimando um desempenho preditivo melhor do que será visto quando o modelo for aplicado a novos dados, ou pessimista, estimando um desempenho pior do que o que será observado depois. Portanto, usar uma única amostragem pode não gerar uma estimativa confiável.

Uma alternativa para reduzir esse problema é fazer, não apenas uma, mas várias amostragens por meio de procedimentos de reamostragem. Nesses procedimentos, o processo de amostragem é repetido um número determinado de vezes e os desempenhos reportados são geralmente a média daqueles obtidos em cada repetição. Existem vários procedimentos de reamostragem, dentre eles, os mais populares são:

- subamostragem aleatória (*random subsampling*);
- validação cruzada com k partições (*k-fold cross-validation*);
- deixe-um-de-fora (*leave-one-out*);
- *bootstrap* (ou *bootstrapping*).

A subamostragem aleatória é a forma mais simples de reamostragem, pois basta repetir o *hold-out* um dado número de vezes, cada uma delas dividindo os objetos do conjunto original entre os conjuntos de treinamento e de teste. O procedimento de reamostragem mais utilizado é a validação cruzada com k partições (também chamadas subconjuntos, partes ou dobras). O valor de k indica o número de repetições de um experimento.

Ao contrário da amostragem aleatória, a divisão dos objetos nos conjuntos de treinamento e teste é geralmente feita de forma determinística. A cada repetição, n/k dos objetos, em que n é o número total de objetos, são utilizados como dados de teste. Cada objeto é utilizado uma única vez em um dos k conjuntos de teste e $k-1$ vezes em um dos k conjuntos de treinamento. Quando a divisão n/k não é exata, um dos conjuntos de teste terá menos objetos.

A Figura 10.3 mostra a divisão de um conjunto de dados utilizando o procedimento de validação cruzada com k partições. A Figura 10.4 ilustra um exemplo da aplicação do procedimento a um conjunto de dados formado por 8 objetos, usando $k = 4$, particionando os dados em 4 partições, cada um com 6 objetos de treinamento e 2 objetos de teste. Cada partição será usada uma vez para teste. Quando isso ocorrer, as demais três partições farão parte do conjunto de treinamento. Nesse exemplo, as quatro partições geradas foram {(1,2);(3;4);(5,6);(7,8)}.

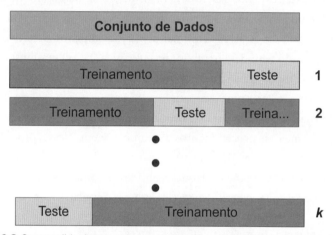

Figura 10.3 Como validação cruzada com k partições particiona um conjunto de dados.

No treinamento de algoritmos de modelagem, principalmente de algoritmos de AM, uma forma de evitar a ocorrência de superajuste (*overfitting*) é verificar ao longo do treinamento como está o desempenho do modelo preditivo para dados não utilizados durante o ajuste. Para fazer isso, uma pequena parte do conjunto de treinamento é separada para validação do modelo, não sendo assim, diretamente, utilizado para o ajuste do modelo.

Dessa maneira, o conjunto de validação é usado indiretamente no processo de treinamento, pois estima quão boas são as predições do modelo treinado em dados que não foram mostrados a ele, reduzindo a chance de superajuste. Se ao longo do treinamento o desempenho para o conjunto de dados de validação começar a cair, é sinal de que o modelo está se superajustando aos dados de treinamento. A Figura 10.5 efetua uma pequena alteração na Figura 10.4, movendo uma parte do conjunto de dados de treinamento para um conjunto de dados de validação. Em geral, pode-se dizer que a validação simula o que seria o teste final do modelo.

Amostras de Dados para Experimentos

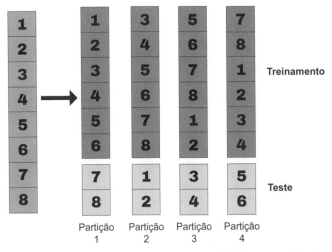

Figura 10.4 Partição de um conjunto de dados com 8 objetos por validação cruzada com k partições, com $k = 4$.

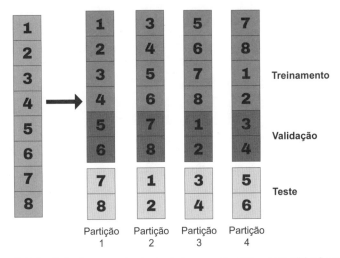

Figura 10.5 Partição de um conjunto de dados com 8 objetos por validação cruzada com k partições, com $k = 4$, e conjunto separado de validação.

Um exemplo de como realizar a validação cruzada com k partições é apresentado no código a seguir:

```
# Importando o método StratifiedKFold
from sklearn.model_selection import StratifiedKFold

# Separando os dados em atributos preditivos (X) e atributo alvo (y)
```

```
X = df.iloc[:, :-1].values
y = df.iloc[:, -1].values

# Escolhendo o número de splits (partições) e semente do random_state
folds = StratifiedKFold(n_splits=10, shuffle=True, random_state=20)

# Utilizando um loop para selecionar os conjuntos de treino e teste
for train_index, test_index in folds.split(X, y):
    X_train, X_val = X[train_index], X[test_index]
    y_train, y_val = y[train_index], y[test_index]

    # Observando o tamanho de cada conjunto amostrado
    print(X_train.shape)
    print(y_train.shape)
    print(X_val.shape)
    print(y_val.shape)
```

Quando um conjunto de dados possui uma pequena quantidade de objetos, a separação de n/k objetos para um conjunto de teste pode levar à perda de parte importante da representatividade do conjunto de dados de treinamento. Para reduzir esse problema, pode ser utilizada uma variação da validação cruzada, o procedimento do "deixe-um-de-fora". Nesse procedimento, o conjunto de teste é formado por apenas 1 objeto, e o de treinamento por $n - 1$ objetos. Para que cada objeto seja usado para teste, o processo é repetido n vezes.

Em grandes conjuntos de dados, o elevado número de repetições aumentará demasiadamente o custo computacional do processo de treinamento. Por isso, ele é geralmente utilizado apenas para pequenos conjuntos de dados. Um consolo é que a estimativa obtida pela validação cruzada com k partições aproxima bem aquela do deixe-um-de-fora. Outra característica do procedimento deixe-um-de-fora é que, por ter apenas um objeto de teste, a variância tende a ser elevada no desempenho obtido para os dados de teste. Um exemplo do deixe-um-de-fora é apresentado no trecho de código a seguir:

```
# Importando o método deixe-um-de-fora
from sklearn.model_selection import LeaveOneOut

# Separando os dados em atributos preditivos (X) e atributo alvo (y)
X = df.iloc[:, :-1].values # Atributos preditivos
y = df.iloc[:, -1].values # Atributo alvo

# Inicializando o método do deixe-um-de-fora
loo = LeaveOneOut()
```

```
# Utilizando um loop para selecionar os conjuntos de treino e teste
for train_index, test_index in loo.split(X, y):
    X_train, X_val = X[train_index], X[test_index]
    y_train, y_val = y[train_index], y[test_index]

    # Observando o tamanho de cada conjunto amostrado
    print(X_train.shape)
    print(y_train.shape)
    print(X_val.shape)
    print(y_val.shape)
```

Outro procedimento muito empregado é o *bootstrap* (ou *bootstraping*), que tem um funcionamento estocástico e conta com diversas variações. Nesse procedimento, é possível que alguns dos objetos do conjunto de dados original nunca participem de um conjunto de treinamento, ou de um conjunto de teste. Em sua variação mais simples, são realizadas k amostragens do conjunto original com reposição. Em cada amostragem, uma amostra de n objetos, em que n é o número de objetos no conjunto original, é extraída aleatoriamente, com reposição do conjunto original de objetos. Lembrando que, em uma amostragem com repetição, o mesmo objeto pode ser extraído mais de uma vez. Isso ocorre porque, após o objeto ser extraído do conjunto original de objetos, ele é reposto no conjunto, tendo, assim, a chance de ser extraído de novo.

Assim, no *bootstrap*, o conjunto de treinamento tem o mesmo número de objetos do conjunto total, em que alguns objetos podem aparecer mais de uma vez, e alguns dos objetos do conjunto original não aparecem. No final, cerca de 63,2% dos objetos do conjunto original estarão presentes no conjunto de treinamento. Os objetos que restarem, ou seja, que não forem extraídos para o conjunto de treinamento, farão parte do conjunto de teste.

Na comparação com a validação cruzada com k partições, *bootstrap* é melhor para estimar a incerteza de um algoritmo de modelagem, enquanto a validação cruzada é melhor para estimar o desempenho preditivo. Além disso, *bootstrap* tende a apresentar uma menor variância e ser menos pessimista na estimativa do erro verdadeiro que a validação cruzada com k partições. Para uma melhor compreensão de seu funcionamento, dois exemplos do *bootstrap* são apresentados nos trechos de códigos a seguir:

```
# Importando o método ShuffleSplit
from sklearn.model_selection import ShuffleSplit

# Separando os dados em atributos preditivos (X) e atributo alvo (y)
```

```python
X = df.iloc[:, :-1].values  # Atributos preditivos
y = df.iloc[:, -1].values  # Atributo alvo

# Inicializando o método para bootstrap com a definição da quantidade de
# vezes que a amostragem será feita, o tamanho do teste e a semente do
# random_state
ss = ShuffleSplit(n_splits=1000, test_size=0.25, random_state=3)

# Utilizando um loop para selecionar os conjuntos de treino e teste
for train_index, test_index in ss.split(X, y):
    X_train, X_val = X[train_index], X[test_index]
    y_train, y_val = y[train_index], y[test_index]

    # Observando o tamanho de cada conjunto amostrado
    print(X_train.shape)
    print(y_train.shape)
    print(X_val.shape)
    print(y_val.shape)
```

```python
# Importando o método resample
from sklearn.utils import resample

# Separando os dados em atributos preditivos (X) e atributo alvo (y)
X = df.iloc[:, :-1].values
y = df.iloc[:, -1].values

# Aplicando o método de bootstrapping manualmente
n_splits = 20
for i in range(n_splits):
    split = resample(X, n_samples=50, replace=True, stratify=y,
    ↪    random_state=0)

    # Observando o conjunto amostrado
    print(split)
    print('\n')
```

Em algumas situações, como para o ajuste dos hiperparâmetros de algoritmos de AM, a validação cruzada com k partições é utilizada em 2 níveis diferentes, com uma validação cruzada (interna) utilizada dentro de outra validação cruzada (externa). Nessa variação, chamada de validação cruzada embutida/aninhada (*nested k-fold cross validation*), a validação cruzada interna é usada para ajustar os hiperparâmetros do algoritmo de modelagem e a validação cruzada externa é utilizada para, assim como no uso convencional da validação cruzada, estimar o desempenho do modelo para dados futuros.

Na validação cruzada estratificada, procura-se preservar a porcentagem de objetos em cada uma das classes do conjunto de dados originais, em cada uma das partições geradas. Assim, se um conjunto de dados para classificação binária possui, originalmente, 120 objetos da classe 1 e 140 objetos da classe 2, uma validação cruzada com 10 partições terá, em cada partição, 12 objetos da classe 1 e 14 objetos da classe 2. Quando a divisão do número de objetos pelo número de *folds* para uma ou mais classes não for exata, uma das partições terá um número maior de objetos para essa(s) classe(s).

É importante ressaltar que, em competições de CD ou de AM, costuma-se separar inicialmente um subconjunto grande de dados para testar os modelos induzidos por diferentes equipes. Isso evita que informações sobre os dados de teste possam ser utilizados de alguma maneira para encontrar os melhores modelos, além de simular melhor como os modelos encontrados pelas equipes vão se comportar no "mundo real". Isso também é realizado, em situações reais na indústria, principalmente quando o conjunto de dados é muito grande.

10.3 Vieses em Dados e Modelos

Um conjunto de dados, quer ele seja o conjunto original ou uma amostra, pode embutir informações que não fazem parte do problema que ele representa, inseridas incorretamente. Essas informações podem estar presentes por vezes em razão de uma crença ou concepção errada, favorecendo respostas ou ações incorretas. Essa tomada de decisão baseada em informação incorreta presente nos dados, no contexto de CD, é chamada enviesada ou com viés. Muitas vezes, o viés é inserido na coleta ou na geração de dados, sem querer ou propositalmente.

Um exemplo de viés é alguém que conheceu mais bons jogadores de futebol destros que canhotos. Por conta dessas experiências, pensa que todo destro é melhor que um canhoto. O que não é verdade. Outro exemplo, agora de uma aplicação em CD, é a construção de um modelo para distinguir imagens de cães de imagens de gatos, um problema de classificação com duas classes, utilizando um conjunto de dados em que a quantidade de imagens de cães é muito maior que a de imagens gatos. Por ser mais exposto a imagens de cães quando foi criado, ao ser apresentado com novas imagens, esse modelo vai associá-la mais vezes a cães do que a gatos, independentemente de como essas imagens estão distribuídas.

Os dois exemplos ilustram situações em que o conjunto de dados rotulado com a classe de cada objeto apresenta um viés causado pelas diferentes quantidades de exemplos nas classes. Como não existe um equilíbrio ou balanço no tamanho das classes, esses conjuntos são chamados de conjuntos de dados desbalanceados.

10.4 Conjuntos de Dados Desbalanceados

Conjuntos de dados de treinamento desbalanceados tendem a gerar modelos com viés, tendenciosos a rotular novos exemplos com o rótulo da classe que aparece mais vezes. Esse problema pode ser enfrentado ajustando a amostragem dos dados para as classes envolvidas.

Em muitas aplicações que geram conjuntos de dados rotulados, sejam os rótulos, valores nominais (classes) ou valores numéricos, é comum ocorrer um desbalanceamento nas distribuições presentes. Como esse problema é mais investigado em tarefas preditivas de classificação binária, aquelas com apenas duas classes, nesta seção, os principais conceitos e abordagens serão apresentados para essas tarefas. Com poucas adaptações, eles valem também para tarefas de classificação multiclasse e tarefas de regressão.

Em tarefas de classificação binária, o desbalanceamento ocorre quando uma das classes possui mais objetos que a outra. A classe com mais objetos é chamada classe majoritária e a com menos objetos, minoritária. É importante observar que o desbalanceamento por si não é sempre um problema. Em muitas situações, mesmo com dados desbalanceados, é possível, senão fácil, induzir um bom modelo preditivo a partir do conjunto de dados. A Figura 10.6 ilustra essa situação.

Nessa figura, apesar de o número de objetos de uma das classes ser muito maior que o da outra classe, é fácil induzir um modelo que separe os objetos das duas classes, apresentando um bom desempenho preditivo. No entanto, se os objetos dessas classes estiverem misturados, torna-se difícil a indução de um bom modelo, como ilustra a Figura 10.7.

Dependendo do grau de desbalanceamento e da distribuição dos dados de cada classe, os modelos preditivos induzidos para dados desbalanceados tendem a privilegiar a classe com mais objetos. Por privilegiar, entende-se que novos objetos são classificados com maior frequência na classe majoritária. Em várias aplicações, o maior interesse é em classificar corretamente os exemplos da classe minoritária, chamada classe positiva, enquanto a classe majoritária é denominada classe negativa. Essas aplicações incluem:

- detecção de fraudes em transações realizadas com cartões de crédito;
- diagnóstico médico de doenças raras;
- identificação de *spams* em um conjunto de *e-mails*.

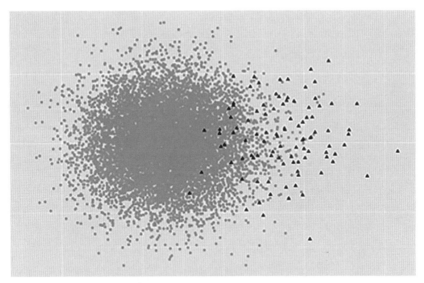

Figura 10.6 Conjunto de dados com duas classes fortemente desbalanceadas em que é fácil induzir um bom modelo preditivo.

Para minimizar a tendência de classificação na classe majoritária, três alternativas são frequentemente utilizadas:

1. Algoritmos de modelagem especializados e a adaptação dos já existentes para que eles prestem igual atenção aos objetos da classe minoritária. Para isso é modificado algum dos mecanismos internos utilizado pelo algoritmo, que define o seu viés de busca;

2. Modificação da função de custo utilizada para definir o desempenho preditivo atribuindo pesos diferentes a erros de classificação. Neste caso, é considerado mais grave, ou seja, com maior peso no cálculo final de desempenho preditivo, a classificação na classe majoritária de um objeto que pertence à classe minoritária. Com isso, para melhorar seu desempenho preditivo, o algoritmo de modelagem tentará minimizar prioritariamente esses erros.

3. Balancear/equilibrar o número de objetos nas duas classes, que pode ser feito de três formas:

    - remoção de objetos da classe majoritária;
    - inclusão de novos objetos na classe minoritária;
    - combinar as duas formas anteriores.

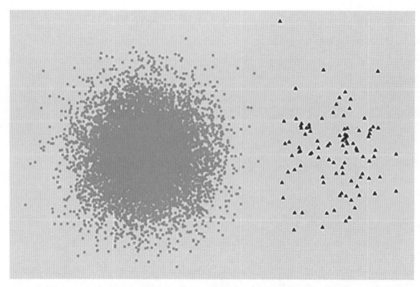

Figura 10.7 Conjunto de dados com duas classes fortemente desbalanceadas em que é difícil induzir um bom modelo preditivo.

A abordagem mais comum é a de balanceamento dos objetos entre as duas classes, usando uma dessas formas. Para a remoção de exemplos da classe majoritária, denominada subamostragem, a técnica mais simples é a subamostragem aleatória (RUS, *random undersampling*). Muito utilizada, ela balanceia a distribuição das classes em um conjunto de dados aleatoriamente removendo objetos da classe majoritária. Uma deficiência da subamostragem aleatória é jogar fora objetos que podem ser relevantes para a modelagem.

Para a adição de exemplos à classe minoritária, a técnica mais simples e popular é a superamostragem aleatória (ROS, *random oversampling*), considerada uma variação do RUS. Ela, aleatoriamente, replica (duplica) objetos da classe minoritária. Por gerar cópias de exemplos da classe minoritária, pode aumentar a ocorrência de *overfitting*, principalmente quando na indução de um modelo são usados muitos objetos duplicados. Para reduzir as deficiências das duas técnicas, foram desenvolvidas várias técnicas para inserir ou remover exemplos, dentre elas, destacam-se:

- *Edited Nearest Neighbors* (ENN).
- *Neighborhood Cleaning Rule* (NCL).
- *Synthetic Minority Oversampling TEchnique* (SMOTE).
- *Adaptive Synthetic Sampling Approach for Imbalanced Learning* (ADASYN).

Amostras de Dados para Experimentos

A seguir, alguns exemplos das técnicas RUS, ROS e SMOTE são apresentadas nessa ordem. Os exemplos utilizam uma biblioteca conhecida para tratar classes desbalanceadas, *imbalanced-learn*, que disponibiliza diversos algoritmos de subamostragem e superamostragem:

```
# Importando o método Counter para contagem dos exemplos das classes
from collections import Counter

# Separando os dados em atributos preditivos (X) e atributo alvo (y)
X = df.iloc[:, :-1].values
y = df.iloc[:, -1].values

# Verificando se o conjunto de dados é desbalanceado
print('Dataset shape %s' % Counter(y))
```

```
# Importando o método RUS
from imblearn.under_sampling import RandomUnderSampler

# Separando os dados em atributos preditivos (X) e atributo alvo (y)
X = df.iloc[:, :-1].values
y = df.iloc[:, -1].values

# Dividindo dados em treinamento e teste com hold-out
train_set, test_set, train_labels, test_labels = train_test_split(X,
                                                                  y,
                                                                  test_size=0.3,
                                                                  random_state=12,
                                                                  stratify=y)

# Aplicando RUS
rus = RandomUnderSampler(random_state=42)
train_res, train_labels_res = rus.fit_resample(train_set, train_labels)

print('Dataset shape %s' % Counter(train_labels))
print('Resampled dataset shape %s' % Counter(train_labels_res))
```

```
# Importando o método ROS
from imblearn.over_sampling import RandomOverSampler

# Separando os dados em atributos preditivos (X) e atributo alvo (y)
X = df.iloc[:, :-1].values
```

```
y = df.iloc[:, -1].values

# Dividindo dados em treinamento e teste com hold-out
train_set, test_set, train_labels, test_labels = train_test_split(X,
                                                                  y,
                                                                  test_size=0.3,
                                                                  random_state=12,
                                                                  stratify=y)

# Aplicando ROS
rs = RandomOverSampler()
train_res, train_labels_res = rs.fit_resample(train_set, train_labels)

print('Dataset shape %s' % Counter(train_labels))
print('Resampled dataset shape %s' % Counter(train_labels_res))
```

```
# Importando o método SMOTE
from imblearn.over_sampling import SMOTE

# Separando os dados em atributos preditivos (X) e atributo alvo (y)
X = df.iloc[:, :-1].values
y = df.iloc[:, -1].values

# Dividindo dados em treinamento e teste com hold-out
train_set, test_set, train_labels, test_labels = train_test_split(X,
                                                                  y,
                                                                  test_size=0.3,
                                                                  random_state=12,
                                                                  stratify=y)

# Aplicando Synthetic Minority Oversampling TEchnique (SMOTE)
s = SMOTE()
train_res, train_labels_res = s.fit_resample(train_set, train_labels)

print('Dataset shape %s' % Counter(train_labels))
print('Resampled dataset shape %s' % Counter(train_labels_res))
```

Para tarefas de regressão, o desbalanceamento ocorre quando o conjunto de dados possui mais objetos em uma ou mais faixas, ou intervalos de valores, com relação às demais. Isso acaba favorecendo a predição de valores nas faixas mais populadas por objetos. Além de existirem técnicas específicas para tarefas de regressão, algumas das técnicas para lidar com desbalanceamento de dados nas tarefas de classificação podem ser adaptadas para regressão.

10.5 Considerações Finais

Neste capítulo, abordamos o tema de extração de uma amostra representativa de um conjunto de dados. Isso é feito não só quando o conjunto de dados original é formado por um número muito grande de objetos, mas também quando queremos estimar o desempenho de um modelo para quando ele for aplicado a novos dados. Para o primeiro caso, busca-se extrair uma amostra da população original em que os valores dos atributos preditivos na amostra apresentem a mesma variabilidade observada para eles na população.

Para o segundo caso, são extraídas amostras do conjunto de dados original que permitem estimar, com a melhor confiança possível, o desempenho de modelos quando eles forem apresentados a novos conjuntos de dados. Em muitas aplicações cotidianas, os dados apresentam desbalanceamento, como no caso de dados para tarefas de classificação com mais objetos em uma classe do que em outra(s). Como comentado no texto, o desbalanceamento também ocorre em tarefas de regressão.

Outro ponto importante é que a distribuição que gera os dados pode mudar temporalmente. Dessa forma, podemos ter uma solução ótima para os dados que temos no momento da indução do modelo, mas não tão boa, ou até mesmo inadequada, para dados que apareçam no futuro. Essa incerteza prejudica a confiança no uso de soluções baseadas em CD. Uma alternativa capaz de minimizar esse problema seria induzir modelos que se autoajustem a alterações que possam estar presentes em novos dados, utilizando estruturas de aprendizado *on-line* ou contínuo.

As formas de tratar desse risco de mudança na distribuição, por ser um tema mais avançado, e precisar de um bom conhecimento de algoritmos de amostragem, não serão cobertas neste livro. Mas, para quem tiver interesse no tema, bons textos podem ser encontrados nos trabalhos de Silva *et al.* (2013), Gama (2010), Arrieta *et al.* (2020). É importante observar que procedimentos para melhoria da qualidade dos dados, para transformação e para engenharia de atributos devem ser realizados independentemente para cada uma das amostragens. Os aspectos aqui discutidos mostram a importância de a etapa de extração de uma amostra ser realizada de maneira cuidadosa e criteriosa. Essa etapa é essencial para obtenção de uma matéria-prima de qualidade para ser utilizada no processo de modelagem.

Capítulo 11 Modelagem de Dados

É grande a preocupação com o efeito da atual revolução do conhecimento, em particular o crescimento da automação de atividades realizadas por seres humanos e sua consequência na diminuição nos postos de trabalho. Preocupação semelhante ocorreu na revolução industrial, quando máquinas começaram a substituir a mão de obra humana em diversas funções ou profissões. A maioria das profissões em que humanos foram substituídos por máquinas tem sido braçais, repetitivas, monótonas ou arriscadas, e sua substituição foi acompanhada pelo surgimento de novas profissões, mais desafiadoras e menos perigosas.

Profissões que precisavam de conhecimento e habilidades mais sofisticadas continuaram sendo realizadas por seres humanos. Uma delas é a de alfaiates ou costureiros para roupas mais elaboradas. Um bom alfaiate segue uma metodologia, que engloba uma sequência de passos bem definidos, para a confecção de uma boa roupa. Roupas confeccionadas por um alfaiate são preparadas para um cliente em particular. Um alfaiate precisa confeccionar uma roupa que se ajuste o melhor possível ao corpo e aos movimentos do cliente. Considerando, para isso, especificidades presentes no corpo e às atividades físicas, de modo que a nova roupa ofereça conforto e uma boa imagem.

Se a roupa estiver muito ajustada a detalhes do corpo do cliente, qualquer alteração no corpo, ou até mesmo no modo como o cliente se movimenta ou gesticula, causará um desconforto e chamará a atenção de outras pessoas. Isso ocorre porque a roupa está superajustada ao seu corpo e detalhes mudam facilmente ao longo do tempo, como aumento da cintura ou alteração no modo de caminhar. Se, por outro lado, a roupa estiver muito folgada, preparada para acomodar qualquer alteração que ocorrer no corpo ou nos movimentos, ela não atenderá o principal requisito que levou o cliente ao alfaiate: confeccionar uma roupa que "lhe caia bem", proporcionando conforto e uma boa imagem.

A confecção de uma roupa é um processo de modelagem, que requer a construção de um bom modelo (a roupa), que se ajuste bem a algo (o corpo e estilo de vida do cliente). Raciocínio semelhante se aplica à indução, na qual existe a construção de um modelo que se ajuste bem a um conjunto de dados por meio de um processo indutivo, também conhecido como processo de modelagem de dados.

Assim como a confecção de uma roupa por um bom alfaiate segue uma metodologia, com uma sequência de passos, o processo de modelagem de dados também segue um conjunto de passos bem definidos, que chamamos algoritmo. Algoritmos de modelagem podem ser baseados em Aprendizado de Máquina (AM) ou em Aprendizado Estatístico (AE), embora seja cada vez mais difícil traçar uma fronteira entre essas duas abordagens.

Neste capítulo, será adotado o termo AM para os vários algoritmos de modelagem que induzem, criam, modelos a partir de um conjunto de dados de treinamento, independentemente do princípio por trás do funcionamento do algoritmo.

11.1 Aprendizado de Máquina

AM é uma das várias subáreas associadas à Inteligência Artificial (IA) (FACELI *et al.*, 2021). Pela importância que alcançou ao ser utilizada em várias atividades do nosso cotidiano, e para resolver problemas em aberto por décadas ou até séculos, os dois termos são muitas vezes usados como sinônimos. Muitas discussões recentes sobre o papel da IA, seus benefícios e riscos, dizem respeito a AM.

Como mencionado no início da seção, IA não é apenas AM, inclui várias outras subáreas não menos importantes, como algoritmos de busca, lógica matemática, lógica nebulosa, processamento de linguagem natural, ontologias, raciocínio baseado em casos, raciocínio probabilístico, robótica, sistemas multiagentes, vida artificial e visão computacional.

O termo AM foi popularizado pelo cientista da Computação Artur Samuel, no seu artigo *Some Studies in Machine Learning Using the Game of Checkers* em 1959 (SAMUEL, 1967), quando definiu que AM é o campo de estudo que confere aos computadores a habilidade de aprender sem ser explicitamente programado. Este artigo descreve um programa de AM, desenvolvido pelo cientista, para jogar damas. Outras definições de AM apresentadas ao longo do tempo seguiram uma linha semelhante, como:

- uma máquina de aprendizado, definida de maneira ampla, é qualquer dispositivo cujas ações sejam influenciadas por experiências anteriores (NILSSON, 1965);
- qualquer mudança em um sistema que o permita ter um melhor desempenho na segunda vez em que ele repita uma mesma tarefa, ou outra retirada da mesma população (SIMON, 1983);
- uma melhoria na capacidade de processar informação a partir da atividade de processar informação (TANIMOTO, 1987);
- capacidade de melhorar o desempenho na realização de alguma tarefa por meio da experiência (MITCHELL, 1997).

Mitchell, em seu livro, publicado em 1997, também propôs uma definição mais detalhada sobre experimentos que usam algoritmos de AM:

> *Um programa de computador é dito aprender a partir de uma experiência E com respeito a alguma classe de tarefas T e medida de desempenho P, se seu desempenho em tarefas de T, medido por P, melhora com a experiência E.*

Em AM, uma experiência é representada por um conjunto de dados, em que cada dado é um exemplo de experiência passada. Mitchell falava ainda que:

> *Na medida em que os computadores se tornam mais sofisticados, parece inevitável que AM exercerá um papel central em Ciência da Computação e tecnologia de computadores.*

AM investiga como computadores conseguem aprender. Algoritmos de AM têm sido desenvolvidos por pesquisadores de várias áreas de conhecimento, principalmente das áreas de Computação, Estatística, Física e Matemática Aplicada. Por ser fortemente dirigida a dados, AM é também uma subárea de conhecimento da Ciência de Dados (CD) (FLACH, 2012). Na CD, algoritmos de AM exercem um papel importante na construção de modelos capazes de extrair conhecimento de conjuntos de dados.

Desde que os primeiros computadores foram inventados, questionava-se se eles conseguiriam aprender. A palavra aprendizado faz parte do nosso cotidiano. Estamos acostumados com ela, ou suas palavras derivadas, desde crianças, e somos continuamente lembrados de sua importância durante toda a nossa vida, por estar associada ao nosso crescimento, desenvolvimento, amadurecimento e envelhecimento.

E não associamos elas apenas aos seres humanos, mas também a animais, principalmente os de estimação, e agora, aos computadores e máquinas. Assim como no aprendizado "tradicional", em que são investigadas metodologias e técnicas pedagógicas que levem a um melhor aprendizado, mensurado pela aquisição de conhecimento ou habilidade, no AM investigamos como computadores, ou máquinas, no seu sentido mais amplo, podem aprender a realizar tarefas.

11.2 Tarefas de Modelagem

Algoritmos de AM induzem ou constroem modelos que se ajustam a um conjunto de dados, processo que recebe o nome de modelagem ou aprendizado. Para que o modelo seja o mais fiel possível ao conhecimento presente nos dados, o algoritmo procura por padrões existentes nos dados. Em uma modelagem bem-sucedida, o modelo induzido descreve ou representa o conhecimento presente no conjunto de dados.

A modelagem ocorre para resolver um problema, teórico ou real. A forma de resolver um problema de modelagem de dados em CD depende do tipo de tarefa a ser realizada. As principais tarefas nas quais os problemas se enquadram são preditivas, descritivas ou prescritivas. Essas tarefas, ainda assim, se dividem em tarefas mais específicas. Um exemplo de aprendizado por AM, para resolver um problema associado a uma tarefa seria a busca por uma solução de um problema de diagnóstico médico. A busca dessa solução é uma tarefa preditiva, por ter como meta predizer o diagnóstico de novos pacientes, a partir, por exemplo, dos resultados de seus exames clínicos.

A experiência utilizada para o aprendizado pode ser representada por um conjunto de dados médicos de um grupo de pacientes, em que cada objeto corresponde a um paciente. O estado de saúde de cada paciente pode ser representado por resultados de um conjunto de exames clínicos, sendo estes, portanto, atributos preditivos. Assumindo que o conjunto de dados possui diagnóstico (rótulo), atributo alvo, para cada paciente, o conjunto de dados é rotulado.

A aplicação de um algoritmo de AM a estes dados deve gerar, ou induzir, um modelo preditivo, capaz de associar cada conjunto de resultados dos exames a um diagnóstico. Este modelo busca aprender o conhecimento do médico, que possa ser utilizado depois para diagnosticar novos pacientes. A qualidade do modelo gerado pode ser avaliada tanto pelo desempenho preditivo do modelo (por exemplo, quantos diagnósticos para novos pacientes ele acerta) quanto pela sua interpretabilidade, que permite validar como o modelo chegou a seu diagnóstico.

Quando algoritmos de modelagem são utilizados em uma tarefa preditiva, o objetivo é induzir ou aprender (aprendizado indutivo) um modelo a partir de um subconjunto da amostra dos dados, chamada conjunto de treinamento ou amostra de treinamento, capaz de predizer o valor de um atributo alvo para novos objetos. Esse processo é chamado modelagem preditiva.

A Figura 11.1 ilustra, em sua parte superior, um processo indutivo de modelagem preditiva para a indução de um modelo preditivo utilizando um conjunto de dados de treinamento. A parte inferior mostra o modelo sendo utilizado para fazer predições para o rótulo de um novo objeto, de um conjunto de dados de teste, por um processo dedutivo.

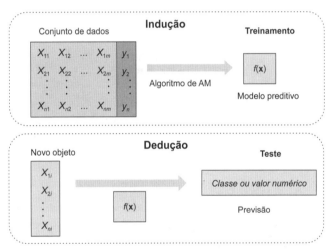

Figura 11.1 Processo de modelagem para tarefa preditiva, destacando na parte de cima a fase de indução ou treinamento e na parte de baixo a fase de dedução ou teste.

Os problemas associados às tarefas preditivas são resolvidos induzindo e gerando modelos preditivos a partir de um conjunto de dados rotulado. As principais tarefas preditivas são de classificação, quando o modelo preditivo deve conseguir predizer corretamente a categoria ou classe de um objeto, por exemplo, se um paciente está saudável ou doente, e problemas de regressão, quando o modelo preditivo deve predizer um valor numérico, em geral, um valor real, como qual o valor justo para a venda de um imóvel.

Quando algoritmos de modelagem são utilizados em uma tarefa descritiva, o objetivo é induzir ou aprender um modelo a partir de todo o conjunto de dados, assim o conjunto de treinamento é todo o conjunto original. Esse processo é chamado modelagem descritiva. A tarefa de modelagem descritiva mais frequente é a de agrupamento de dados, que busca a melhor forma de dividir os objetos de um conjunto de dados em grupos, de modo que objetos em um mesmo grupo sejam mais semelhantes que objetos em grupos diferentes.

Outras tarefas descritivas comuns são: a sumarização, em que se busca resumir os principais aspectos presentes em um conjunto de dados; e regras de associação, em que são procurados e destacados itens frequentemente encontrados juntos em um conjunto de transações. Um exemplo são itens comprados em conjunto por clientes de um supermercado, em que cada compra é uma transação. A Figura 11.2 ilustra o processo de modelagem para uma tarefa descritiva, no caso, de agrupamento de dados.

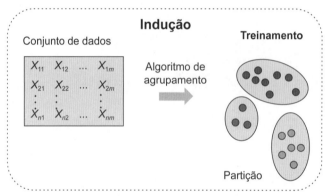

Figura 11.2 Processo de modelagem para tarefa descritiva, que possui apenas a fase de indução ou treinamento.

Nas tarefas prescritivas, o problema a ser resolvido segue o sentido inverso ao das tarefas preditivas, tendo o seguinte formato: dado o que desejo que meu modelo dê como resposta (por exemplo, valor do atributo alvo), quais valores devo usar para os atributos preditivos. Um exemplo de tarefa prescritiva é a produção de novos materiais que tenham uma ou mais propriedades. Por exemplo, determinar quais elementos químicos devem ser combinados para produzir um plástico difícil de quebrar ao cair no chão e de derreter ao entrar em contato com fogo.

11.3 Algoritmos de Modelagem

Algoritmos de modelagem têm sido propostos aos longos dos anos nas áreas de Computação, Engenharia, Estatística (incluindo Probabilidades) e Física. Na Computação, onde o tema tem sido mais investigado, esses algoritmos recebem o nome de algoritmos de AM. Na Estatística, é empregado o termo Aprendizado Estatístico (AE). Um dos argumentos sobre a diferença entre AM e AE é que, enquanto modelos de AM são desenvolvidos para obter o melhor desempenho possível, modelos de AE são desenvolvidos para inferir sobre a relação entre variáveis. Provavelmente por isso, na Estatística, a grande área que investiga esses modelos é chamada Inferência Estatística.

Assim, enquanto a Estatística, uma das principais áreas de conhecimento, cria e utiliza conceitos matemáticos para analisar dados, modelos estatísticos são concebidos para inferir, ou explicar, algo sobre os relacionamentos ou padrões presentes em um conjunto de dados, ou para predizer valores para dados que serão vistos no futuro. O que não quer dizer que algoritmos de AM não utilizem conceitos e técnicas estatísticas para induzir modelos, preditivos, prescritivos ou descritivos.

Em AM, o aprendizado ocorre quando um algoritmo de AM é aplicado a um conjunto de dados. Em princípio, algoritmos de AM não diferem dos algoritmos escritos em uma linguagem de programação para resolver uma dada tarefa por meio de uma sequência de passos. Como algoritmos, eles possuem valores que podem ser definidos pelos usuários, seus hiperparâmetros, podem receber entradas de um arquivo, os dados ao qual será aplicado, e geram um modelo. Mas existe uma clara diferença entre eles.

Em um algoritmo convencional, essa sequência de passos tem por meta resolver de maneira clara um problema específico, como calcular a raiz quadrada de um valor numérico, sem um processo de aprendizado. A sequência de passos dentro de um algoritmo de AM, no entanto, deve aprender um modelo matemático a partir de um conjunto de dados. Espera-se que o modelo represente o conhecimento presente nesses dados e possa ser utilizado para realizar a tarefa almejada quando aplicado a novos dados. A linha de divisão entre as duas subáreas, AM e AE, é pouco clara. Para facilitar a apresentação dos algoritmos de modelagem, por ser o termo mais utilizado, vamos denominá-los algoritmos de AM e, dentre eles, destacar os que são baseados em Estatística.

A existência de termos diferentes para formas de modelagem semelhantes não é exclusivo das áreas de Computação e Estatística. Durante pelo menos duas décadas, os termos AM e algoritmos de treinamento para redes neurais artificiais eram considerados dois mundos independentes. Isso aconteceu, em parte, em função das diferentes comunidades acadêmicas que trabalhavam com os dois temas. Atualmente, os algoritmos de treinamento para redes neurais artificiais são considerados uma subárea de algoritmos de AM.

Para cada tarefa de AM, podemos pensar em um grande número de aplicações, em que cada aplicação é representada por um conjunto de dados. Para encontrar uma boa solução para uma aplicação, precisamos encontrar um modelo que se ajuste bem ao seu conjunto de dados.

Os algoritmos induzem modelos (funções, hipóteses) a partir de um conjunto de dados que, idealmente, devem ser representativos, de boa qualidade e, para muitos algoritmos, estruturados.

Dezenas de milhares de algoritmos de AM têm sido propostos, cada um utilizando heurísticas, regras e suposições específicas que definem como ajustar os parâmetros de seus modelos para resolver um conjunto de problemas. Esses algoritmos podem ser organizados conforme a abordagem ou paradigma adotado. Os quatro principais paradigmas são:

- **Supervisionado:** busca um modelo capaz de associar a cada grupo de valores dos atributos preditivos, valores de entrada, de um objeto em um conjunto de dados, o valor correto para o correspondente atributo alvo, valor de saída. O termo supervisionado se deve à simulação de um supervisor, ou professor, que, durante o processo de aprendizado, apresenta a saída desejada. É importante observar que em algumas aplicações tem-se mais de um atributo alvo, mas isso é tema para um livro avançado de AM. O aprendizado supervisionado é quase sempre usado para tarefas preditivas.

- **Não supervisionado:** não utiliza o valor do atributo alvo, não contando, assim, com um supervisor ou professor. Em geral, busca organizar os dados utilizando apenas os valores dos atributos preditivos. O aprendizado não supervisionado é quase sempre usado para tarefas descritivas.

- **Semi-supervisionado:** utilizado quando um conjunto de dados está parcialmente rotulado, ou seja, apenas um subconjunto dos objetos possui um valor para o atributo alvo. O algoritmo de AM pode utilizar os objetos rotulados para predizer o rótulo de objetos não rotulados. Isso geralmente ocorre quando o custo de rotular um objeto é elevado. Um caso especial é o aprendizado ativo, em que os exemplos não rotulados que podem ter seu rótulo estimado são selecionados de acordo com um dado critério.

- **Por reforço:** esses algoritmos aprendem observando a consequência de decisões tomadas, reforçando os resultados desejados, por um mecanismo de recompensa, e penalizando os resultados indesejados, por um mecanismo de punição. Com isso, o aprendizado ocorre por punição e recompensa.

Modelagem de Dados

Todo algoritmo de AM tem um viés indutivo, uma noção preconcebida da melhor maneira de resolver um problema, que tende a privilegiar uma ou mais hipóteses que atendam a um dado critério na indução de modelos. Embora possa parecer uma característica negativa, ele é necessário para ocorrer o aprendizado. Ele restringe o espaço da busca realizada pelo algoritmo por uma boa solução (modelo), tornando o tempo de modelagem factível, e aumentando as chances da indução de um modelo que considere aspectos relevantes presentes no conjunto de dados.

Sem viés, a busca poderia ter uma duração muito longa, e o modelo não conseguiria generalização para novos dados. Em tarefas preditivas, a generalização permite que o modelo tenha um bom desempenho preditivo quando apresentado a novos dados. Sem generalização, os modelos seriam especializados para os dados usados para sua indução.

Os principais vieses dos algoritmos de AM são o viés de busca ou de preferência e o viés de representação ou de linguagem. O viés de busca define que tipos de modelos serão inicialmente testados pelo algoritmo e como novos modelos serão explorados. O viés de representação restringe o formato que os modelos terão. Como consequência, reduz o tamanho do espaço de busca pelos modelos.

A Figura 11.3 compara o viés de representação de modelos induzidos por 3 algoritmos de AM para um mesmo conjunto de dados. Como pode ser visto, cada modelo representa de uma forma diferente o conhecimento extraído.

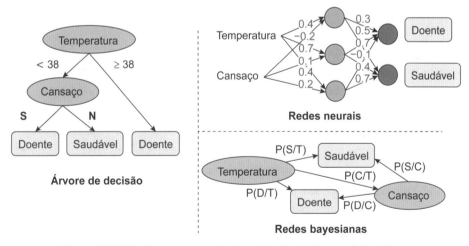

Figura 11.3 Viés de representação de modelos induzidos por 3 algoritmos de AM para um mesmo conjunto de dados.

Como cada algoritmo de AM tem seu viés indutivo, cada um deles vai se adequar melhor a determinado tipo de problema ou distribuição de dados. Esse princípio está associado ao teorema "não existe almoço grátis", ou, mais informalmente, "boca livre" (*no free lunch theorem*) (WOLPERT; MACREADY, 1997; BAJAJ; ARORA; HASAN, 2021).

De acordo com esse teorema, não existe um único algoritmo que seja melhor para todos os problemas, pois o desempenho dos algoritmos depende de quão bem eles casam com as propriedades dos dados utilizados (BAJAJ; ARORA; HASAN, 2021). Assim, outra forma de organizar os algoritmos de AM é pelo seu viés indutivo, que pode ser dividido em 4 abordagens:

- baseados em proximidade, que usam a proximidade entre objetos. Os exemplos mais conhecidos são os algoritmos k-vizinhos mais próximos e k-médias;
- baseados em otimização, que buscam a otimização de funções. Por englobarem os algoritmos utilizados para treinamento de redes neurais, são também chamados conexionistas. Outros exemplos que se enquadram nessa abordagem são os algoritmos para indução de máquinas de vetores de suporte;
- baseados em Estatística, que utilizam conceitos de Probabilidade e Estatística para a construção de modelos. É o caso dos algoritmos de regressão linear;
- baseados em procura, ou regras lógicas, que buscam por um modelo representado por um conjunto de regras. Esses modelos podem assumir o formato de árvores de decisão.

É importante observar que essa organização tem uma sobreposição entre as abordagens. Por exemplo, o algoritmo k-médias é tanto baseado em proximidade quanto baseado em Estatística. Segue uma breve descrição de alguns dos algoritmos de AM mais utilizados para cada uma das abordagens.

11.3.1 Algoritmos Baseados em Proximidade: K-vizinhos mais Próximos e K-médias

O algoritmo k-vizinhos mais próximos (k-NN, *k-nearest neighbours* é provavelmente o algoritmo de AM mais simples. Ele pode ser utilizado tanto em classificação como em regressão, e é um algoritmo supervisionado. Ao contrário da grande maioria dos algoritmos de AM, ele não tem uma fase de treinamento explícita. Por isso, é conhecido como algoritmo preguiçoso.

Em sua forma mais simples, ele retorna o rótulo para um objeto do conjunto de teste calculando a média (tarefa de regressão) ou moda (tarefa de classificação) do rótulo dos objetos mais parecidos, com relação aos valores dos atributos preditivos. É importante mencionar outro algoritmo baseado em proximidade, usado em tarefas descritivas, em particular, agrupamento de dados, o algoritmo k-médias.

Esse algoritmo divide os objetos em grupos conforme a semelhança entre objetos, colocando em um mesmo grupo objetos semelhantes. Cada grupo é representado por um protótipo, a média dos objetos que fazem parte do grupo. O k-médias e o k-NN têm em comum o uso de medidas de distância para avaliar a proximidade (ou semelhança) entre cada par de objetos. Para isso, assume que, quanto menor a distância entre 2 objetos, mais semelhantes eles são.

11.3.2 Algoritmos Baseados em Otimização: *Perceptron* e *Backpropagation*

Os algoritmos baseados em otimização mais utilizados são os que treinam redes neurais artificiais. Essas redes são sistemas computacionais distribuídos que simulam a estrutura e o funcionamento do sistema nervoso, por meio de neurônios e sinapses artificiais (BRAGA; CARVALHO; LUDERMIR, 2007). O primeiro algoritmo de AM desenvolvido para treinar redes neurais artificiais foi o algoritmo perceptron (ROSENBLATT, 1958).

O algoritmo perceptron treina uma rede neural com o mesmo nome por meio de um processo de correção de erros, em que os pesos da rede, que representam sinapses por valores reais, têm seus valores ajustados para que a saída gerada pela rede fique mais próxima da resposta, valor de rótulo, esperada. É, portanto, um algoritmo de aprendizado supervisionado.

A rede perceptron possui apenas uma camada de neurônios artificiais, com apenas um neurônio, limitando o que pode ser aprendido pelo modelo. Para resolver essa limitação, foram desenvolvidos algoritmos para treinar redes neurais com mais de uma camada de neurônios, em que cada camada pode ter um ou mais neurônios. Essas redes são chamadas de perceptron multicamadas e foram inicialmente treinadas por um algoritmo chamado *backpropagation*.

A partir de duas camadas de neurônios, essas redes são chamadas redes profundas (*deep networks*), que podem ser treinadas por vários algoritmos de aprendizado profundo (*deep learning*) (GOODFELLOW; BENGIO; COURVILLE, 2016).

11.3.3 Algoritmos Baseados em Estatística: Regressão Linear e Regressão Logística

O algoritmo de regressão linear, como o próprio nome sugere, é um algoritmo que utiliza conceitos da Estatística para aproximar funções lineares em tarefas de regressão (MONTGOMERY; PECK; VINING, 2006). Esse algoritmo, supervisionado, busca achar valores para um conjunto de parâmetros de uma função linear que aumente sua capacidade preditiva. O erro cometido pela função linear encontrada pode ser estimado por uma função de custo. Essa função de custo calcula a diferença entre o valor predito e o valor verdadeiro para os dados de treinamento.

Para reduzir o erro, e, desse modo, o custo, é utilizado um método que calcula o gradiente da função de custo na busca pelos valores dos parâmetros da função de regressão que levam a essa redução. Assim, o aprendizado busca os parâmetros que geram o ponto de mínimo da função de custo para os dados de treinamento. Algumas variações, capazes de aproximar funções mais complexas, são a regressão polinomial e a regressão múltipla. Na regressão polinomial, a função encontrada pode ter expoentes com valor maior que 1. Na regressão múltipla, é induzido um modelo capaz de predizer o valor de mais de um atributo alvo. Uma variante do algoritmo de regressão, denominado algoritmo de regressão logística, é utilizado para tarefas de classificação.

11.3.4 Algoritmos Baseados em Procura: Indução de Árvores de Classificação e de Regressão

Vários algoritmos de AM induzem modelos no formato de árvores. Um deles é o algoritmo árvores de classificação e de regressão (CART, *classification and regression trees*), que recebe esse nome porque induz árvores de decisão, tanto para tarefas de classificação quanto para tarefas de regressão, a partir de um conjunto de dados (BREIMAN *et al.*, 1984). Enquanto em tarefas de classificação, a árvore de decisão é denominada árvore de classificação, em tarefas de regressão, é denominada árvore de regressão.

O nome árvores de decisão deve-se ao formato de árvore invertida dos modelos induzidos, quando os nós folha são associados a uma classe (árvore de classificação) ou a um valor real (árvore de regressão). Cada nó interno da árvore é associado a um atributo preditivo no conjunto de treinamento. Em uma árvore de decisão, cada caminho da raiz da árvore até um nó folha é uma regra. O rótulo de um novo objeto, do conjunto de teste, é definido seguindo um caminho específico, conforme o valor dos atributos preditivos do objeto. Uma das vantagens das árvores de decisão é a facilidade de interpretar como elas decidem qual o valor de saída para um novo objeto. Alguns algoritmos de AM combinam várias árvores de decisão em florestas ou comitês, o que, em geral, melhora o desempenho preditivo, ao custo de um aumento de processamento e memória, e de uma redução na interpretabilidade dos modelos.

11.4 Comitês de Modelos

No nosso dia a dia tomamos decisões a todo momento. Aspectos biológicos, comportamentais e sociais produzem vieses que afetam as decisões que tomamos, e, por isso,

Modelagem de Dados

nem sempre são as melhores. Uma forma de melhorar a qualidade das decisões, muito adotada em organizações não governamentais, empresas e órgãos públicos, é a decisão coletiva ou colegiada, em que cada pessoa é levada em consideração para a tomada de decisão final. Essa forma coletiva de decidir tende a gerar melhores decisões.

Raciocínio semelhante tem sido aplicado a AM. Como visto, cada algoritmo de AM possui um viés, necessário para que o aprendizado ocorra, mas faz com que o algoritmo gere modelos mais adequados para alguns conjuntos de dados, e menos adequados a outros. Diversas pesquisas mostram os benefícios de combinar a decisão de vários modelos por meio da formação de um comitê (*ensemble*).

11.4.1 Abordagens

Diferentes abordagens podem ser utilizadas para criar comitês, que podem seguir diferentes critérios. Um primeiro critério se refere à arquitetura, ou disposição, dos modelos no comitê, chamados de modelos-base ou modelos fracos. Modelos fracos são modelos que possuem um viés elevado ou uma alta variância. Geralmente, os modelos-base são modelos fracos, que são aqueles com baixo desempenho preditivo. De acordo com esse critério, os modelos podem ser dispostos em uma das seguintes formas:

- **Paralela:** todos os modelos recebem uma entrada externa e têm suas saídas combinadas para gerar uma saída única, que não será recebida como entrada por outro modelo (exemplo ilustrativo na Figura 11.4).
- **Sequencial, cascata ou *pipeline*:** em que a saída gerada por um ou mais modelos é recebida como entrada por um ou mais modelos (exemplo ilustrativo na Figura 11.5).
- **Híbrida ou hierárquica:** combinação das duas formas anteriores (exemplo ilustrativo na Figura 11.6).

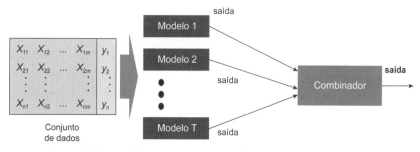

Figura 11.4 Comitê com combinação paralela de modelos preditivos.

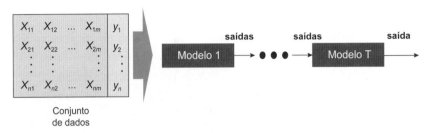

Figura 11.5 Comitê com combinação sequencial de modelos preditivos.

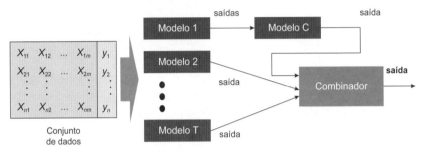

Figura 11.6 Comitê com combinação hierárquica de modelos preditivos.

Com relação à origem dos modelos, o algoritmo de AM que gerará os modelos de um comitê podem ser:

- **Homogêneos:** quando todos os modelos são gerados pelo mesmo algoritmo de modelagem.
- **Heterogêneos:** quando o comitê possui modelos gerados por diferentes algoritmos de modelagem.

Nas combinações paralelas ou híbridas, a saída final do comitê geralmente se dá por meio de uma votação das saídas dos modelos-base que o combinador recebe, para tarefas de classificação, ou a média das saídas dos modelos-base, para tarefas de regressão. Nos dois casos, pesos podem ser atribuídos à saída de cada modelo base para que a votação ou a média seja ponderada. Nesses casos, quanto melhor o desempenho obtido pelo classificador base, por um modelo-base maior o peso de sua saída no cálculo da saída final. Na maioria dos experimentos de CD utilizando comitês, 3 diferentes abordagens têm sido utilizadas:

1. **Stacking:** uma combinação hierárquica de modelos em que um vetor formado pela saída gerada por cada um dos modelos em um comitê paralelo é

utilizado como entrada por outro modelo, treinado para encontrar uma boa forma de combinar essas saídas (WOLPERT, 1992). Em geral, utiliza modelos heterogêneos.

2. ***Bagging***: combinação paralela em que cada um dos T classificadores é induzido utilizando uma amostra diferente do conjunto de dados de treinamento (BREIMAN, 1996). Cada amostra, cuja composição é definida por *bootstraping*, tem o mesmo número de objetos do conjunto de treinamento original. A saída final é definida por votação. Em geral, utiliza modelos homogêneos. Um dos principais exemplos de algoritmo de AM baseado em *bagging* é o algoritmo florestas aleatórias (RF, *random forests* (BREIMAN, 2001)).

3. ***Boosting***: os modelos são induzidos sequencialmente. Para a indução de cada novo modelo, é atribuída uma maior importância ao aprendizado de objetos que o modelo anterior não conseguiu apresentar uma boa predição (SCHAPIRE, 1990). Isso é feito por meio da atribuição de um peso a cada objeto do conjunto de dados de treinamento, cujo valor depende do desempenho do modelo base ao ser aplicado a ele. Quanto mais difícil de ser aprendido, maior o peso associado ao exemplo (e maior a chance de ser selecionado na próxima iteração). A saída final é definida por votação. Em geral, utiliza modelos homogêneos. Duas breves e curtas introduções a *boosting*, podem ser encontradas nos trabalhos de Freund e Schapire (1999) e Schapire (1999). O algoritmo baseado em *boosting* mais conhecido é o *adaboost* (FREUND, 1990), detalhado em Freund (1995). Recentemente, alguns algoritmos foram criados, *extreme gradient boosting (XGBoost)* (CHEN; GUESTRIN, 2016), *light gradient boosting machine (LightGBM)* (KE *et al.*, 2017) e *categorical boosting (CatBoost)* (PROKHORENKOVA *et al.*, 2018).

Comitês também pode ser formados com modelos descritivos. Como exemplo, partições geradas pelo mesmo algoritmo de agrupamento de dados, ou por algoritmos diferentes, podem ser combinados em comitês (FACELI *et al.*, 2009).

A combinação de modelos em comitês também possuem aspectos negativos, como levar a um período de treinamento mais longo, ocupar um maior espaço de memória e dificultar a interpretação do modelo final, formado pela combinação dos modelos individuais iniciais.

11.4.2 Aplicação dos Algoritmos de Modelagem: Python

Para exemplificar a utilização dos algoritmos de AM descritos anteriormente, aplicaremos o algoritmo CART em problemas de classificação e regressão. Para a tarefa de classificação, aproveitaremos do conjunto de dados de diabetes, já utilizado nos capítulos anteriores. Na Figura 11.7, apresentamos um *pipeline* para indução dos modelos de classificação e regressão.

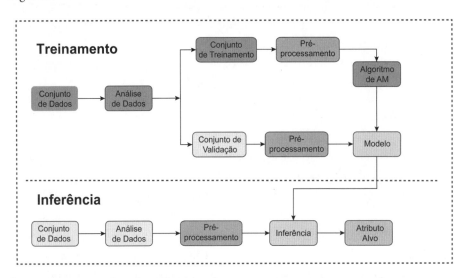

Figura 11.7 *Pipeline* para indução de um modelo de classificação e regressão.

Como pode ser observado, todos os conceitos vistos até o momento no livro são aplicados, desde a análise estatística dos dados, pré-processamento (qualidade dos dados, transformação, engenharia de atributos e amostragem), até a indução do algoritmo de AM, conforme exemplificado nos códigos a seguir:

```
# Pipeline de Classificação
import pandas as pd

# Fazendo a leitura dos dados
df = pd.read_csv('diabetes.csv')

# Utilizando hold-out como técnica de reamostragem
from sklearn.model_selection import train_test_split

# Separando os dados em atributos preditivos (X) e atributo alvo (y)
X = df.iloc[:, :-1].values
y = df.iloc[:, -1].values
```

```python
# Aplicando a técnica de hold-out
training_set, test_set, train_labels, test_labels = train_test_split(X,
                                                                     y,
                                                                     test_size=0.3,
                                                                     random_state=12,
                                                                     stratify=y)

# Importando o classificador baseado em Árvore de Decisão
from sklearn.tree import DecisionTreeClassifier

# Inicializando o classificador
dt = DecisionTreeClassifier(random_state=42)

# Ajustando o modelo aos dados
dt.fit(training_set, train_labels)

# Coletando os valores previstos para o conjunto de teste
preds_dt = dt.predict(test_set)

# Importando a métrica de acurácia para avaliação das respostas
from sklearn.metrics import accuracy_score

# Calculando a acurácia com base nas respostas esperadas
print(accuracy_score(preds_dt, test_labels))
```

Para a tarefa de regressão, utilizaremos o conjunto de dados de preços de residências na Califórnia,[1] que pode ser carregado diretamente da biblioteca do *scikit-learn*. Ele possui dados do censo de 1990 com informações sobre a posição geográfica, as características do imóvel e a renda média dos ocupantes. A tarefa tem como foco a modelagem do preço final de venda do imóvel. Será induzido um modelo para predizer o valor de venda de um imóvel.

```python
# Pipeline de Regressão
from sklearn.datasets import fetch_california_housing

# Carregando os dados
califa_dataset = fetch_california_housing()
```

---

[1] Disponível em: https://www.kaggle.com/datasets/camnugent/california-housing-prices. Acesso em: 11 jul. 2023.

```
# Separando atributos preditivos do atributo alvo
data = pd.DataFrame(califa_dataset.data,
↪   columns=califa_dataset.feature_names)
target = califa_dataset.target

from sklearn.model_selection import train_test_split

# Aplicando a técnica de hold-out
train, test, train_labels, test_labels = train_test_split(data,
                                                          target,
                                                          test_size=0.2,
                                                          random_state=12)

# Importando o regressor baseado em Árvore de Decisão
from sklearn.tree import DecisionTreeRegressor

# Inicializando o modelo
dt = DecisionTreeRegressor(random_state=42)

# Ajustando o modelo aos dados
dt.fit(train, train_labels)

# Coletando os valores previstos para o conjunto de teste
preds_dt = dt.predict(test)

# Importando a métrica do erro médio quadrático para avaliação do
↪   desempenho
from sklearn.metrics import mean_squared_error

# Calculando o erro das predições com base no valor esperado
print(mean_squared_error(test_labels, preds_dt))
```

11.5 Viés e Variância

Conforme ilustra a Equação 11.1, o erro cometido por modelos preditivos induzidos por algoritmos de AM é a soma de 3 categorias de erros.

$$\text{Erros} = \text{Erro}_{viés} + \text{Variância} + \text{Erro}_{Irredutível} \tag{11.1}$$

O primeiro erro é causado pelo viés do modelo, sendo mais alto quanto mais simples for o modelo. Um viés elevado indica que o modelo se ajusta mal aos dados, o que chamamos *underfitting*. Ele ocorre quando o algoritmo de AM não consegue aprender um modelo que tenha um bom desempenho preditivo para o conjunto de treinamento. O modelo induzido é simples demais. O viés pode ser estimado pela diferença entre a predição do modelo e o valor correto, que deveria ser predito.

O segundo erro é causado pela variância do modelo que, ao contrário do viés, é mais alto quanto mais complexo for o modelo. Uma variância elevada mostra que o modelo se ajusta demais aos dados, o que chamamos *overfitting*. O *overfitting* acontece quando o algoritmo de AM presta atenção a detalhes irrelevantes presentes no conjunto de dados. É como, se em vez de aprender os conceitos presentes nos dados, ele decora os detalhes dos dados do conjunto de treinamento. Como resultado, o modelo induzido é complexo demais.

A Figura 11.8 ilustra o efeito do valor do viés e da variância em um exemplo de arremesso de bolas de papel em um cesto de lixo. Na parte superior é mostrado o efeito da variância, enquanto na parte lateral as mudanças com relação ao viés.

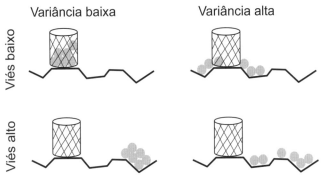

Figura 11.8 Efeito do valor do viés e do valor da variância.

Como mostra a Figura 11.8, quando o viés diminui, a variância aumenta, e vice-versa. No treinamento de um algoritmo de AM, busca-se um balanço (*trade-off*), um ponto de equilíbrio entre os dois.

O erro irredutível tem esse nome por ser causado por um problema nos dados, como ruído. Assim, ele seria cometido por qualquer modelo induzido por qualquer algoritmo de AM. O viés de um modelo preditivo está associado à sua acurácia, precisão e variância. Acurácia mede o quão próximo o valor predito é do valor verdadeiro. Precisão mede o quão frequentemente isso acontece. Cuidado para não confundir precisão com predição nem com previsão. Predição é o valor do rótulo predito por um modelo para

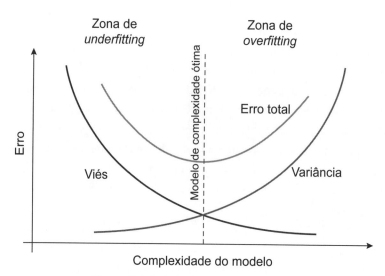

Figura 11.9 Relação entre viés e variância.
Imagem adaptada de: http://scott.fortmann-roe.com/docs/BiasVariance.html.
Acesso em: 26 abr. 2023.

uma dada combinação de valores dos atributos preditivos. Previsão é utilizada para referir a estimativa de um valor futuro, em geral, aplicada as séries temporais.[2]

11.6 Modelos Discriminativos e Generativos

Se observarmos o modo como algoritmos de AM modelam os dados, os modelos preditivos por ele induzidos podem ser divididos em discriminativos ou generativos. Os modelos discriminativos modelam relação condicional entre atributos preditivos e atributo alvo, e podem ser usados tanto para classificação quanto regressão. São exemplos de modelos discriminativos alguns tipos de redes neurais artificiais, a regressão linear, a regressão logística, as máquinas de vetores de suporte e as árvores de decisão.

Os modelos generativos, também chamados gerativos ou geradores, por gerarem novos dados, buscam aprender a distribuição que originou os dados, avaliando o quão diferentes são os objetos, usando ou não seus rótulos. Esses modelos podem ser induzidos por AM tanto supervisionado quanto não supervisionado (nesse caso, ao usar exemplos não rotulados). São exemplos de modelos generativos as redes bayesianas, o Naïve Bayes e os modelos ocultos de Markov, ou cadeias de Markov (ISAACSON; MADSEN, 1976). Modelos generativos tornaram-se populares com divulgação de ferramentas capazes

---

[2] Uma sequência de valores medidos ou coletados ao longo do tempo, como a quantidade de chuva em um ponto da cidade em cada dia, por um longo período de tempo.

de gerar músicas, pinturas e textos, como o ChatGPT (https://chat.openai.com), da empresa OpenAI, e outras semelhantes lançadas posteriormente.

11.7 Aprendizado de Máquina Automatizado (AutoML)

A indução de um bom modelo a partir de um conjunto de dados brutos não é uma tarefa trivial. Primeiro porque esses dados podem ser obtidos de diferentes fontes e apresentar um formato não estruturado, o que é o caso para áudios, textos, imagens, dados relacionais ou até mesmo misturas destes tipos. Como vários algoritmos de AM trabalham apenas com dados estruturados, para eles dados não estruturados precisam ser transformados em estruturados.

O resultado obtido na resolução de um problema utilizando AM depende ainda de várias decisões que vão além da aplicação de um algoritmo de AM a um conjunto de dados. Além da transformação de dados não estruturados, várias etapas de pré-processamento podem ser necessárias, incluindo limpeza, transformação de tipos de valores para os atributos preditivos e seleção de atributos (GUYON et al., 2016). Essas etapas ainda exigem colaboração, interação e validação com especialistas do domínio (WITTEN et al., 2016). A sequência das etapas realizadas para uma boa solução de AM deu origem ao termo AM de ponta a ponta (*end-to-end*).

É importante observar que, dependendo do problema, a ordem e o número de vezes com que as etapas são realizadas, além das etapas necessárias, variam. Assim, a definição de quais, quantas vezes e em qual ordem se torna mais uma decisão a ser tomada. Apesar de o AM levar à automatização de várias atividades nas mais diversas áreas de conhecimento, a boa utilização do AM, eficaz e eficiente, ainda está restrita a especialistas, que não são formados na mesma velocidade com que cresce a demanda. Isso restringe o desenvolvimento de soluções baseadas em AM a quem tem recursos para contratar serviços destes profissionais.

Um bom profissional de CD utilizará as técnicas e algoritmos mais adequados, e de uma forma correta. No entanto, dada a popularidade do tema e a carência de profissionais com boa formação em CD, várias soluções são desenvolvidas por tentativa e erro, aplicando técnicas e algoritmos incorretos e inadequadamente. Isso faz com que em vez de soluções, sejam desenvolvidos modelos problemáticos, que cedo ou tarde podem acarretar riscos sociais, ambientais, de vida, econômicos e financeiros. Isso não acontece apenas em CD, mas em todas as áreas de conhecimento em que existe uma discrepância entre a demanda e a oferta de profissionais qualificados, acompanhada de responsabilização dos envolvidos. Uma situação similar seria uma pessoa construindo uma ponte sem formação adequada em engenharia civil, aplicando diferentes técnicas e ferramentas por tentativa e erro.

Um modo de minimizar esse problema, democratizando o uso eficaz e eficiente de AM de ponta a ponta e fazendo o uso de CD, é automatizar parte do processo de desenvolvimento de uma boa solução, recomendando as técnicas e algoritmos mais adequados, otimizando a definição de valores de hiperparâmetros das técnicas e algoritmos utilizados, reduzindo trabalho repetitivo, arriscado, e monótono e diminuindo a chance de erro.

Ferramentas de AM automatizado (AutoML, *Automated Machine Learning*) (HUTTER; KOTTHOFF; VANSCHOREN, 2019), têm sido pesquisadas e desenvolvidas, para facilitar a automatização do processo de modelagem de dados. Elas apoiam o uso eficiente e eficaz de algoritmos de AM por especialistas e não especialistas, automatizando o projeto de soluções de AM de ponta a ponta. Dentre as várias ferramentas de AutoML propostas nos últimos anos, por grupos de universidades e empresas, podem ser citadas o Auto-WEKA (THORNTON *et al.*, 2013), Auto-Sklearn (FEURER *et al.*, 2015) e o TPOT (OLSON; MOORE, 2016). Existem duas principais abordagens para o desenvolvimento de sistemas de AutoML: baseada em técnicas de otimização e a baseada em meta-aprendizado.

11.7.1 Otimização

A abordagem baseada em otimização foi provavelmente a primeira, começando com a otimização dos valores dos hiperparâmetros de algoritmos para o treinamento de redes neurais artificiais (YAO, 1993). Os primeiros trabalhos nessa abordagem foram realizados para definir a melhor arquitetura de redes neurais artificiais, em geral, número de camadas intermediárias de neurônios, número de neurônios em cada camada e funções de ativação a serem utilizadas para os neurônios. Para isso, utilizavam técnicas de otimização baseadas em meta-heurísticas, como algoritmos genéticos (FACELI *et al.*, 2021). Ela recebeu novo impulso recentemente com as pesquisas em busca de arquiteturas neurais (NAS, *neural architecture search*).

Outra linha é o projeto de novos algoritmos de ML, que utiliza técnicas de otimização para projetar de forma automática novos algoritmos de AM, como algoritmos para a indução de conjuntos de regras (PAPPA; FREITAS, 2006), indução de árvores de decisão (BARROS *et al.*, 2013) e treinamento de redes bayesianas (DE SÁ; PAPPA, 2013). Alguns trabalhos utilizam uma técnica de otimização para, de uma forma simultânea, selecionar um algoritmo de AM e os valores para os seus hiperparâmetros.

Esse é o caso do trabalho publicado por Thornton *et al.* (2013), no qual os autores inicialmente definem essa otimização simultânea como um problema de seleção combinada de algoritmo e otimização de hiperparâmetros (CASH, *combined algorithm selection and hyperparameter optimization*). CASH foi utilizada no desenvolvimento do Auto-WEKA, uma das primeiras ferramentas de AutoML.

11.7.2 Meta-aprendizado

Um dos maiores dilemas de quem trabalha com CD é a seleção das melhores técnicas e algoritmos para resolver um dado problema. A seleção do melhor algoritmo para um dado conjunto de dados tem chamado a atenção de pesquisadores da área de Computação desde a década de 1970 (RICE, 1976). Meta-aprendizado investiga como utilizar conhecimento anterior no uso de algoritmos de AM para apoiar o desenvolvimento de sistemas de AutoML capazes de recomendar as técnicas e/ou algoritmos mais adequados para um conjunto de dados (BRAZDIL *et al.*, 2008).

Para isso, utiliza algoritmos de AM para induzir, em um processo chamado de meta-aprendizado, modelos preditivos utilizando um conjunto de dados que representa experiências passadas de uso de algoritmos de AM. O termo meta-aprendizado, ou aprendizado no nível meta, é utilizado para distinguir do aprendizado convencional utilizando algoritmos de AM, chamado de aprendizado no nível base.

O meta-aprendizado utiliza a experiência acumulada obtida em múltiplas aplicações de um ou mais algoritmos de AM a vários conjuntos de dados (DE SOUZA; SOARES; DE CARVALHO, 2010; LEMKE; BUDKA; GABRYS, 2015). Essa experiência é traduzida em um meta-conjunto de dados, em que cada conjunto de dados convencional é um meta-objeto, cujos atributos preditivos, meta-características, são propriedades do conjunto de dados e o atributo alvo pode ser um valor real (tarefa de regressão), nominal (tarefa de classificação) ou ordinal (tarefa de classificação).

O atributo alvo é um valor real quando o objetivo for predizer o desempenho de um algoritmo de AM, nominal quando for predizer o melhor dentre um conjunto de algoritmos, ou ordinal, quando for predizer a posição do algoritmo no *ranking* dos k melhores algoritmos, em que o algoritmo de melhor desempenho fica no topo da classificação. Quando o objetivo for predizer o desempenho ou posição no *ranking* para k algoritmos, têm-se k atributos alvo, um para cada algoritmo de AM.

Algumas das meta-características inicialmente utilizadas para descrever um conjunto de dados são extraídas diretamente do conjunto de dados, como medidas estatísticas e de teoria da informação, além de descrições de modelos gerados e desempenhos obtidos por modelos, induzidos por algoritmos de AM quando aplicados a esse conjunto

(BRAZDIL *et al*., 2008). Com o tempo, novas meta-características foram propostas analisando propriedades diferentes, por exemplo, a complexidade do conjunto de dados. Um dos principais pacotes para extração de meta-características é o PyMFE (ALCOBAÇA *et al*., 2020).

Outro processo de meta-aprendizado é a transferência de aprendizado, em que a experiência obtida em um processo anterior de aprendizado, utilizando outro conjunto de dados, é aplicada para ajudar o aprendizado de um bom modelo para um novo conjunto de dados que é similar ou está de alguma forma relacionado com o anterior. Meta-aprendizado tem sido utilizado com sucesso para:

- recomendação de quando deve ser feito o ajuste de hiperparâmetros (MANTOVANI *et al*., 2015);
- recomendação de algoritmos de AM (MISIR; SEBAG, 2017);
- recomendação de hiperparâmetros de algoritmos de AM (GARCIA *et al*., 2018);
- recomendação de métodos de filtros (FILCHENKOV; PENDRYAK, 2015);
- recomendação de métodos de detecção de ruídos (GARCIA; DE CARVALHO; LORENA, 2016);
- aceleração da convergência de técnicas de otimização (FEURER *et al*., 2015).

Outro tema importante em AM, que envolve modelagem, é o MLOPs (*machine learning operations*), que representa o gerenciamento da aplicação de AM ponta a ponta em um projeto de CD. As MLOPs ajudam na comunicação e na colaboração entre cientistas de dados e profissionais de operação de sistemas de CD.

11.8 Considerações Finais

Neste capítulo, apresentamos uma das principais etapas de um projeto de CD, a modelagem dos dados. Para isso, começamos mencionando, de forma informal, o que é um processo de modelagem. A fase de modelagem permite avaliar os benefícios do pré-processamento na execução de tarefas, e, eventualmente, retornar para essas fases iniciais em um processo iterativo. Em seguida, foram apresentadas as principais tarefas de modelagem, nas quais se encaixam a maioria das aplicações, a preditiva, a descritiva e a prescritiva, com, para as duas primeiras, as subtarefas mais utilizadas em cada uma delas. Depois, foram descritos os paradigmas de aprendizado mais comuns nos algoritmos de AM, como: aprendizado supervisionado, não supervisionado, semi-supervisionado e por reforço.

Em seguida, foram descritas as principais abordagens dos algoritmos de AM, conforme o princípio em que eles são baseados: proximidade, otimização, estatística e procura. Para cada uma dessas abordagens, foi brevemente descrito um exemplo de algoritmo. Ao fim da seção, um exemplo prático para a tarefa de classificação e regressão utilizando o algoritmo de árvore de decisão foi apresentado. Foi mencionado ainda que, consoante as suposições feitas, um algoritmo de AM com função preditiva pode ser definido como discriminativo ou generativo.

No trecho seguinte, foi observado que todo algoritmo de AM tem um viés indutivo, necessário para que o algoritmo aprenda a extrair bons modelos de um conjunto de dados. Além disso, foi apresentado o dilema viés-variância, onde o viés é interpretado pela acurácia do modelo preditivo induzido, e a variância, no que lhe concerne, pela precisão do modelo. Ao final, foram mencionados, de maneira breve, dois conceitos muito atuais de algoritmos de AM, o de ponta a ponta, ou do início ao fim, e o automatizado.

Capítulo 12 Avaliação, Ajuste e Seleção de Modelos

João e José são muito amigos desde a infância e, agora que terminaram a faculdade e conseguiram o primeiro emprego, cada um quer comprar um carro. Desde criança também são muito competitivos, e, depois que cada um comprou seu carro, quiseram provar um ao outro que seu carro era melhor. Para isso, cada um usou um argumento diferente. Para João, seu carro era melhor porque acelerava mais rápido e alcançava uma velocidade maior. Para José, seu carro era melhor porque consumia menos combustível por quilômetro e tinha mais espaço no porta-malas.

Raciocínio semelhante se aplica na comparação de algoritmos de AM e seus respectivos modelos. A diferença entre comparar algoritmos e comparar modelos pode ser entendida como: ao comparar algoritmos de AM, geralmente comparamos por dois critérios, de forma isolada ou combinada, o tempo de treinamento de cada algoritmo e a qualidade dos modelos gerados por cada algoritmo.

O primeiro critério, comparação pelo tempo de treinamento, está relacionado com os recursos computacionais necessários para que um algoritmo consiga induzir um modelo de boa qualidade. Esse conceito é afetado diretamente pela dificuldade da tarefa. Para isso, cada algoritmo deve ter um critério factível de quando parar o treinamento, senão corre-se o risco de nunca parar. Em várias aplicações, o tempo é uma medida crítica. Exemplo dessas situações são o tempo necessário para que um algoritmo aprenda um modelo capaz de defender uma rede de computadores de um ataque cibernético. Tempo de treinamento elevado aumenta a quantidade de energia necessária para o uso do equipamento onde o algoritmo está sendo executado. Com as preocupações relacionadas com o aquecimento global e a sustentabilidade, a eficiência energética torna-se cada vez mais importante, e é um dos temas pesquisados na computação verde ou computação sustentável.

O segundo critério, comparação pela qualidade do modelo, é o mais comum em tarefas de CD. Para avaliar a qualidade do modelo, são observados aspectos relacionados com o seu desempenho. O desempenho dos modelos induzidos, em geral, está associado a quão bem um algoritmo de AM que os induz desempenha sua tarefa, por exemplo, quão relevantes são os grupos encontrados por um algoritmo de agrupamento, qual a proporção em que um modelo preditivo de classificação acerta a classe correta e quão bons foram os valores de atributos preditivos escolhidos para que o atributo alvo tenha o valor desejado. No entanto, em várias aplicações, também é importante medir o desempenho considerando outros aspectos, por exemplo:

- **Custo computacional (tempo) da aplicação do modelo:** quanto tempo é necessário para aplicar um modelo previamente induzido a novos dados. Um caso em que o baixo custo computacional é importante seria o tempo para que o modelo recomende uma manobra em uma aeronave. Nessa situação, e também para o caso de tempo de treinamento do algoritmo, é inclusive aceita uma piora no desempenho preditivo na realização da tarefa para não ultrapassar o limite de tempo permitido.

- **Custo computacional (memória):** qual o espaço de memória necessário para armazenar um modelo gerado por um algoritmo de AM. Muitas vezes, o modelo precisa caber em um espaço restrito, como na memória de um celular.

- **Explicabilidade e interpretabilidade:** avaliam a facilidade de entender os mecanismos por trás do funcionamento de modelos e como eles tomam decisões. Com a Lei Geral de Proteção aos Dados (LGPD), a qual deixa explícito que as pessoas têm direito de entender como uma decisão que as afetam foi tomada, esse modo de avaliação tem sido cada vez mais utilizado. Um exemplo clássico é o direito de uma pessoa que aplicou para um crédito financeiro, ao ter seu pedido negado, de saber a razão para tal.

A avaliação por apenas uma das formas muitas vezes não é suficiente. Por isso, com frequência, são avaliados o desempenho e a qualidade de soluções de AM utilizando duas ou mais destas formas. Frequentemente, algoritmos são comparados nesse aspecto alocando o mesmo período de treinamento para que cada um induza um modelo. Assim, no critério de qualidade, o algoritmo cujo treinamento é mais rápido tem uma vantagem sobre os demais. Quanto mais rápido for o algoritmo, maior o número de modelos candidatos que podem ser avaliados.

Este capítulo avança no que foi discutido no Capítulo 11, sobre procedimentos experimentais, e cobre aspectos relacionados com a avaliação de desempenho. Como é de se esperar, a avaliação de desempenho difere para tarefas descritivas e preditivas. Neste capítulo, será dada mais ênfase às medidas preditivas.

12.1 Avaliação de Modelos Preditivos

Como a avaliação preditiva mais intuitiva é, provavelmente, a utilizada para avaliar modelos de regressão, em que o melhor desempenho está associado a uma menor diferença entre o valor predito e o valor correto, começaremos pelas medidas de avaliação para tarefas de regressão.

12.1.1 Avaliação para Regressão

Uma forma simples de avaliar o desempenho preditivo de um modelo de regressão para um conjunto de objetos é calcular a soma dessas diferenças. Para ilustrar esse procedimento, suponha que para 5 objetos, valor predito e valor verdadeiro, e a respectiva diferença, sejam dados pela Tabela 12.1.

Tabela 12.1 Diferença entre valor predito e valor verdadeiro

Valor predito	Valor verdadeiro	Diferença entre os valores
0,9	0,6	0,3
0,6	0,8	−0,2
0,4	0,1	0,3
0,8	0,7	0,1
0,5	0,9	−0,4

É possível observar que a soma das diferenças, no caso 0,1, não reflete a distância real entre os valores preditos e seus respectivos valores verdadeiros. Isso porque, como temos valores positivos (valor predito maior que valor verdadeiro) e negativos (valor predito menor que valor verdadeiro), valores de diferenças negativas reduzem valores de diferenças positivas.

Isso pode ser evitado elevando os valores das diferenças ao quadrado, o que é feito pela medida da soma dos quadrados dos erros (SSE, *sum of squared error*), como mostra a Equação 12.1. Nessa medida, quanto menor o valor, menor o erro na predição do valor verdadeiro, e, assim, melhor é o desempenho do modelo.

$$SSE = \sum_{i=1}^{n}(y_i - f(x_i))^2 \qquad (12.1)$$

Um problema do SSE é que seu valor depende do número de objetos para os quais o desempenho está sendo avaliado. Isso pode ser evitado utilizando a média do quadrado das diferenças, o que é feito pela média dos quadrados dos erros (MSE, *mean squared error*), como mostra a Equação 12.2.

$$MSE = \frac{1}{n}\sum_{i=1}^{n}(y_i - f(x_i))^2 \qquad (12.2)$$

É importante observar que, para o caso do SSE e do MSE, ao elevar as diferenças ao quadrado, torna-se difícil a interpretação do erro. Existem, no entanto, duas formas simples de resolver esse problema:

1. Tirar a raiz quadrada do resultado, justamente o que faz a medida chamada raiz do erro quadrático médio (RMSE, *root mean square error*), ilustrada pela Equação 12.3.

2. Em vez de elevar cada diferença ao quadrado, usar o módulo de cada diferença, calculando, assim, a média dos valores absolutos (MAE, *mean absolute error*), que pode ser vista na Equação 12.4. Além de mais simples, evita um viés da alternativa anterior, que é, ao elevar as diferenças ao quadrado, fazer com que as maiores diferenças se sobressaiam com relação às outras.

$$RMSE = \sqrt{\frac{1}{n}\sum_{i=1}^{n}(y_i - f(x_i))^2} \qquad (12.3)$$

$$MAE = \frac{1}{n}\sum_{i=1}^{n}|y_i - f(x_i)| \qquad (12.4)$$

Avaliação, Ajuste e Seleção de Modelos

Essas duas medidas, por terem a mesma unidade de medida que o valor a ser predito, y_i, tornam-se mais fáceis de interpretar que o SSE e o MSE. Para exemplificar de maneira prática o uso das métricas para regressão, utilizaremos o problema apresentado no capítulo anterior sobre estimativas de preço das casas na Califórnia e avaliaremos o desempenho do modelo treinado com métricas diversas.

```python
# Pipeline de Regressão
import pandas as pd
from sklearn.datasets import fetch_california_housing

# Carregando os dados
califa_dataset = fetch_california_housing()

# Separando atributos preditivos do atributo alvo
data = pd.DataFrame(califa_dataset.data,
    columns=califa_dataset.feature_names)
target = califa_dataset.target

from sklearn.model_selection import train_test_split

# Aplicando a técnica de hold-out
train, test, train_labels, test_labels = train_test_split(data,
                                                          target,
                                                          test_size=0.2,
                                                          random_state=12)

# Importando o regressor baseado em Árvore de Decisão
from sklearn.tree import DecisionTreeRegressor

dt = DecisionTreeRegressor(random_state=42)

# Treinando o modelo e coletando predições
dt.fit(train, train_labels)
preds_dt = dt.predict(test)

# Importando as métricas de avaliação para regressão
from sklearn.metrics import mean_squared_error, mean_absolute_error,
    r2_score

# Exibindo os valores de avaliação de performance
print(f"MSE: {mean_squared_error(test_labels, preds_dt)}")
print(f"RMSE: {mean_squared_error(test_labels, preds_dt, squared=False)}")
```

```
print(f"MAE: {mean_absolute_error(test_labels, preds_dt)}")
print(f"R2_score: {r2_score(test_labels, preds_dt)}")
```

12.1.2 Avaliação para Classificação

Existe uma grande variedade de tarefas de classificação, desde a mais simples, em que temos apenas duas classes, classificação binária, até tarefas mais complexas, como classificação de uma classe, classificação multiclasses, classificação multirrótulos, classificação hierárquica, classificação contínua, classificação por *ranking*, para mencionar as formas mais comuns. Neste livro, será abordada a classificação binária, por ser mais simples, mais utilizada e porque alguns algoritmos de AM induzem modelos apenas para classificação binária. As medidas utilizadas para classificação binária podem ser facilmente expandidas para as outras formas de classificação.

Em uma tarefa de classificação binária, uma das classes, em geral, a de maior interesse, é denominada classe positiva (P) e a outra classe negativa (N). Para facilitar a compreensão dos conceitos, vamos assumir uma tarefa de diagnóstico médico cujas classes positiva e negativa são, respectivamente, doente e saudável. Um modelo preditivo de classificação, aqui chamado de classificador, pode cometer, portanto, dois tipos de erro:

1. Classificação de um exemplo da classe N como da classe P, denominado falso positivo (FP), ou alarme falso. Para a tarefa de diagnóstico médico, seria o diagnóstico de um paciente como doente, quando ele está saudável.

2. Classificação de um exemplo da classe P como da classe N, denominado falso negativo (FN). Para a tarefa de diagnóstico médico, seria o diagnóstico de um paciente como saudável, quando ele está doente.

Além disso, a classificação correta é chamada verdadeiro positivo (VP) para a classe positiva, e verdadeiro negativo (VN) para a classe negativa. Uma forma de ilustrar a quantidade de objetos em cada classe, as predições de um modelo preditivo, e os acertos e os erros cometidos, é por meio de uma matriz de confusão, como mostra o exemplo para um problema de classificação binária na Figura 12.1, assumindo que a classe 1 é a classe positiva e a classe 2 é a negativa.

De acordo com essa matriz, o conjunto de dados possui 75 objetos, 25 da classe 1 e 50 da classe 2. Todos os 25 objetos da classe 1 foram corretamente classificados na classe 1. Dos objetos da classe 2, 40 foram corretamente classificados na classe 2 e 10 foram

Avaliação, Ajuste e Seleção de Modelos

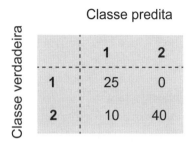

Figura 12.1 Exemplo de matriz de confusão para um problema de classificação binária.

incorretamente classificados na classe 1. A matriz de confusão mostra ainda, nos seus elementos, as quantidades de FP, FN, VP e VN, que são, respectivamente, 10, 0, 25, 40. Essa relação torna-se mais clara na Figura 12.2, assumindo que a classe 1 é a classe positiva e a classe 2 é a negativa.

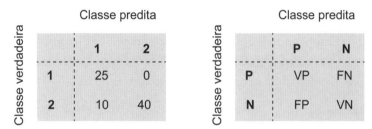

Figura 12.2 Exemplo de matriz de confusão para um problema de classificação binária e sua relação com FP, FN, VP e VN.

Medidas Simples

Os valores de FP, FN, VP e VN são utilizados para definir várias medidas importantes de modo a avaliar o desempenho de classificadores. Duas delas são a taxa de FP e a taxa de FN. A taxa de FP, TFP, calculada por meio da Equação 12.5, é a proporção de exemplos da classe negativa que são incorretamente classificados como pertencentes à classe positiva. Seu denominador é o número total de exemplos da classe positiva, classificados corretamente ou não. Essa taxa é também chamada erro do tipo I.

$$TFP = \frac{FP}{FP+VN} \tag{12.5}$$

A taxa de FN, TFN, calculada por meio da Equação 12.6, é o inverso, ou seja, a proporção de exemplos da classe positiva que são incorretamente classificados como pertencentes à classe negativa. Seu denominador é o número total de exemplos da classe negativa, classificados corretamente ou não. A TFN é também chamada erro do tipo II.

$$TFN = \frac{FN}{FN + VP} \tag{12.6}$$

Outra taxa muito utilizada é a taxa de VP, TVP, mostrada na Equação 12.7, que indica a quantidade de exemplos da classe positiva corretamente classificados nessa classe, ou a porcentagem de objetos positivos que são classificados como positivos. Seu maior valor é obtido quando nenhum objeto positivo deixa de ser classificado na classe positiva, ou seja, todos os exemplos positivos são corretamente classificados. Observe que o denominador da TVP é o mesmo da TFN. Como quanto maior melhor, ela é chamada de benefício, enquanto a TFN, em que quanto maior pior, é chamada, além de erro do tipo II, de custo.

$$TVP = \text{Revocação} = \text{Sensibilidade} = \frac{VP}{FN + VP} \tag{12.7}$$

A TVP também é chamada de taxa de sensibilidade e de taxa de revocação (*recall*). Outra medida muito utilizada é o valor predito positivo, VPP, mais conhecido pelo termo precisão, e calculada pela Equação 12.8. Seu denominador é formado por todos os objetos classificados na classe positiva, de modo correto ou não.

$$VPP = \text{Precisão} = \frac{VP}{FP + VP} \tag{12.8}$$

A precisão retorna a porcentagem de exemplos classificados como positivos que são realmente positivos. Seu maior valor é obtido quando nenhum objeto negativo é incorretamente classificado na classe positiva. Ou seja, todos os objetos que o classificador atribui à classe positiva são dela. De maneira semelhante à VPP, mas para a classe negativa, temos o valor predito negativo, VPN, mais conhecida como especificidade. Porcentagem de exemplos negativos classificados como negativos. Seu maior valor é obtido quando todos os exemplos negativos são corretamente classificados, ou seja, nenhum exemplo negativo é deixado de fora. A Equação 12.9 mostra como esse cálculo é feito.

$$VPN = \text{Especificidade} = \frac{VN}{FP + VN} \tag{12.9}$$

Uma das medidas simples mais utilizadas é a acurácia, que retorna quantos objetos foram corretamente classificados. Seu cálculo é mostrado na Equação 12.10. A acurácia pode ser facilmente utilizada em problemas de classificação multiclasses.

$$\text{Acurácia} = \frac{VN + VP}{VN + VP + FN + FP} \tag{12.10}$$

Ao mesmo tempo que ela apresenta um melhor resumo do desempenho de um classificador, ela omite como os erros (e acertos) estão distribuídos entre as classes. Assim, a classe com mais objetos acaba contribuindo mais no cálculo do valor. Isso faz com que seu uso não seja indicado para dados desbalanceados. Uma de suas variações, a acurácia balanceada, faz com que todas as classes contribuam igualmente no cálculo da acurácia. Essas medidas são simples, podendo ser combinadas para formular medidas mais elaboradas, como será visto a seguir.

Medidas mais Elaboradas

Essas medidas combinam mais valores ou combinam as medidas simples descritas na seção anterior. Uma muito utilizada em classificação binária é a Medida-F (*F-Score*), que utiliza a média harmônica para combinar Precisão com Revocação, como mostra a Equação 12.11.

$$\text{Medida-F} = \frac{(1 + \alpha) \times \text{Precisão} \times \text{Revocação}}{\alpha \times \text{Precisão} + \text{Revocação}} \qquad (12.11)$$

O valor de α, definido pelo usuário, indica o peso das medidas de Precisão e de Revocação no cálculo de Medida-F. Quando seu valor é igual a 1, temos uma variação da Medida-F, chamada Medida-F1, em que a Precisão e a Revocação têm o mesmo peso, como pode ser observado na Equação 12.12.

$$\text{Medida-F1} = \frac{(2 \times \text{Precisão} \times \text{Revocação})}{\text{Precisão} + \text{Revocação}} = \frac{2}{\frac{1}{\text{Precisão}} + \frac{1}{\text{Revocação}}} \qquad (12.12)$$

Os valores da Precisão e Revocação são combinados ainda em outra medida, que os calcula para uma sequência de variações, em geral, valores para um limiar (*threshold*) e os coloca em um gráfico precisão-revocação. Dois exemplos desse gráfico, para 2 classificadores hipotéticos, são apresentados na Figura 12.3.

Na figura, os pontos no gráfico associados a um classificador são unidos pela curva precisão-revocação (AUPRC). Ela permite comparar vários classificadores, em que cada classificador é representado por uma curva. A AUPRC é usada como medida de desempenho preditivo, em que quanto maior a área sob a curva, melhor o desempenho. A Figura 12.4 mostra a AUPRC para o classificador 2 do exemplo anterior.

É importante observar que quanto maior o valor de revocação, mais o classificador está tentando reduzir os FN. E quanto maior a precisão, mais o classificador está buscando reduzir os FP. Curvas precisão-revocação são indicadas para avaliação de desempenho em problemas de classificação binária para dados desbalanceados, por considerarem com maior ênfase classes raras, com poucos objetos. Outra forma de representar

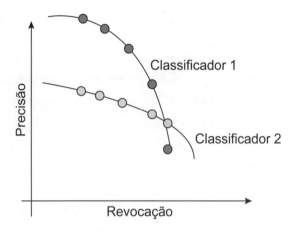

Figura 12.3 Exemplo de gráficos previsão-revocação para 2 classificadores.

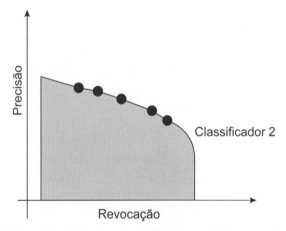

Figura 12.4 Exemplo de área sob curva previsão-revocação para o classificador 2.

o desempenho por curvas é utilizada pelas curvas ROC (*receiver operating characteristics*). As curvas ROC são inspiradas nos gráficos ROC, uma medida de desempenho originária da área de processamento de sinais.

As curvas ROC são desenhadas de forma similar às curvas precisão-revocação. A área sob a curva ROC, AUC, é uma das medidas de desempenho mais utilizadas em tarefas de classificação. Assim como as curvas precisão-revocação, elas mostram a relação entre duas medidas, no caso custo (TFP) e benefício (TVP). A Figura 12.5 apresenta um exemplo de curva ROC para um classificador, com destaque para a AUC. O cálculo da AUC gera um valor contínuo no intervalo [0,0; 1,0], em que quanto maior o valor, melhor. Como sugere a figura, a AUC, assim como pode ser facilmente calculada por meio da adição de áreas de sucessivos trapezoides.

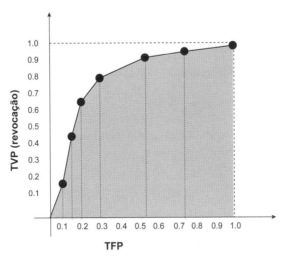

Figura 12.5 Exemplo da área sob a curva ROC para 1 classificador.

Para exemplificar a utilização das métricas de avaliação para classificação, vamos estender o exemplo de pacientes com diabetes, já trabalhado anteriormente neste livro, para ter uma avaliação mais completa, observando o resultado do desempenho a partir de algumas das diversas métricas já discutidas neste capítulo.

```
# Pipeline de Classificação
import pandas as pd

# Leitura dos dados
df = pd.read_csv('diabetes.csv')

# Separando os dados em atributos preditivos (X) e atributo alvo (y)
X = df.iloc[:, :-1].values
y = df.iloc[:, -1].values

from sklearn.model_selection import train_test_split

# Aplicando a técnica de hold-out
training_set, test_set, train_labels, test_labels = train_test_split(X,
                                                                     y,
                                                                     test_size=0.3,
                                                                     random_state=12,
                                                                     stratify=y)
```

```python
# Importando o classificador baseado em Árvore de Decisão
from sklearn.tree import DecisionTreeClassifier

dt = DecisionTreeClassifier(random_state=42)

# Treinando o modelo e coletando predições
dt.fit(training_set, train_labels)
preds_dt = dt.predict(test_set)

# Importando as métricas de avaliação para classificação
from sklearn.metrics import accuracy_score, f1_score, recall_score,
    precision_score, roc_auc_score

# Exibindo os valores de avaliação de performance
print(f"Acurácia: {accuracy_score(test_labels, preds_dt)}")
print(f"F1-Score: {f1_score(test_labels, preds_dt)}")
print(f"Revocação (Recall): {recall_score(test_labels, preds_dt)}")
print(f"Precisão: {precision_score(test_labels, preds_dt)}")
print(f"AUC: {roc_auc_score(test_labels, preds_dt)}")

# Utilizando uma função que facilita a conferência de diversas métricas
from sklearn.metrics import classification_report

print(classification_report(test_labels, preds_dt))
```

Essas medidas são utilizadas para avaliar classificadores em conjuntos de dados de classificação binária. Para problemas de classificação multiclasses, aqueles com mais de 2 classes, duas estratégias de decomposição de um problema multiclasse em problemas binários são muito utilizadas:

1. **Um contra todos:** divide o problema multiclasse original em N problemas de classificação binária, em que N é o número de classes. O valor da medida de interesse é calculada para cada um dos N problemas binários e a média dos N valores é retornada.

2. **Todos contra todos:** divide o problema multiclasse original em $N \times (N-1)/2$ problemas de classificação binária, em que cada problema utiliza 2 das classes do problema original. Novamente, o valor da medida de interesse é a média dos valores obtidos nos problemas binários.

Avaliação, Ajuste e Seleção de Modelos

12.2 Avaliação de Modelos Descritivos

Por não ter um resultado desejado para comparar com o obtido, a avaliação de modelos descritivos é mais difícil e menos confiável que a de modelos preditivos. Mesmo assim, várias medidas têm sido propostas, principalmente para avaliar a qualidade de partições de dados geradas por algoritmos de agrupamento de dados (*clustering*). As medidas utilizadas para avaliar partições são chamadas de medidas ou índices de validação. Existem vários índices de validação, que julgam aspectos diferentes de uma partição e podem ser divididos em três grupos:

- **Índices ou critérios externos:** usados quando os dados são rotulados, medem o quanto os objetos em cada grupo (*cluster*) compartilham o rótulo.

- **Índices ou critérios internos:** os mais usados, medem a qualidade da partição obtida sem considerar informações externas.

- **Índices ou critérios relativos:** geralmente usados para comparar duas partições ou grupos de objetos.

Como o agrupamento de dados é geralmente utilizado para extrair informação de dados não rotulados, índices internos são a maneira mais comum de avaliar partições. Em geral, elas medem:

- **Coesão de cada grupo:** o quão relacionados estão os objetos dentro de cada grupo.
- **Separação entre grupos:** o quão distinto ou separado um grupo está dos demais grupos.

Uma das medidas de validação interna mais utilizadas para avaliar a qualidade de partições, é o índice silhueta. O índice silhueta combina coesão com separação. Ele é calculado para cada objeto que faz parte de um agrupamento, baseado na proximidade entre os objetos de um grupo e na distância dos objetos de um grupo àqueles do grupo mais próximo. Com isso, ele mostra quais objetos estão bem situados dentro dos seus grupos e quais estão fora do grupo apropriado. A Equação 12.13 mostra como o índice silhueta é calculado para cada objeto de uma partição encontrada por um algoritmo de agrupamento de dados.

$$Silhueta(x_i) = \begin{cases} 1 - m(i)/d(i) & \text{se } m(i) < d(i) \\ 0 & \text{se } m(i) = d(i) \\ d(i)/m(i) - 1 & \text{se } m(i) > d(i) \end{cases} \quad (12.13)$$

Nessa equação, $m(i)$ é distância média do objeto x_i aos outros objetos do mesmo grupo e $d(i)$ é a menor distância média de x_i aos objetos do grupo mais próximo. Os valores de silhueta obtidos para cada objeto são combinados em uma medida chamada largura média da silhueta, sendo a média sobre todos os objetos do conjunto de dados. A largura média de silhueta terá um valor entre -1 e 1, em que quanto mais próximo de 1, melhor a partição.

12.2.1 Ajuste de Hiperparâmetros de Algoritmos

Algoritmos de AM possuem hiperparâmetros (HP), cujos valores são definidos pelo usuário, que afetam o seu funcionamento e restringem ainda mais o espaço de busca dos modelos, tornando a tarefa computacionalmente viável. Quando aplicados a um conjunto de dados, com uma dada combinação de valores para seus HP, os algoritmos, por sua vez, ajustam valores dos parâmetros de um modelo para encontrar aqueles que levem a uma melhor estimativa de desempenho futuro, quando o modelo for aplicado a dados não vistos durante o aprendizado.

O ajuste de valores de HP de algoritmos de AM é investigado há décadas, tendo começado com as redes neurais artificiais, com o ajuste da arquitetura da rede, como o número de camadas de neurônios e de neurônios em cada camada, e também de HP do algoritmo de treinamento empregado para ajustar os valores dos pesos das conexões. Diferentes abordagens têm sido seguidas para definir os valores a serem utilizados para os HP, dentre elas:

- Utilizar valores sugeridos pelos desenvolvedores do algoritmo ou por ferramentas que disponibilizam uma implementação do algoritmo. Esses valores, chamados valores *default* (pré-definidos), muitas vezes variam de uma ferramenta para outra. Esses valores são geralmente sugeridos por terem produzidos bons modelos em experimentos passados realizados pelo projetista do algoritmo ou implementador da ferramenta. Como cada caso é um caso, nada garante que sejam bons para experimentos com outros conjuntos de dados.

- Utilizar valores sugeridos por outras pessoas ou que geraram bons modelos em seus trabalhos anteriores. Essa alternativa depende da sua experiência e/ou da experiência das pessoas que sugeriram os valores. Ela é, em geral, mais subjetiva e menos embasada que a alternativa anterior.

- Experimentar vários valores diferentes em um processo de tentativa e erro. Além de consumir uma grande quantidade de tempo em trabalho manual e repetitivo, é ainda mais subjetivo e menos confiável que as alternativas anteriores.

Avaliação, Ajuste e Seleção de Modelos

- Utilizar uma técnica de busca eficiente por um bom conjunto de valores, que geralmente é uma técnica de otimização. É a alternativa mais promissora para encontrar modelos com melhor desempenho preditivo. Uma limitação dessa alternativa é o aumento do custo computacional dos experimentos.

As técnicas de otimização mais utilizadas são de força bruta, em que os exemplos mais conhecidos são busca em grade (GS, *grid search*) (LAVALLE; BRANICKY; LINDEMANN, 2004) e busca aleatória (RS, *random search*) (BERGSTRA; BENGIO, 2012), otimização bayesiana (SNOEK; LAROCHELLE; ADAMS, 2012) e meta-heurísticas, como algoritmos genéticos (AG, *genetic algorithms*) e otimização baseada em partículas (PSO, *Particule swarm optimization*). As duas primeiras técnicas, RS e GS, são as mais simples e efetuam um bom ajuste dos HP na maioria das situações. Enquanto a primeira usa intervalos bem definidos para o espaço de busca dos valores a serem testados para os HP, a segunda seleciona valores de forma aleatória. A Figura 12.6 ilustra a diferença entre elas.

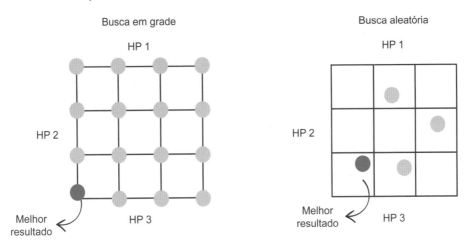

Figura 12.6 Diferença entre busca em grade e busca aleatória.

Meta-heurísticas são técnicas de otimização que utilizam heurísticas (estratégias preconcebidas), buscando a melhor forma de otimizar uma função. Várias meta-heurísticas populares são baseadas em processos de otimização encontrados na natureza, como o caso dos algoritmos genéticos. Algoritmos genéticos utilizam conceitos de genética e de seleção natural, que, por uma sequência de gerações, buscam progressivamente melhorar a qualidade de uma solução.

12.3 Seleção e Testes de Hipóteses

O que se deseja em um projeto de CD é encontrar a solução que melhor atenda ao problema a ser resolvido. Isso, em geral, ocorre pela comparação de modelos induzidos por um conjunto de algoritmos de AM ou de *pipelines* de acordo com seu desempenho, medido, utilizando os conjuntos de treinamento e o de validação. Assim, um algoritmo de AM pode induzir vários modelos, dependendo dos valores utilizados para os HP do algoritmo.

Escolhido o modelo que representará cada algoritmo de AM utilizado, ele é aplicado aos dados de teste para estimar qual seria o desempenho do modelo e, consequentemente, do algoritmo de AM, para novos dados. Os dados de teste não devem nunca ser utilizados para a escolha de um algoritmo de AM ou modelo, mas sim para estimar o desempenho do modelo/algoritmo escolhido para novos dados. É esperado que a melhor solução para um conjunto de treinamento seja também a melhor para novos dados de teste.

Nessa comparação, quem apresentou um melhor valor de desempenho é considerado o melhor. Essa forma de comparação tem um elevado grau de subjetivismo. Por exemplo, qual a mínima diferença para que um modelo seja considerado melhor do que outro? E se a diferença se deve ao acaso, como identificar? Testes de hipótese permitem verificar se a diferença no desempenho médio entre 2 modelos preditivos é real. Abordada como uma das subáreas da Estatística, os testes de hipóteses pesquisam maneiras mais criteriosas de comparação entre alternativas que reduzam a incerteza, levando a conclusões estatisticamente respaldadas e analisando se as diferenças de desempenho são estatisticamente significativas.

Nesses testes, são assumidas duas hipóteses para a comparação do desempenho de algoritmos. A hipótese nula, que significa que não existe uma diferença estatisticamente significativa, e a hipótese alternativa, em que os desempenhos, em geral, preditivos, são estatisticamente diferentes. Caso a hipótese alternativa seja a comprovada pelo teste, por considerar que os desempenhos diferem, podemos concluir que um desempenho é estatisticamente superior ao outro. Para isso, os algoritmos devem ser aplicados às mesmas amostras de dados.

Diferentes níveis de confiança podem ser utilizados no teste de hipótese (DEMŠAR, 2006). Em geral, é usado o nível de 95%, que implica 95% de confiança ou certeza naquele resultado. Existem vários testes de hipóteses, que podem ser paramétricos, quando assumem uma distribuição estatística (por exemplo, a distribuição normal) dos valores de desempenho, ou não paramétricos, quando não assumem uma distribuição.

Para utilizar testes paramétricos, deve ser feito um teste de normalidade, que vai retornar se os valores realmente têm uma distribuição normal. Os testes paramétricos mais utilizados são *teste t de Student* e *ANOVA*. Os testes não paramétricos, pela não necessidade de fazer a suposição da distribuição, se tornaram muito populares na comunidade de AM. Alguns desses testes comparam apenas dois algoritmos para um conjunto de dados, como o *teste de Wilcoxon*. Outros permitem comparar vários algoritmos para vários conjuntos de dados, como o *teste de Friedman*.

Como mencionado, os testes usados são, atualmente, baseados na verificação da hipótese nula, possuindo várias deficiências na comparação de algoritmos de AM. Testes de significância baseados na hipótese nula calculam a probabilidade de obter a diferença numérica observada nos dados. Logo, eles não calculam a probabilidade de interesse: a probabilidade de um modelo ter um desempenho melhor que outro para os resultados observados, referente à probabilidade de um modelo ser superior a outro.

Recentemente, foi proposto um novo teste, o teste bayesiano hierárquico (DEMŠAR; REPOVŠ; ŠTRUMBELJ, 2020), que retorna as probabilidades com que um modelo preditivo apresenta um desempenho superior, igual e inferior ao de outro modelo. Esse teste analisa resultados, utilizando validação cruzada, obtidos por 2 classificadores para vários conjuntos de dados. A partir desses resultados, ele estima a diferença entre classificadores em conjuntos de dados individuais. No lugar da abordagem tradicional, de usar a média, independentemente de cada conjunto de dados, dos resultados da validação cruzada, ele retorna as probabilidades *a posteriori* de ganhar, empatar e perder.

12.4 Interpretação e Explicação de Modelos

Você confiaria em uma recomendação ou decisão de um modelo gerado por um algoritmo de AM se essa decisão tivesse um grande efeito na sua vida? Se decidisse se você deve ou não fazer uma cirurgia arriscada, se você deve investir tudo que guardou nas ações de uma empresa ou o veredito de uma ação legal em que você é uma das partes? Uma das críticas ao uso de modelos induzidos por alguns algoritmos de AM é a dificuldade de entender como eles decidem, que, no caso de modelos preditivos, seria porque eles geram determinado valor de saída para uma dada combinação de valores dos atributos preditivos.

Um modelo cuja interpretação é difícil, se não impossível, é denominado modelo caixa-preta (*black-box*). Um exemplo de modelos caixas-pretas são as redes neurais artificiais, em que, quanto mais camadas são adicionadas, mais difícil é a sua interpretação. Quando é fácil entender como o modelo toma uma decisão, ele é chamado caixa-branca. Um exemplo de modelo caixa-branca é uma árvore de decisão, que permite recuperar a regra que, para um dado conjunto de valores de entrada, retornou uma dado valor de saída, a sua decisão. Modelos que ficam no meio do caminho, são interpretáveis, mas não muito, são chamados de caixas-cinzas. Um exemplo de modelos caixas cinzas são os comitês de árvores de decisão, como as florestas aleatórias.

Nos últimos anos, há um movimento a favor de uma IA transparente, justa, responsabilizável e confiável que, no que diz respeito a AM, tem uma forte relação com a interpretabilidade dos modelos induzidos por algoritmos de AM (RIBEIRO; SINGH; GUESTRIN, 2016). Esse movimento, denominado Inteligência Artificial Explicável (XAI, *eXplainable Artificial Intelligence*) (ARRIETA *et al.*, 2020), possui três abordagens, cada uma delas com vários métodos:

1. Papel dos atributos, que busca explicar as razões por trás das decisões tomadas.

2. Explicações contrafactuais, que informa quais pequenas mudanças nos valores dos atributos levarão a uma decisão diferente.

3. Extração de regras lógicas simples que relacionam os atributos na tomada de decisões.

É importante destacar a diferença entre os termos explicável e interpretável. De acordo com Arrieta *et al.* (2020), enquanto explicável está relacionado com a compreensão do funcionamento interno de um modelo, ou seja, o que ocorre internamente no modelo ao receber como entrada um conjunto de valores para os atributos preditivos, interpretável diz respeito à facilidade de usuários entenderem as decisões tomadas por um modelo. Assim, um modelo interpretável permite entender as relações causa-efeito, por exemplo, o quanto um usuário consegue predizer o que acontecerá ao mudar os valores de um grupo de atributos, sem precisar entender o que ocorre internamente no modelo. Por conta disso, interpretabilidade está mais associado com a transparência de um modelo.

12.5 Considerações Finais

Este capítulo cobriu as principais formas de avaliar soluções baseadas em CD que fazem uso de algoritmos e modelos de AM. No início, foram descritas as principais formas de avaliar o desempenho de modelos, analisando o quão próximo o modelo se comporta com relação ao que se espera dele, sendo mais fácil de realizar em tarefas preditivas. Também foram brevemente descritas as medidas utilizadas para avaliação de modelos em tarefas de regressão, por serem mais simples. Em seguida, foram mais detalhadas as medidas empregadas em tarefas de classificação, por serem as tarefas mais comuns, e para as tarefas descritivas, em particular de agrupamento de dados.

Avaliação, Ajuste e Seleção de Modelos

Para as tarefas de classificação foram apresentadas medidas para classificação binária, mas que podem ser facilmente expandidas para classificação multiclasses, por exemplo, usando estratégias de decomposição. As primeiras medidas apresentadas, embora simples, são amplamente utilizadas. Em seguida, foram apresentadas medidas mais elaboradas, como a área sob a AUPRC e a AUC.

O leitor deve ter percebido a forte relação entre este capítulo e o Capítulo 10, pois os procedimentos de reamostragem utilizados para experimentos de CD permitem uma maior segurança na estimativa do desempenho de algoritmos e modelos. Para as tarefas de agrupamento de dados, após uma breve discussão da dificuldade de avaliar partições e dos 3 tipos de índices geralmente utilizados, foi exemplificado o uso de um índice interno. Neste mesmo capítulo, também foram abordados os temas de ajuste de HP, uma das principais maneiras de melhorar o desempenho dos modelos, testes de hipótese, e interpretabilidade, a qual permite entender como um modelo toma decisões.

Parte V   Tópicos Avançados em Ciência de Dados

Apesar de o tema ter ganho popularidade recentemente, a área de CD, e seus temas relacionados, têm sido bastante ativa por vários anos, o que levou ao desbravamento de novas fronteiras para geração de conhecimento em múltiplas direções. Existem vários outros temas de CD que acreditamos ser importante introduzir neste livro. No entanto, para que o texto não fique demasiadamente extenso, e perca o foco desejado, optamos por incluir em um único capítulo aqueles temas que acreditamos ser relevantes para quem cogita ser um bom cientista de dados, ou pelo menos compreender melhor as possibilidades que a CD nos traz.

Para isso, selecionamos dois temas que acreditamos ser de maior importância para a formação inicial de um cientista de dados, o desenvolvimento de soluções de CD para dados não estruturados, e os requisitos necessários para o desenvolvimento de uma solução de CD ética e socialmente responsável. O primeiro tema é importante porque, apesar de estarmos mais acostumados a lidar com conjuntos de dados estruturados, representados por tabelas atributo-valor, os dados atualmente gerados no mundo são majoritariamente não estruturados. No capítulo seguinte, apresentaremos como lidar com dados não estruturados em 3 das principais situações em que isso pode ocorrer: análise de sequências biológicas, análise de imagens e análise de textos.

O segundo tema é essencial para quem planeja trabalhar com CD e descreve como lidar com desafios éticos e sociais, e possíveis impactos negativos que podem surgir no desenvolvimento e uso de sistemas de CD. Uma boa solução de CD não é apenas aquela que tem um bom desempenho preditivo, ou que é de fácil compreensão. Uma boa solução é aquela gerada, validada e utilizada de forma responsável, funcionando de forma ética, justa, evitando preconceito e respeitando a privacidade, onde a transparência de soluções tem um papel fundamental. Ao final, falamos também de um importante movimento em direção a uma IA, e uma CD, centrada em dados, que atribui à preparação de dados um papel de destaque no desenvolvimento de sistemas de CD.

V Tópicos Avançados em Ciência de Dados

13	**Dados Não Estruturados** 279
13.1	Análise de Sequências Biológicas 280
13.2	Análise de Imagens. 289
13.3	Análise de Textos 301
13.4	Considerações Finais 314
14	**Ciência de Dados Responsável** 317
14.1	Ciência de Dados Ética 319
14.2	Ciência de Dados Justa 321
14.3	Ciência de Dados com Proteção e Privacidade 324
14.4	Ciência de Dados Reproduzível. 329
14.5	Ciência de Dados Transparente 330
14.6	IA Centrada nos Dados 332
14.7	Considerações Finais 335

Capítulo 13   Dados Não Estruturados

A quantidade de dados não estruturados cresce mais rapidamente que a de dados estruturados. Uma pesquisa da corporação internacional de dados (IDC, *International Data Corporation*), em 2010, estima que até 2025 cerca de 80% dos dados gerados serão não estruturados, e apenas 10% desses dados serão armazenados. Outros estudos apontam que, atualmente, entre 80% e 90% dos dados gerados são não estruturados.[1] Neste capítulo, abordamos três exemplos de dados não estruturados, que não foram escolhidos por acaso. Foram selecionados primeiro porque são os tipos de dados não estruturados mais frequentemente encontrados, gerados e analisados. Segundo, porque eles são utilizados por diferentes motivos e aplicações no mundo real.

O primeiro grupo de conjunto de dados não estruturados aqui discutido é formado por dados biológicos, que permitem compreender melhor as funções e os comportamentos de seres vivos. O segundo conjunto é composto por imagens, que nos permitem identificar objetos, seres vivos e fenômenos físicos. O terceiro conjunto contém textos, que possibilitam a comunicação entre seres humanos de diferentes culturas e regiões do planeta. Para cada um desses conjuntos de dados abordaremos:

---

[1] Disponível em: https://www.mongodb.com/unstructured-data. Acesso em: 26 abr. 2023.

- por que eles são importantes e populares em Ciência de Dado (CD);
- o que representam, qual o formato que assumem e como coletá-los;
- a evolução da aplicação de técnicas e algoritmos de CD a eles;
- como estruturá-los, ou seja, extrair deles conjuntos de dados tabulares;
- alternativas para trabalhar com eles nos seus formatos originais.

13.1 Análise de Sequências Biológicas

Uma das principais descobertas na área da Biologia, em particular na Biologia Molecular, foi a estrutura do DNA pelo biólogo norte-americano James Watson e pelo físico britânico Francis Crick em 1953 (WATSON; CRICK, 1953). Os autores mostraram que o DNA é uma molécula de dupla fita, cuja estrutura tem o formato de uma hélice dupla.

Moléculas de DNA contêm as informações necessárias para a síntese de proteínas, que têm, dentre suas funções, o controle do funcionamento do metabolismo em um organismo, a proteção contra vírus e bactérias e a construção e o reparo de tecidos biológicos. Essa relação entre DNAs e proteínas é descrita pelo "Dogma Central da Biologia Molecular" (CRICK, 1970), que divide o processo de síntese proteica por moléculas de DNA em 3 fases – replicação, transcrição e tradução – como ilustrado pela Figura 13.1.

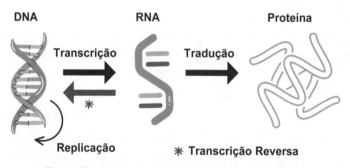

Figura 13.1 Dogma Central da Biologia Molecular.

Na fase de replicação, uma molécula de DNA faz várias cópias dela mesma por meio de um processo de divisão celular. Alguns trechos de uma molécula de DNA, denominados genes, codificam as proteínas. Na fase transcrição, os segmentos do DNA que representam genes são transcritos em moléculas de RNA, mais especificamente, o RNA mensageiro (RNA_m). Para facilitar o entendimento do texto, usaremos a sigla

RNA. Várias cópias de um mesmo gene podem ser transcritos. Na última fase, tradução (ou translação), cada molécula do RNA é traduzida em uma proteína. É importante observar que o Dogma também contempla a transcrição reversa, evento raro que ocorre quando uma molécula de RNA é transcrita em uma molécula de DNA.

Na fase de transcrição, é iniciado o processo de expressão gênica, quando as informações codificadas na sequência de nucleotídeos de uma molécula de DNA são convertidas em funções exercidas no organismo. As moléculas de DNA, e de RNA, têm como papel armazenar informações, o que as diferencia é o uso de diferentes mecanismos químicos para o armazenamento. Essas moléculas representam informações por meio de uma sequência de nucleotídeos. Assim, a fase de transcrição apenas muda qual e como a informação está sendo armazenada.

As moléculas de DNA, de RNA e de proteína são chamadas de sequências biológicas, pois cada uma dessas moléculas é formada por uma sequência de nucleotídeos, no caso do DNA e do RNA, ou por uma sequência de aminoácidos, no caso da proteína. Cada nucleotídeo é formado por 3 componentes: um grupo fosfato, uma base nitrogenada e uma pentose. Na molécula de DNA, cada nucleotídeo tem como pentose a desoxirribose, daí o nome da molécula, e uma dentre quatro bases nitrogenadas diferentes, que podem ser purinas (Adenina (A) e Guanina (G)) ou pirimidinas (Citosina (C) e Timina (T)). Em uma molécula de RNA, a pentose é a ribose. Ela também tem 4 bases nitrogenadas, mas em vez da base nitrogenada T, ela possui a base nitrogenada Uracil (U).

Cada molécula de proteína é formada por uma sequência de aminoácidos, em que cada posição da sequência pode ter um dentre 20 aminoácidos diferentes. Enquanto cada nucleotídeo é abreviado por 1 letra, um aminoácido pode ser abreviado por 1 letra ou por 3 letras. São exemplos de aminoácidos: Alanina (A ou Ala), Arginina (R ou Arg), Asparagina (N ou Asn) e Valina (V ou Val).[2] Na fase de tradução, O RNA é dividido em subsequências de 3 nucleotídeos e cada subsequência é traduzida em um aminoácido. Com isso, cada molécula do RNA, que codifica um gene, é traduzida em uma proteína. Exemplos de uma molécula de DNA, de RNA e de proteína são apresentados na Figura 13.2.

Graças ao desenvolvimento tecnológico ocorrido nas últimas décadas, que levou ao desenvolvimento de equipamentos para análise de sequências biológicas, um grande conhecimento foi gerado sobre diversos processos biológicos, permitindo lidar melhor

---

[2] Disponível em: http://disciplinas.ist.utl.pt/qgeral/biomedica/aminoacidos.html. Acesso em: 26 abr. 2023.

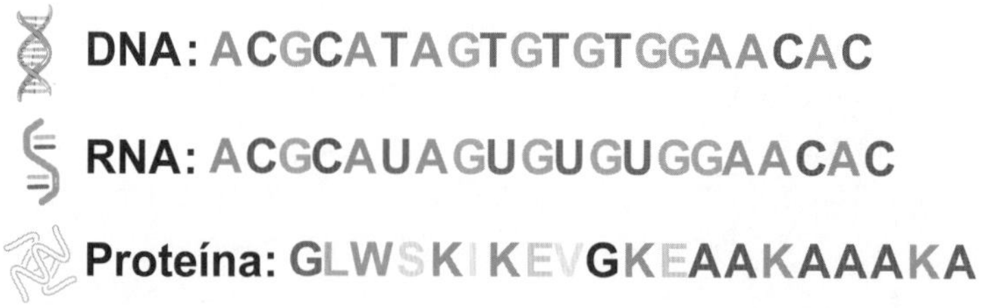

 DNA: ACGCATAGTGTGTGGAACAC

 RNA: ACGCAUAGUGUGUGGAACAC

 Proteína: GLWSKIKEVGKEAAKAAAKA

Figura 13.2 Exemplos de uma molécula de DNA, de RNA e de proteína.

com desafios relacionados com doenças, epidemias, mudanças climáticas e redução de recursos hídricos. Isso tem levado, por exemplo, a um melhor entendimento de mecanismos por trás de doenças complexas, como câncer, acidente vascular cerebral, diabetes, doenças cardíacas, além de novas formas de diagnóstico e tratamento, como edição genética e medicina de precisão.

Boa parte desses avanços foram possíveis pelo uso de técnicas e algoritmos de CD, que estão sendo amplamente aplicados para produzir, armazenar, distribuir e interpretar dados biológicos. A seguir, veremos como conjuntos de dados formados por sequências biológicas podem ser transformados em conjuntos de dados estruturados.

13.1.1 Coleta de Sequências Biológicas

A grande expansão que ocorreu na extração de sequências biológicas gerou banco de dados biológicos para diversos propósitos, com diferentes curadorias e métodos. Diferentes bancos de dados têm sido utilizados para aplicações distintas. Por exemplo, para identificar novas variações de sequências do coronavírus SARS-CoV-2, que causa a Covid-19, podemos utilizar *NCBI SARS-CoV-2 Resources*[3] ou *GISAID*.[4] Para estudos relacionados com câncer, pode-se usar *The Cancer Genome Atlas*.[5] Existem ainda bases de dados que armazenam sequências para propósitos distintos, como *GenBank*,[6] *RCSB Protein Data Bank*[7] e *Genome*.[8]

---

[3] Disponível em: https://www.ncbi.nlm.nih.gov/sars-cov-2/. Acesso em: 26 abr. 2023.
[4] Disponível em: https://gisaid.org/. Acesso em: 26 abr. 2023.
[5] Disponível em: https://www.genome.gov/Funded-Programs-Projects/Cancer-Genome-Atlas. Acesso em: 26 abr. 2023.
[6] Disponível em: https://www.ncbi.nlm.nih.gov/genbank/. Acesso em: 26 abr. 2023.
[7] Disponível em: https://www.rcsb.org/. Acesso em: 26 abr. 2023.
[8] Disponível em: https://www.ncbi.nlm.nih.gov/genome/. Acesso em: 26 abr. 2023.

13.1.2 Transformação em Conjuntos de Dados Estruturados

O primeiro passo para transformar um conjunto de sequências biológicas em um conjunto de dados estruturados é transformar cada sequência em um vetor com um ou mais valores numéricos. Uma alternativa para fazer isso é representar cada símbolo, letra, que pode aparecer na sequência por um valor numérico. Em uma sequência de DNA, por exemplo, cada letra representando um nucleotídeo pode ser convertida em um valor numérico diferente: A=1, C=2, G=3 e T=4. Assim, a sequência de letras ATTCAGC seria representada pela sequência de números 1442132.

O principal problema dessa codificação é que várias técnicas e algoritmos de CD utilizam em seus mecanismos internos a distância entre valores. Essa primeira alternativa de representação assume que alguns nucleotídeos são mais semelhantes que outros. Por exemplo, por terem valores mais parecidos, A e C seriam assumidos mais parecidos que A e T, pois o valor 1 é mais próximo de 2 do que de 4. O mesmo raciocínio vale se procedimento semelhante fosse usado para a representação de uma proteína. Cada numérico pode ser interpretado como um atributo preditivo.

Para evitar com essa limitação, nos primeiros trabalhos, as sequências eram codificadas utilizando a representação 1-de-n ou canônica, vista no Capítulo 8, em que cada letra na sequência, seja ela um nucleotídeo ou aminoácido, era representada por um vetor binário cujo tamanho é o número de letras (4 para nucleotídeos e 20 para aminoácidos), com apenas um valor igual a 1 e os demais valores iguais a 0.

Em uma sequência de DNA, por exemplo, cada letra representando um nucleotídeo seria convertida em um vetor binário diferente: A=1000, C=0100, G=0010 e T=0001. Assim, a sequência de letras ATTCAGC seria representada pela sequência de números 1000000100010100000100100. Com isso, a distância entre a codificação de cada par de letras é a mesma, 2, pois teriam 2 posições com valores binários diferentes. Novamente, o mesmo procedimento pode ser utilizado para a codificação de proteínas. Nessa representação, cada valor numérico, seja ele 0 ou 1, torna-se um atributo preditivo.

O principal problema dessa codificação é o que o número de atributos preditivos gerados pode ser muito grande, principalmente para proteínas. Utilizando essa codificação, se uma proteína for uma sequência de 1.000 aminoácidos, teremos $20 \times 1.000 = 20.000$ atributos preditivos. Isso pode levar a uma razão muito grande entre o número de atributos e o número de objetos, que pode ser associado com a maldição da dimensionalidade vista no Capítulo 9. Uma alternativa utilizada atualmente é a extração de características, que representam propriedades presentes na sequência por um número geralmente muito menor de atributos preditivos.

13.1.3 Engenharia de Características de Sequências Biológicas

A extração de características que representam as informações relevantes em sequências biológicas é realizada por meio de técnicas de extração de características, brevemente apresentadas no Capítulo 9, parte do processo de engenharia de características, cujo objetivo é representar os dados originalmente não estruturados em um formato estruturado.

Existem várias técnicas, como físico-químicas, biológicas ou matemáticas para extração de características, e pacotes, como iLearn[9] (CHEN et al., 2019) e MathFeature[10] (BONIDIA et al., 2021a), além de estudos que buscam automatizar o processo de engenharia de características, como o BioAutoML[11] (BONIDIA et al., 2022b).

Neste capítulo, começaremos por uma técnica amplamente aplicada e conhecida no campo de Bioinformática, a k-mers. Nessa técnica, cada sequência é mapeada na frequência de bases vizinhas k, gerando diversas informações numéricas. Ou seja, para cada valor de k são gerados 4^k atributos para sequências de DNA/RNA e 20^k atributos para as de proteínas. Por exemplo, para $k = 2$ em uma sequência de DNA, serão gerados 16 atributos ($4^2 = 16$), e para $k = 1$ em uma sequência proteica, serão gerados 20 atributos ($20^1 = 20$). Basicamente, os atributos extraídos representam a frequência com a qual subsequências de tamanho k ocorrem em uma sequência. O processo de contagem usando janelas deslizantes é exemplificado na Figura 13.3.

Pode-se adotar histogramas com janelas curtas, como $[\{A\}, \{C\}, \{G\}, \{T\}]$, para $k = 1$, até histogramas com janelas de contagem de sequências longas como $[\{AAAAA\}, \ldots, \{GGGGG\}]$, para $k = 5$. Para melhor compreensão, a Tabela 13.1 apresenta a conversão da sequência de DNA, "ACGCATAGTGTGTGGAACAC", para um dado estruturado usando frequência absoluta, para $k = 2$.

Tabela 13.1 Extração de características de uma sequência de DNA usando frequência absoluta ($k = 2$)

AA	AC	AG	AT	CC	CA	CG	CT	GG	GA	GC	GT	TT	TA	TC	TG
1	3	1	1	0	2	1	0	1	1	1	3	0	1	0	3

Usualmente, após contar as frequências absolutas para cada k, geramos frequências relativas que podem ser utilizadas como representação da sequência, aplicando a Equação 13.1.

$$k - \mathrm{mer}(\mathbf{s}) = \frac{sub_{abs}}{N - k + 1} \qquad k = 1, 2, \ldots, n. \tag{13.1}$$

---
[9] Disponível em: https://ilearn.erc.monash.edu/. Acesso em: 26 abr. 2023.
[10] Disponível em: https://bonidia.github.io/MathFeature/. Acesso em: 26 abr. 2023.
[11] Disponível em: https://github.com/Bonidia/BioAutoML. Acesso em: 26 abr. 2023.

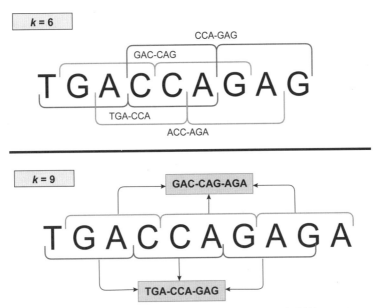

Figura 13.3 Exemplo de uma janela deslizante em uma sequência de DNA, para $k = 6$ e $k = 9$.

Nessa equação, cada sequência (s) é avaliada com a frequência de $k = 1, 2, \ldots, n$, em que a contagem da frequência absoluta da subsequência (sub_{abs}) é dividida pela quantidade máxima de janelas que podem percorrer a sequência, que é $(N - k + 1)$, em que N é o número de nucleotídeos na sequência original. A Tabela 13.2 apresenta a extração de características usando k-mers, após a aplicação da Equação 13.1.

Tabela 13.2 Extração de características de uma sequência de DNA usando a técnica k-mers ($k = 2$)

AA	AC	AG	AT	CC	CA	CG	CT	GG	GA	GC	GT	TT	TA	TC	TG
0,05	0,16	0,05	0,05	0	0,11	0,05	0	0,05	0,05	0,05	0,16	0	0,05	0	0,16

É importante ressaltar que diversas outras técnicas de extração de características podem ser utilizadas, como conteúdo GC, k-mers reverso, descritores topológicos, mapeamento numérico, transformada de Fourier, entropia, entre outras. Uma relação de técnicas e pacotes para extração de características de sequências biológicas pode ser vista no estudo de Bonidia *et al.* (2022a). Estudos recentes utilizam uma variação das redes neurais artificiais chamadas de redes neurais transformadoras (*transformer neural networks*), modelos de linguagem aprendidos por meio do treinamento de redes neurais. Como discutido ainda neste capítulo, as redes neurais transformadoras são também utilizadas em tarefas de reconhecimento de fala e de processamento de linguagem natural (ROTHMAN, 2021).

Resultados obtidos por redes neurais transformadoras têm estimulado seu uso para a extração de características de sequências biológicas (RAHARDJA *et al.*, 2022). Por exemplo, aminoácidos podem ser vistos como palavras, e proteínas como sentenças. Isso permite entender quais sequências de proteínas fazem sentido, gerando contexto e significado. Alguns pacotes em Python foram desenvolvidos com esse propósito, como *Bio-transformers*[12] e *dna2vec*.[13]

13.1.4 Exemplo de Aplicação Utilizando Python

Após ilustrar o uso da técnica *k*-mers, esta seção mostrará um exemplo de sua aplicação usando Python. Para isso, utilizaremos sequências de peptídeos anticancerígenos, problema da literatura que apresenta uma nova direção para o tratamento do câncer, disponíveis no repositório do pacote MathFeature.[14] Basicamente, esse conjunto de sequências apresenta peptídeos anticancerígenos (dados positivos) e não anticancerígenos (dados negativos). Para melhor visualização, o formato de entrada das sequências é apresentado a seguir.

```
>ACP_1
GLWSKIKEVGKEAAKAAAKAAGKAALGAVSEAV
>ACP_2
GLFDIIKKIAESI
>ACP_3
GLLDIVKKVVGAFGSL
>ACP_4
GLFDIVKKVVGALGSL
```

Esse exemplo representa o formato FASTA[15] (*.fasta*), muito usado na Bioinformática, que gera um texto para representar tanto sequências de nucleotídeos como de aminoácidos. Um conjunto de sequências no formato FASTA inicia com uma descrição de linha única (>), seguida por linhas de dados de sequência que descrevem sequências.

Com as sequências em mãos, podemos iniciar o código de extração de características para representar as sequências de proteínas em um formato estruturado usando a técnica

---

[12] Disponível em: https://github.com/DeepChainBio/bio-transformers. Acesso em: 26 abr. 2023.
[13] Disponível em: https://github.com/pnpnpn/dna2vec. Acesso em: 26 abr. 2023.
[14] Disponível em: https://github.com/Bonidia/MathFeature/tree/master/Case%20Studies/CS-V. Acesso em: 26 abr. 2023.
[15] Descrição completa em: https://software.broadinstitute.org/software/igv/FASTA. Acesso em: 26 abr. 2023.

k-mers. Para execução do código, é necessário instalar a biblioteca *Biopython*,[16] usando o seguinte comando no ambiente do *Google Colab*: *!pip install biopython*. O código a seguir é dividido em três funções:

1. *janela_deslizante(seq, janela)*: função responsável por percorrer a sequência como apresentado na Figura 13.3. Recebe como parâmetros a sequências e o tamanho da janela ($k = 1, 2, \ldots, n$);

2. *k_possiveis(tamanho_k, tipo_seq)*: função que verifica o número de atributos preditivos que podem ser extraídos pela técnica k-mers, ou seja, 4^k para DNA/RNA e 20^k para proteínas;

3. *kmers(entrada, tamanho_k, tipo_seq)*: função que realiza a extração das características numéricas, que serão usadas como atributos preditivos, transformando as sequências em um conjunto de dados estruturado.

```
# Importando Bibliotecas necessárias
import numpy as np
import pandas as pd
import collections
from Bio import SeqIO
from itertools import product


def janela_deslizante(seq, janela):
    seqlen = len(seq)
    for i in range(seqlen):
        j = seqlen if i+janela>seqlen else i+janela
        yield seq[i:j]
        if j==seqlen: break
    return


def k_possiveis(tamanho_k, tipo_seq):
    k_possiveis = [''.join(str(i) for i in x) for x in product(tipo_seq,
                                                    repeat=tamanho_k)]
    dados_estruturados = pd.DataFrame(columns=range(len(k_possiveis)))
    dados_estruturados.columns = k_possiveis
```

---

[16] Disponível em: https://biopython.org/. Acesso em: 26 abr. 2023.

```
    kmer = {}
    for k in k_possiveis:
        kmer[k] = 0
    kmer = collections.OrderedDict(sorted(kmer.items()))
    return dados_estruturados, kmer


def kmers(entrada, tamanho_k, tipo_seq):

    dados_estruturados, kmer = k_possiveis(tamanho_k, tipo_seq)

    for seq_record in SeqIO.parse(entrada, "fasta"):
        seq = seq_record.seq
        seq = seq.upper()

        for subseq in janela_deslizante(seq, tamanho_k):
            try:
                kmer[subseq] = kmer[subseq] + 1
            except:
                pass

        dados_estruturados = dados_estruturados.append(kmer,
        ↪   ignore_index=True)
        kmer = dict.fromkeys(kmer, 0)
    return dados_estruturados


dna = ['A', 'C', 'G', 'T']
rna = ['A', 'C', 'G', 'U']
protein = ['A', 'C', 'D', 'E', 'F',
           'G', 'H', 'I', 'K', 'L',
           'M', 'N', 'P', 'Q', 'R',
           'S', 'T', 'V', 'W', 'Y']

pos_estruturado = kmers('positivo.fasta', 1, protein)
print(pos_estruturado)

neg_estruturado = kmers('negativo.fasta', 1, protein)
print(neg_estruturado)
```

Para execução da técnica *k*-mers em Python, é necessário passar o arquivo sequências para a extração de características, o tamanho de *k*, e o tipo de sequência, como fixado nas variáveis *dna, rna* e *protein*. Como resultado, um *DataFrame* é gerado, como mostra a Tabela 13.1.

13.2 Análise de Imagens

No contexto de CD, uma das primeiras aplicações envolvendo imagens foi um protótipo computacional que implementava uma rede neural perceptron para classificação de imagens pelo pesquisador norte-americano Frank Rosenblatt (ROSENBLATT, 1957). Após ser treinada com diversos exemplos rotulados, a máquina deveria distinguir formatos de imagens, independentemente da cor, tamanho e orientação. Deste então, pesquisas e aplicações em análise de imagens têm recebido crescente atenção.

Imagens são representações visuais de algum tipo de conceito ou informação. Por mais que tenhamos a sensação de conhecer e perceber o mundo visualmente em 3 dimensões, o que processamos dele é a luz refletida em cada objeto ou pessoa. Esta luz, ao passar pelas estruturas do olho como a córnea, retina e o nervo óptico, é traduzida em estímulos elétricos que podem então ser compreendidos e interpretados como imagens pelo cérebro.

Ao longo do tempo, os seres humanos adquiriram o hábito de traduzir e representar o que veem e sentem por meio de imagens, na forma de desenhos, pinturas e gravuras. Para capturar digitalmente uma imagem, é necessária uma estrutura semelhante ao sistema visual humano. Por exemplo, a ótica de lentes e o sinal capturado por sensores de uma câmera podem traduzir imagens vistas em uma cena. Além de estruturas físicas, as câmeras atuais possuem recursos específicos para processamento digital, chamados também de fotografia computacional, responsáveis por processar e melhorar a qualidade de imagens obtidas por sensores, capturando com maior precisão as imagens em uma cena.

Em um computador, imagens são representadas digitalmente por meio do uso de pixels[17] que caracterizam a intensidade de luz capturada em cada ponto em uma matriz bidimensional referente à cena representada. A Figura 13.4 ilustra esse processo de captura e representação de imagens.

As características ou informações relacionadas com as imagens capturadas são chamadas metadados das imagens, que podem incluir as configurações da câmera utilizada, orientação, resolução, espaço de cor, data e hora e até informação de onde a foto foi tirada. Eles podem ser extraídos da imagem por meio de um visualizador dos dados

---

[17] Pixel, um termo formado pelas palavras *picture* e *element* que caracteriza o menor elemento endereçável em uma matriz de pontos.

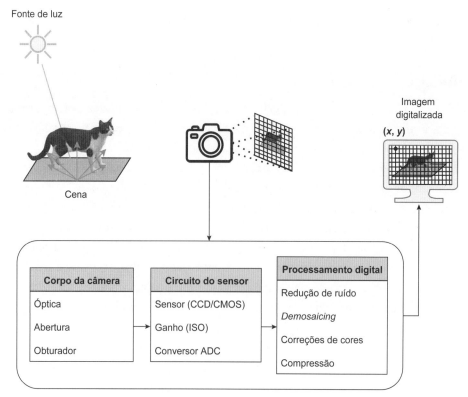

Figura 13.4 Exemplos de captura e representação digital de uma cena.

EXIF.[18] As informações armazenadas no formato EXIF podem ser úteis durante o pré-processamento dos dados para fins de análise. Caso uma imagem esteja em preto e branco, ela será representada por uma matriz bidimensional $M \times N$, em que M está relacionado com a altura e N com a largura da imagem. Se, por exemplo, uma foto for mais alta que larga, utilizar $M = N$ achataria a imagem.

O valor de cada pixel será referente à intensidade do preto naquele ponto (x,y). Caso a imagem seja colorida, a representação utilizará uma matriz $3 \times M \times N$, em que os 3 valores da primeira dimensão estarão associados a pixels cujo valor se refere à intensidade das cores aditivas vermelho, verde e azul especificamente. Essas 3 cores formam a sigla RGB (*red*, *green* e *blue*), sendo chamadas cores aditivas, pois ao serem adicionadas formam a cor branca. Esse arranjo de representação de cores foi inspirado em como o sistema visual humano, por meio de cones, processa e combina as cores para

---

[18] EXIF, do termo em inglês *Exchangeable Image File Format*, é um formato padrão que define os metadados das imagens.

que o cérebro as interprete. A área de análise de imagens possui duas grandes subáreas, diferenciadas pelo tipo de resultado produzido pela análise (PARKER, 2010).

1. Processamento de imagens, caso a saída da análise seja a própria imagem com alguma adição ou melhora à imagem original.

2. Visão computacional, caso a saída seja alguma estrutura que permita uma interpretação do conteúdo da imagem.

As aplicações, atualmente, mais utilizadas na subárea de processamento de imagens incluem filtros em imagens de redes sociais, tratamento de imagens médicas, realidade mista e aumentada, astrofotografia e sensoriamento remoto. Já na subárea de visão computacional, estão entre as aplicações mais frequentes classificação de imagens médicas, detecção e segmentação de objetos, reconhecimento facial, e agrupamento e organização de imagens. Em diversos contextos, processamento de imagens pode ser utilizado para auxiliar tarefas de visão computacional, assim como modelos de visão computacional são utilizados para melhorar o processamento de imagens.

13.2.1 Coleta de Imagens

A coleta de imagens para uma tarefa de análise pode começar com a aquisição de imagens do objeto de estudo por meio de uma câmera. No entanto, tarefas de modelagem que envolvem imagens, como classificação e detecção de objetos, podem requerer conjuntos com centenas a milhares de exemplos para produzir bons resultados. Dessa forma, um dos passos que precedem a coleta de imagens é verificar se existem conjuntos disponibilizados de maneira pública que atendam às necessidades do projeto. Os conjuntos de dados presentes na plataforma de competições de dados Kaggle[19] e indexados pela ferramenta *Dataset Search*[20] do Google podem ser grandes aliados para economizar tempo, e dinheiro, na coleta de imagens.

Em razão da alta disponibilidade de imagens na *Web*, a raspagem de dados (*Web-scrapping*) pode ser o meio mais eficiente para se coletar rapidamente exemplos individuais para um conjunto de imagens. Nela, ferramentas de busca na *Web* que indexam imagens, como Google ou Bing, são manipuladas por meio de bibliotecas de automação de navegadores para fazer o *download* de imagens que satisfaçam ao critério de busca textual indicado. No entanto, conjuntos de imagens advindos dessas fontes

---

[19]Disponível em: https://www.kaggle.com/datasets. Acesso em: 26 abr. 2023.
[20]Disponível em: https://datasetsearch.research.google.com/. Acesso em: 26 abr. 2023.

precisam de uma etapa a mais de verificação para avaliação de inconsistências e possíveis vieses presentes nos dados.

> **Conteúdo Extra**
>
> Uma questão a se atentar sempre que utilizar conjuntos de dados de terceiros é o tipo de licença aplicada na sua distribuição desses dados. As licenças descrevem para que fins é permitida a utilização do material disponibilizado, podendo, por exemplo, liberar para uso comercial ou restringir para somente pesquisa ou consulta.

Considerando também a amplitude de variações de forma, cor e textura que objetos podem apresentar e a dificuldade de se obter imagens que exemplificam estas variações, pesquisadores têm investido em soluções que buscam gerar "artificialmente" conjuntos de imagens. Dentro desse conjunto de soluções, destaca-se a utilização de modelos generativos *text-to-image* como o DALL-E (RAMESH *et al.*, 2022), e a exploração de simuladores baseados em *engines* de jogos, como o Airsim (SHAH *et al.*, 2018), para simulação computacional de alta fidelidade de ambientes reais.

13.2.2 Tratamento de Imagens

A etapa de tratamento de imagens é parte fundamental para que, ao fim, a análise seja bem feita. Nessa etapa, imagens são modificadas para melhorar sua qualidade ou evidenciar alguma característica que pode ser utilizada durante a etapa de modelagem. O tratamento pode ser realizado manualmente, muitas vezes por um especialista, ou por meio de *softwares* programáveis, ou automatizados, sendo considerado uma tarefa essencial de pré-processamento para aplicações em diversas áreas, como Computação, Medicina, e Engenharias.

O processo de tratamentos de imagens pode incluir desde soluções simples, como ajuste de brilho e contraste, remoção de ruído e correção de distorção, até tarefas mais complexas, como detecção de bordas e segmentação de contornos. Consequentemente, o tipo de técnica de tratamento de imagem deve ser escolhido de modo a facilitar a execução da tarefa posterior de análise da imagem.

13.2.3 Transformação em Conjuntos de Dados Estruturados

Considerando a natureza bidimensional de representação de uma imagem e a sua correta utilização em *pipelines* de CD, é necessária a aplicação de uma etapa prévia de estruturação dos dados, para que cada objeto do conjunto de dados seja representado por um vetor

$1 \times N$. Uma maneira simples de fazer isso seria "achatar" uma imagem e representá-la com um vetor unidimensional, como ilustrado na Figura 13.5.

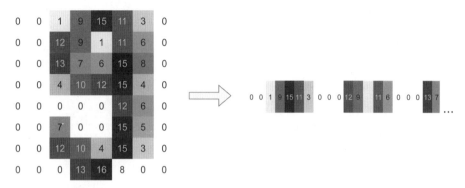

Figura 13.5 Exemplo de imagem de dígito e sua representação unidimensional.

O problema desse tipo de representação é que todas as características espaciais presentes na matriz de pixels seriam perdidas, uma vez que um pixel que antes tinha 8 vizinhos (matriz bidimensional), agora terá somente 2 (vetor unidimensional). Além disso, caso o conjunto de dados possua imagens com tamanhos diferentes (por exemplo, 256×256, 128×128, ...), ao achatá-las, os objetos teriam quantidades de atributos distintas e ainda assim uma alta dimensionalidade (por exemplo, 1×65536, 1×16384, ...). Por isso, uma boa alternativa é a aplicação de uma etapa de engenharia de características, capaz de identificar características representativas, e em quantidade razoável, que possam representar o conteúdo das imagens em um conjunto de dados.

3.2.4 Engenharia de Característica de Imagens

O cérebro humano, por meio do teu córtex visual, é capaz de rapidamente extrair e processar contornos, formas e texturas de imagens, para detectar e identificar pessoas e objetos de maneira eficiente (DAVIES, 2012). A etapa de engenharia de características de imagens, também conhecida como extração de características, é a representação matemática e computacional desse processo.

A engenharia de característica de imagens utiliza algoritmos para melhor representar o conteúdo de uma imagem para uma dada aplicação. Para apresentar um exemplo dessa etapa, considere a tarefa de induzir um classificador capaz de identificar se uma imagem obtida por uma câmara de um celular contém uma maçã ou uma banana. Considere ainda que cada objeto do conjunto de dados é uma imagem com uma resolução comum, por exemplo 1280×720, o que dá 2764800 valores inteiros ($3 \times 1280 \times 720$). Para um conjunto de dados de "pequeno" tamanho, com somente 100 imagens para cada fruta, ao manter uma versão achatada de cada imagem na etapa de modelagem, o conjunto de dados teria um tamanho de 200 × 2764800. Será que um conjunto desse tamanho seria necessário para induzir um bom classificador para essa tarefa?

Como mencionado no Capítulo 9, a dimensionalidade de cada exemplo pode ser reduzida usando alguma técnica de redução de dimensionalidade, como o PCA. No entanto, mesmo sem considerar o alto custo computacional da aplicação do PCA, não há certeza que os componentes principais conseguiriam reproduzir variações não lineares entre pixels da imagem original. Outra alternativa é a utilização de descritores ou operadores de imagens, que podem melhor representar características relevantes de uma imagem. Os descritores são técnicas que descrevem ou realçam características específicas de uma imagem. Os tipos de descritores mais utilizados para visão computacional são os de cor, de formas (ou formatos) e de textura.

Os descritores de cor resumem a frequência de ocorrência de cores ou regiões de cores em uma imagem. Esses descritores, que podem ser baseados em partições, em regiões, ou globais, são indicados para tarefas de modelagem em que a predominância de cores é importante, por exemplo, na classificação de frutas. A Figura 13.6 ilustra a utilização da técnica de Histograma de Cor Global (GCH, *Global Color Histogram*), para representar as cores presentes em duas imagens contendo maçãs e bananas.

Para tarefas de modelagem em que a forma dos objetos é importante, como contagem de objetos ou detecção de faces, os descritores de forma podem destacar e caracterizar os contornos e estruturas dos objetos presentes. As técnicas desse grupo podem ser baseadas em regiões, contornos ou contextos (ERPEN, 2004). Para uma melhor descrição do conteúdo da imagem, muitas dessas técnicas precisam que os contornos do objeto de interesse estejam claros. Por isso, é comum uma fase anterior de pré-processamento da imagem utilizando limiarização ou detecção de bordas, para que uma boa descrição seja extraída.

Um exemplo de pré-processamento utilizado para descrição de formas é a aplicação do algoritmo de multiestágio de processamento de imagens para detecção de bordas, também conhecido como algoritmo de Canny (CANNY, 1986). Um exemplo da sua utilização para caracterização dos contornos de duas imagens, a primeira com uma maçã e a segunda com um cacho de bananas, pode ser visto na Figura 13.7.

Extraída a forma do objeto de interesse, medidas como área, orientação, circularidade e convexidade podem ser obtidas para caracterizar a imagem. Além disso, a própria imagem segmentada pode ser utilizada como entrada para outros algoritmos, por exemplo, em *pipelines* de *template matching* para a tarefa de detecção de objetos.

Dados Não Estruturados

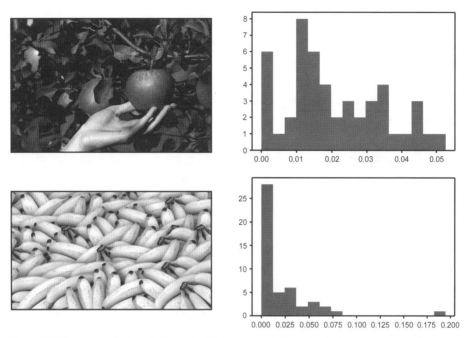

Figura 13.6 Imagens de duas frutas e dos histogramas de frequência das cores para as imagens. Os canais de cores foram quantizados para serem representadas por somente 16 variações (*bins*), que então foram concatenados em um único vetor e normalizados.

Figura 13.7 Imagens de duas frutas e dos seus contornos extraídos por meio do algoritmo Canny.

A textura de uma imagem pode ser caracterizada como a relação espacial que um pixel tem com os outros pixels ao seu redor. Essas relações podem dar a "sensação visual" de uniformidade, densidade, aspereza, regularidade e intensidade presentes em objetos ou no fundo da imagem. Um descritor de textura permite a análise quantitativa dos diversos padrões de variações de regiões de pixels. Exemplos com diferentes tipos de texturas presentes em imagens podem ser vistos na Figura 13.8.

Figura 13.8 Diferentes tipos de textura em imagens.

Como as informações de textura consideram as diferenças de contraste entre regiões, para sua análise, as cores originais são geralmente convertidas para tons de cinza. Uma das principais formas de descrição de textura é por meio do cálculo da frequência com que pares de pixels com valores específicos, e uma dada relação espacial, ocorrem em uma imagem. Esse cálculo gera as matrizes de co-ocorrência de cinza (GLCM, *gray-level co-ocurrence matrix*). A partir desta matriz, medidas estatísticas, como o próprio contraste, a correlação, a energia e a homogeneidade, são calculadas para descrever a imagem final mediante de um vetor numérico.

Outra técnica bastante utilizada é o descritor de padrões locais binários (LBP, *local binary patterns*). Ele codifica os padrões locais presentes nas imagens utilizando uma janela deslizante e comparando o valor do pixel central com o dos pixels vizinhos, e o valor central como limiar. Os valores obtidos são concatenados, formando um número binário, que é convertido para um número decimal, que representa os padrões de variações de intensidade presentes na janela. Em seguida, os valores obtidos são agrupados por regiões e tratados como um grande histograma que representa os padrões de variações binárias ao longo da imagem. Exemplos da aplicação do algoritmo de LBP, e do vetor final que descreve a textura da imagem, podem ser vistos na Figura 13.9.

  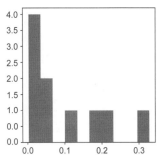

Figura 13.9 Exemplo de aplicação do algoritmo de descrição dos padrões binários a uma imagem de face e do histograma de representação de textura obtido.

Em tarefas de modelagem para análise de imagens, que podem lidar com centenas ou milhares de dados, é possível aprender diretamente dos dados quais as características e padrões que melhor representam cada imagem. Essa suposição está por trás do uso das redes neurais convolucionais (CNNs, *convolutional neural networks*), uma arquitetura de rede neural com múltiplas camadas que permite aprender de maneira hierárquica, tal qual o cérebro humano, quais as características que melhor representam um conjunto de dados e utilizá-las na modelagem.

Quando voltadas para análise de imagens, as múltiplas camadas de neurônios dessas redes atuam como filtros visuais, extraindo as características mais discriminativas para resolução da tarefa. Por exemplo, para classificação entre uma banana e uma maçã, a rede pode criar filtros que detectem o quão alongado é o contorno da fruta, provavelmente facilitando sua identificação.

Como as CNNs, em geral, precisam de uma grande quantidade de imagens para uma boa modelagem, é comum que a sua própria estrutura contenha camadas com milhares, ou até mesmo bilhões, de neurônios para não haver superajuste, o que as caracteriza quase sempre como uma arquitetura de rede profunda. Dada a dificuldade de entender ou interpretar como o modelo aprendido classifica as imagens, ele é considerado frequentemente um modelo caixa-preta. Em razão da complexidade e especificidade do tópico, não abordaremos em detalhe esses modelos. Caso o leitor queira entender mais sobre o funcionamento e implementação de CNNs, sugerimos a leitura de Goodfellow, Bengio e Courville (2016) e Chollet (2021).

Para tarefas simples de análise de imagens, como a contagem de células vivas, ou a detecção de formas em uma cena, as técnicas de visão computacional mais tradicionais com descritores específicos, como as apresentadas neste capítulo, podem ser mais eficientes que as CNNs, pois são, em geral, mais rápidas e não precisam de uma grande quantidade de dados. Porém, quando temos uma abundância de dados disponíveis, e quando não é necessário interpretar o modelo utilizado, CNNs são o estado da arte para a análise de imagens.

13.2.5 Exemplo de Aplicação Utilizando Python

Para mostrar o processo de engenharia de características com imagens na prática, apresentamos a seguir um exemplo de uso do algoritmo LBP para descrever as texturas presentes em rostos do conjunto de dados públicos *Yale Faces*.[21,22] O *Yale Faces* possui 165 imagens em tons de cinza da face de 15 indivíduos, com variações de expressões e de iluminação, que podem conter ainda artefatos que dificultam o reconhecimento, como óculos. Na realização de uma tarefa de reconhecimento facial, é comum dividir o pré-processamento em 3 etapas:

1. detecção da área onde está a face;
2. segmentação da região da face;
3. extração de características da região segmentada.

Considerando que o reconhecimento facial é tido como uma tarefa biométrica,[23] a segmentação da face na imagem antes da extração das características é essencial, pois assegura que as informações que serão utilizadas posteriormente são somente de faces, e não de possíveis "distrações", como o cabelo, que é facilmente modificável, ou do fundo das imagens.

Felizmente, grande parte dos algoritmos existentes, tanto para detecção quanto para extração de características de faces, tem implementações em Python. Para a etapa de detecção da face, utilizaremos o algoritmo de detecção de objetos *Haar Cascades*, por sua eficiência computacional e facilidade de aplicação, além de ter sua implementação disponível na biblioteca OpenCV.[24] Proposto por Viola e Jones (2001), ele extrai características "Haar", que representam padrões simples, como linhas e bordas, e treina classificadores em cascata para detectar a presença e a posição de objetos de interesse.

---

[21] Disponível em: http://cvc.cs.yale.edu/cvc/projects/yalefaces/yalefaces.html. Acesso em: 26 abr. 2023.

[22] Disponível em: https://www.kaggle.com/datasets/olgabelitskaya/yale-face-database. Acesso em: 26 abr. 2023.

[23] Tarefa responsável pela identificação de um indivíduo por meio de alguma característica única que apenas ele(a) possui.

[24] Disponível em: https://docs.opencv.org/3.4/db/d28/tutorial_cascade_classifier.html. Acesso em: 26 abr. 2023.

Similarmente às CNNs, ele precisa ser treinado com um grande conjunto de imagens contendo e não contendo o objeto de interesse. No repositório do OpenCV, existem diversos modelos previamente treinados pelo algoritmo *Haar Cascades* para detecção da posição de faces e de olhos em imagens em tons de cinza, com otimizações para inferência em tempo real.

Após identificação da posição do objeto, o algoritmo pode ser utilizado para segmentar a área de interesse na imagem. Um código Python para detecção e segmentação de faces no conjunto de imagens do *Yale Faces* é apresentado a seguir, acompanhado da Figura 13.10, que compara uma imagem do conjunto de dados antes e após a segmentação da face.

```python
# Importando bibliotecas para carregar e manipular os dados
import os
from PIL import Image
import cv2
import numpy as np
import matplotlib.pyplot as plt

# Diretorio base onde as imagens foram carregadas
base_dir = "./yalefaces"

# Leitura dos arquivos das imagens
image_files = [os.path.join(base_dir, file) for file in
    os.listdir(base_dir)]
images = [np.array(Image.open(img)) for img in image_files]

# Inicialização do detector de faces Haar Cascades através do arquivo
    obtido
# no repositório do OpenCV
faceDetectClassifier =
    cv2.CascadeClassifier("./haarcascade_frontalface_default.xml")
faces_cropped = []

# Aplicação do detector de face e segmentando a imagem original para um
    tamanho
# de 150x150 contendo somente as faces
for img in images:
    facePoints = faceDetectClassifier.detectMultiScale(img)
    x, y = facePoints[0][:2]
    cropped = img[y: y + 150, x: x + 150]
    faces_cropped.append(cropped)
```

```
faces_cropped = np.array(faces_cropped)

fig, ax = plt.subplots(1, 2, figsize=(12,4))

ax[0].imshow(images[0], cmap='gray')
ax[1].imshow(faces_cropped[0], cmap='gray')
```

Figura 13.10 Exemplo da segmentação de uma face em uma imagem pelo algoritmo *Haar Cascades*.

Para discriminação dos indivíduos em cada imagem segmentada, o algoritmo de LBP é aplicado para descrição das texturas. Como já mencionado, esse algoritmo gera um vetor com padrões de variações de intensidade de pixel em cada imagem. Algoritmos de AM podem ser aplicados a esses padrões para gerar modelos que podem ser utilizados para reconhecimento facial.

Para isso, usaremos a implementação presente na biblioteca do *Scikit-Image*,[25] que utiliza uma janela em forma de círculo e permite especificar o valor de 3 hiperparâmetros: raio (R), que define a distância ao pixel central dos pixels vizinhos que serão usados na comparação; número de pontos (P), que define quantos pixels vizinhos serão usados; e o método de interpretação dos padrões obtidos, que indica a preferência ou não pela geração de padrões que não variam caso a imagem seja rotacionada. Um código para a extração das características de textura das imagens das faces segmentadas do *Yale Faces* é apresentado a seguir.

```
from skimage.feature import local_binary_pattern

# Para evitar a divisão por um número próximo a zero
```

---

[25]Disponível em: https://scikit-image.org/. Acesso em: 26 abr. 2023.

```
eps = 1e-7

feature_vector = []

for face in faces_cropped:

    # Obtenção da imagem com os padrões locais binários
    lbp = local_binary_pattern(image=face,
                               P=8, R=1,
                               method='uniform')

    # Representando e concatenando os padrões com um histograma
    n_bins = int(lbp.max() + 1)
    (hist, _) = np.histogram(lbp.ravel(),
                             bins=n_bins,
                             range=(0, n_bins))

    # Normalizando o histograma obtido
    hist = hist.astype("float")
    hist /= (hist.sum() + eps)

    feature_vector.append(hist)

feature_vector = np.array(feature_vector)
```

13.3 Análise de Textos

Textos representam uma das principais formas de comunicação e de transmissão de conhecimento, desde mensagens curtas, enviadas em aplicativos de redes sociais, até textos longos, como livros. Não importa o tamanho, textos escritos são frutos do uso de uma linguagem natural ou idioma. Estima-se que a primeira linguagem tenha se originado entre 60.000 e 200.000 anos atrás. Estimativas recentes falam em cerca de 5.000 idiomas diferentes, agrupadas em famílias linguísticas. Uma dessas famílias é a indo-europeia, que inclui algumas das línguas mais faladas atualmente, como inglês, alemão, espanhol, francês, italiano e português. O estudo das linguagens é realizado por uma área de conhecimento identificada pelo termo Linguística.

O primeiro sistema de escrita que se tem notícia é o sistema cuneiforme, que apareceu entre 3.400 e 3.300 a.C., na Mesopotâmia, atual Iraque. Desde então, outros sistemas de escrita foram criados em diferentes regiões do planeta, como no Egito, na China e na América Central, nesse último pela civilização Maia. Os textos, inicialmente escritos, e reproduzidos à mão, tornaram-se populares com a invenção da máquina de impressão no século XV pelo alemão Johannes Gutenberg. Mas essa não foi a primeira experiência de impressão de textos. A primeira iniciativa para imprimir textos ocorreu no ano de 770, no Japão, quando uma placa de latão foi utilizada para a impressão de um milhão de cópias de um texto.

Com a expansão das atividades de ensino, a quantidade de textos escritos cresceu muito rapidamente, o que faz com que a leitura e a interpretação de textos, para a extração de informação e de conhecimento, seja, hoje, uma das principais atividades em vários ramos profissionais. Diferentemente de um texto de um programa escrito em uma linguagem de programação, como Python, facilmente interpretado por um programa tradutor, compilador ou interpretador, um texto escrito em uma linguagem natural pode apresentar ambiguidades, que dificultam sua compreensão por um programa tradutor. Mesmo assim, em geral, conseguimos com relativa facilidade entender um texto escrito por outro ser humano, principalmente quando escrito de modo gramaticalmente correto.

Uma coleção de textos (ou de sequência de sinais ou falas) que podem ser lidos por um dispositivo computacional é chamada de *corpus* linguístico ou simplesmente *corpus*, que em latim significa corpo e cujo plural é corpora (JURAFSKY; MARTIN, 2009). Um *corpus* pode ter textos em mais de uma linguagem e um texto pode ter partes dele em linguagens diferentes, mas geralmente um *corpus* contém textos em uma única linguagem.

Uma linguagem possui diferentes objetos linguísticos. O modo como os objetos devem ser utilizados em uma linguagem é definida por sua sintaxe, ou gramática. Por exemplo, em um texto escrito, a sintaxe define como as palavras podem ser escritas em uma dada linguagem, e como palavras podem ser combinadas para formar frases. Outro componente importante de uma linguagem é a semântica, que diz respeito ao significado de um objeto linguístico. A semântica está diretamente relacionada com a interpretação de expressões em uma linguagem. Por meio da semântica podemos entender, por exemplo, se uma palavra em uma frase é um adjetivo, quando estará associada a uma qualidade.

Para lidar com a crescente necessidade de extrair informação e conhecimento de textos, sistemas computacionais são cada vez mais utilizados para automatizar o processo de extração. Para isso, são utilizados algoritmos e técnicas de uma das principais subáreas da Inteligência Artificial (IA), denominada processamento de linguagem natural (PLN). A extração de conhecimento de textos também é conhecida pelos termos mineração de texto (MT) e, mais recentemente, analítica de texto (AT). Os dois termos são considerados sinônimos, mas podem ser descritos de formas ligeiramente diferentes na literatura de cada um.

PLN estuda o funcionamento e o desenvolvimento de algoritmos e ferramentas computacionais capazes de automatizar tanto a interpretação quanto a geração de textos em alguma linguagem natural, por exemplo, a língua portuguesa, a qual é um idioma, o português. Em virtude da importância da linguística em PLN, o termo linguística computacional é por vezes utilizado como sinônimo de PLN. No entanto, em linguística computacional o foco está na compreensão da linguagem escrita, falada e de sinais, com a Computação dando apoio às pesquisas e aplicações na área. É crescente o número de aplicações que utilizam PLN, dentre as quais podem ser mencionadas:

- análise de sentimentos;
- composição e geração de textos;
- motores de diálogos (*chatbots*);
- recuperação de informação;
- sumarização de textos.

Segundo Eisenstein (2019), PLN é um conjunto de métodos desenvolvidos para que os computadores possam lidar com a linguagem humana. Para o mesmo autor, não existe uma diferença clara entre MT e PLN. O termo MT é, por vezes, usado para aplicações de técnicas de mineração de dados, em particular, algoritmos para agrupamento e para classificação de dados que envolvem textos. No entanto, a MT está menos preocupada com aspectos linguísticos e mais com a eficiência e a escalabilidade dos algoritmos.

Existem outras interpretações na literatura sobre a diferença entre MT e PLN. De acordo com Weiss, Indurkhya e Zhang (2015), embora exista uma sobreposição entre eles, principalmente na extração de informações, em sua maioria eles têm preocupações e interesses diferentes. A MT não inclui alguns dos temas estudados em PLN, como análise sintática, compreensão do diálogo e representações semânticas profundas. E PLN não inclui temas tratados em MT, como coleta de dados e modelagem. Esta seção cobre principalmente MT.

A Análise Semântica é essencial para a interpretação de textos, para que o conhecimento extraído não seja apenas uma coleção de estatísticas. Juntas, a Estatística e a Análise Semântica conseguem, por exemplo, lidar com ambiguidades em textos, permitindo a interpretação correta do que está escrito (LANE; HAPKE; HOWARD, 2019). Para a análise de textos por técnicas e algoritmos de MT, várias etapas são necessárias até sua modelagem, entre elas:

- coleta de textos;
- análise exploratória dos textos;
- transformação em conjuntos de dados estruturados;
- engenharia de características de textos;
- modelagem;
- avaliação do modelo.

Algumas dessas etapas já foram discutidas em capítulos anteriores, como análise exploratória, modelagem e avaliação. No entanto, como textos também são dados não estruturados, etapas de pré-processamento e engenharia de características específicas precisam ser realizadas, em particular a de extração de características, conforme será apresentado nas seções seguintes.

13.3.1 Coleta de Textos

O primeiro passo para uma análise de textos é a coleta dos textos (WEISS; INDURKHYA; ZHANG, 2015) a serem utilizados. Em uma aplicação real, os textos podem já estar disponíveis, mas, muitas vezes, eles precisam ser coletados de meios físicos (por exemplo, papel), de meios digitais (por exemplo, arquivos armazenados interna ou externamente), ou encontrados na *web*.

Em muitas aplicações, os textos vêm de uma única fonte. Em várias delas, é necessário extrair informações de textos originalmente impressos em papel. Para isso, o texto precisa ser antes convertido para o meio digital, utilizando ferramentas de reconhecimento óptico de caracteres (OCR, *optical character recognition*). A aplicação de uma ferramenta de OCR em um texto retorna uma sequência de caracteres em um arquivo digital, em geral, no formato .txt. Textos armazenados em arquivos digitais podem vir em diferentes formatos, principalmente:

- Código Padrão Americano para o Intercâmbio de Informação (ASCII, *American Standard Code for Information Interchange*), que utiliza 1 *byte* para cada caractere;
- Código UNICODE, que utiliza 4 *bytes* para cada caractere, conseguindo, assim, representar caracteres específicos para vários idiomas;
- Código de Linguagem de Marcação Extensível, introduzido anteriormente como XML, um formato padrão para publicação eletrônica em grande escala que permite a escrita de textos em páginas na *web* que possam ser lidos com facilidade, utilizando qualquer navegador.

Se os textos forem coletados de diferentes fontes, eles podem apresentar diferentes formatos. Para podermos trabalhar com eles, é preciso passar todos para um único formato, cujo mais utilizado é o XML. Como o nome sugere, um texto em XML apresenta várias marcações, utilizadas para identificar as diferentes partes do texto, como data (<DATE>), assunto (<SUBJECT>), tópico (<TOPIC>) e texto (<TEXT>).

Outra ferramenta importante para coleta de textos é a utilização de técnicas de raspagem de dados. De acordo com Glez-Peña *et al.* (2014), essas técnicas usam como base um agente inteligente, ou um robô, que aplica uma extração e combinação de conteúdos de interesse da *Web* de forma sistemática. A função desse robô é buscar e extrair dados de interesse, como textos, estruturando o conteúdo final conforme desejado.

3.3.2 Tratamento dos Textos

Textos podem conter conteúdos indesejados ou sem importância, que são frequentemente removidos, pois podem reduzir ou piorar sua compreensão e análise por algoritmos de CD, além do desempenho computacional desses algoritmos. Isso inclui palavras vazias ou de parada (*stop words*), palavras que aparecem com muita frequência, trazendo pouca informação útil, por exemplo, artigos, conjunções, preposições e pronomes. Neste livro, por ser mais próximo do termo original, empregaremos o termo palavra de parada.

Os conteúdos a serem removidos podem incluir ainda sinais de pontuação, símbolos matemáticos, aspas, *e-mails*, URLs e *emojis*, dependendo da tarefa a ser realizada. Por exemplo, para recuperação de informação, *emojis* podem ser removidos, mas para análise de sentimentos, *emojis* podem representar uma informação importante que deve ser convertida em palavras. Outras técnicas de tratamento incluem operações simples, como a conversão das letras maiúsculas para minúsculas e a correção ortográfica.

Para ilustrar a utilização dessas técnicas, usaremos um conjunto de dados com um texto no seu formato original, apresentado no Quadro 13.1. O resultado da aplicação de técnicas de tratamento do texto, como conversão de letras maiúsculas para letras minúsculas e a remoção de sinais de pontuação, de acentos nas palavras e de palavras de parada, é apresentado no Quadro 13.2. As palavras de parada removidas são apresentadas no Quadro 13.3.

Além da eliminação de sinais de pontuação e de acentos, metade das palavras que estavam no texto original forem retiradas, reduzindo o número de palavras no texto original de 25 para 13 palavras.

Quadro 13.1 Conjunto de dados com texto original

Texto original
Você quer aprender a trabalhar com textos? Como queremos começar em um texto simples, trabalharemos inicialmente com este. Nós desejamos a você um bom aprendizado.

Quadro 13.2 Conjunto de dados com texto tratado

Texto com as palavras de parada removidas
quer aprender trabalhar textos queremos começar texto simples trabalharemos inicialmente desejamos bom aprendizado

Quadro 13.3 Palavras de parada removidas

Palavras de parada removidas	Tipo de palavra de parada
um	Artigo
como	Conjunção
a, com, em	Preposições
este, nós, você	Pronomes

13.3.3 Transformação em Conjuntos de Dados Estruturados

Outro desafio para o desenvolvimento de sistemas de CD para textos é como representá-los por tabelas atributo-valor. Com frequência, o primeiro passo é a construção, a partir do texto tratado, de um vocabulário de palavras. Assim como a segmentação de imagens quebra uma imagem em pedaços ou objetos, para a criação de um vocabulário, textos também precisam ser segmentados.

Na segmentação, textos podem ser quebrados em parágrafos, parágrafos em sentenças, sentenças em frases e frases em *tokens*. Isso é feito por uma operação denominada tokenização (*tokenization*), que extrai, para cada componente de um texto, que pode ser uma palavra, um número ou um sinal de pontuação, um símbolo (*token*) léxico.

Para cada ocorrência de um mesmo componente, é gerado um *token*. Assim, se uma mesma palavra aparece, por exemplo, 10 vezes no texto, teremos 10 *tokens* para ela. É importante observar que o vocabulário de um texto é o conjunto de palavras diferentes que aparecem nele. A tokenização pode variar conforme o domínio do texto, com o vocabulário e estilo de quem o escreveu, além, é claro, de evoluções regionais de um idioma. O Quadro 13.4 ilustra o resultado da aplicação da tokenização ao texto do Quadro 13.2

Quadro 13.4 *Tokens* extraídos do texto transformado

Tokens					
quer	aprender	trabalhar	textos	queremos	começar
texto	simples	trabalharemos	inicialmente	desejamos	bom
aprendizado					

A depender do tamanho do texto, o resultado da tokenização pode ser um grande conjunto de palavras. Se cada palavra for considerada um atributo em uma tabela atributo-valor, teremos um conjunto de dados com dimensão, número de atributos, elevada, que pode cair no problema apontado pela maldição da dimensionalidade. Uma forma simples de reduzir a dimensão é remover palavras repetidas. Como a frequência com que cada palavra aparece no texto pode ser importante, podemos, ao remover palavras repetidas, incluir esta informação.

As palavras repetidas podem não ser exatamente iguais, mas variações ou flexões, como gênero (masculino ou feminino), número (singular ou plural), grau (diminutivo ou aumentativo), ou tempo verbal. Essas variações devem ser removidas, mantendo apenas uma delas. A remoção das variações é também chamada de normalização e padronização, pois procura padronizar textos removendo detalhes que dificultarão a sua análise. Essas remoções podem reduzir significativamente a dimensão da entrada recebida pelos algoritmos de modelagem (JIANG et al, 2022). No texto anterior, 4 palavras apareciam com 2 variações cada: (texto, textos), (trabalhar, trabalharemos), (quer, queremos) e (aprender, aprendizado).

A normalização de textos é muito utilizada em tarefas de recuperação de informação, principalmente na busca por um documento específico em uma coleção de documentos (JURAFSKY; MARTIN, 2009). Duas técnicas de normalização muito utilizadas são a stemização (*stemming*) e a lematização (*lemmatization*). Ambas transformam as flexões de uma dada palavra em um único termo (TOMAN; TESAR; JEZEK, 2006). Para isso, as duas reduzem cada palavra à sua raiz.

A raiz de uma palavra é uma parte irredutível, que dá origem à palavra, sendo comum a todas as palavras de uma mesma família. Na língua portuguesa, a raiz vêm muitas vezes do termo original em latim. Por exemplo, a raiz para as palavras "implante", "planta", "plantar", "plantação" e "plantio" têm como raiz o vocábulo "plant". No entanto, enquanto na stemização a raiz não precisa ser uma palavra existente, na lematização, é utilizado o contexto para que a raiz seja uma palavra existente na gramática da linguagem.

A remoção de palavras repetidas e de suas variações, mantendo a informação sobre a quantidade de vezes em que a palavra aparece no texto, seguida pela aplicação da lematização às palavras no Quadro 13.4, produz, como resultado, o conjunto de palavras do Quadro 13.5. Com isso, o número de palavras no texto tratado, que era 13 passa para 9 no texto transformado, e a redução total, considerando o texto original, é de quase 2/3. Podemos reduzir ainda mais utilizando informação semântica para que palavras que sejam sinônimas, como querer e desejar, sejam representadas por apenas uma palavra, mas essa normalização não é consensual na literatura da área.

Quadro 13.5 Redução do número de *tokens*

Tokens					
quer (2)	aprender (2)	trabalhar (2)	texto (2)	começar	simples
inicialmente	desejamos	bom			

Outra normalização para reduzir a variação é aplicada quando temos um conjunto de dados formado por textos escritos com caracteres de fontes diferentes. Essa variação pode atrapalhar a extração de informação dos textos. Essa normalização, que converte os caracteres dos textos para uma única fonte, não reduz o número de *tokens*. Os códigos na linguagem Python para pré-processamento de textos serão apresentados na Seção 13.3.5. É importante observar que existem várias bibliotecas para tarefas de PLN. Dentre elas, as mais populares são: *NLTK*,[26] *spaCy*[27] e *Gensim*.[28] Além disso, em projetos de

---

[26]Disponível em: https://www.nltk.org/. Acesso em: 26 abr. 2023.
[27]Disponível em: https://spacy.io/. Acesso em: 26 abr. 2023.
[28]Disponível em: https://radimrehurek.com/gensim/. Acesso em: 26 abr. 2023.

PLN, a busca por expressões regulares ajuda a encontrar informações em textos. Para isso, pode-se utilizar as bibliotecas: *regex*[29] e *re*.[30]

3.3.4 Engenharia de Características de Textos

Informações relevantes podem ser encontradas em textos por meio do uso de técnicas para extração de características. Assim como características extraídas de sequências biológicas buscam representar padrões em sequências de letras que retratam nucleotídeos ou aminoácidos, assumindo para isso que a sequência é um conjunto de instruções para a geração, manutenção da vida, características extraídas de texto buscam representar padrões gramaticais que auxiliam na sua compreensão.

Por isso, em soluções baseadas em PLN, após o tratamento e transformação de um texto, o passo seguinte é a extração de características. Essa extração visa representar textos por um conjunto de dados estruturados e numéricos, preservando as informações relevantes. Existem várias técnicas para extração de características de textos, das quais as mais populares são:

- saco de palavras (BoW, *Bag of Words*);
- Frequência do Termo – Inverso da Frequência no Documento (TF-IDF, *Term Frequency – Inverse Document Frequency*);
- incorporação de palavras contextualizadas (CWE, *Contextualized Word Embeddings*);
- redes neurais transformadoras.

A técnica BoW é uma das mais utilizadas para extração de características de textos. Ela extrai um vetor numérico de um dado texto. O número de elementos do vetor é o número de diferentes palavras presentes em todos os textos utilizados, o vocabulário dos textos. Cada elemento do vetor representa uma palavra. Na versão mais simples da BoW, em um vetor que representa um dado texto, um elemento recebe o valor 1 se a palavra representada por ele está presente no texto, e 0 caso contrário. Em um modo mais sofisticado, em vez do valor 1, é colocado o número de vezes que a palavra aparece no texto, sua frequência absoluta. Para ilustrar a aplicação da técnica BoW, apresentamos no Quadro 13.6 um conjunto de dados formado por 4 textos. O resultado de sua aplicação a esses textos pode ser visto na Tabela 13.3.

---

[29] Disponível em: https://pypi.org/project/regex/. Acesso em: 26 abr. 2023.
[30] Disponível em: https://docs.python.org/3/library/re.html. Acesso em: 26 abr. 2023.

Quadro 13.6 Conjunto de dados com quatro textos

Texto	Conteúdo
1	aqui gato mia cachorro late
2	noite gato mia
3	dia cachorro late
4	aqui dia noite

Tabela 13.3 Extração de características utilizando a técnica saco de palavras (BoW)

Texto	aqui	gato	mia	cachorro	late	dia	noite
1	1	1	1	1	1	0	0
2	0	1	1	0	0	0	1
3	0	0	0	1	1	1	0
4	1	0	0	0	0	1	1

Uma variante dessa técnica é a *n-grams*, com funcionamento similar ao da técnica *k*-mers, apresentada na seção de sequências biológicas. A técnica n-gramas também pode ser aplicada usando a frequência dos termos, mas de uma sequência de n palavras, por exemplo, "processamento" apresenta 1-grama (unigrama); "processamento linguagem", 2-gramas (bigrama); e "processamento linguagem natural", 3-gramas (trigrama). Outra técnica muito utlizada é a TF-IDF, que busca extrair a importância ou relevância de cada termo em um conjunto de textos. Para isso, a TF-IDF usa um esquema de ponderação como o apresentado na Equação 13.2.

$$TF - IDF = \frac{NP}{NPD} \times \log \frac{TD}{NDP} \tag{13.2}$$

No qual NP representa a frequência absoluta do termo no documento; NPD a quantidade de termos que aparecem no documento; TD o total de documentos; e NDP a quantidade de documentos que contém o termo. O TF-IDF considera que um termo é importante quando ele aparece muitas vezes em um texto e poucas vezes nos outros textos do conjunto de um mesmo texto. Quanto mais importante for o termo, maior será o valor de seu TF-IDF.

Essas técnicas descartam a ordem com que as palavras aparecem em um texto. Por conta disso, podem perder informações valiosas, tal como quando uma palavra é precedida por uma negação. Além disso, essas técnicas costumam gerar vetores com alta dimensionalidade, em função da quantidade de palavras distintas que podem aparecer em um texto. Para superar essas limitações, outras técnicas incorporam informações sobre o contexto em que um termo aparece. Em uma técnica que leva em consideração o contexto em que as palavras aparecem, termos com significados mais parecidos podem ter representações mais semelhantes.

Por exemplo, as palavras "gato" e "cachorro" têm significados mais semelhantes do que "gato" e "pneu", devendo, assim, ter representações numéricas mais parecidas (SELVA BIRUNDA; KANNIGA DEVI, 2021). Algumas arquiteturas de redes neurais que usam esse princípio são as redes neurais transformadoras, como BERT,[31] ELMo[32] e GPT-2/GPT-3.[33] Redes neurais transformadoras conseguem inferir uma variedade de palavras que se encaixam tanto em termos gramaticais quanto semânticos.

13.3.5 Exemplo de Aplicação Utilizando Python

Como exemplo prático em Python, utilizaremos um conjunto de textos para classificação de notícias falsas (*fake news*) em português, chamado **FACTCK.BR**,[34] disponibilizado no estudo *FACTCK.BR: a new dataset to study fake news*.[35] Todas as etapas de PLN serão aplicadas no título da notícia/artigo, representado pela coluna **Título**. Para execução do código, é necessária a instalação dos seguintes pacotes no ambiente do *Google Colab*:

- *!pip install spaCy*
- *!pip install -U spacy-lookups-data*
- *!python -m spacy download pt_core_news_lg*
- *!pip install nltk*

---

[31] Disponível em: https://github.com/huggingface/transformers. Acesso em: 26 abr. 2023.
[32] Disponível em: https://allenai.org/allennlp/software/elmo. Acesso em: 26 abr. 2023.
[33] Disponível em: https://openai.com/api/. Acesso em: 26 abr. 2023.
[34] Disponível em: https://github.com/jghm-f/FACTCK.BR. Acesso em: 26 abr. 2023.
[35] Disponível em: https://dl.acm.org/doi/10.1145/3323503.3361698. Acesso em: 26 abr. 2023.

```python
import pandas as pd
import spacy
import nltk
import re
import numpy as np
from sklearn.feature_extraction.text import CountVectorizer,
↪ TfidfVectorizer
nltk.download('punkt')
pln = spacy.load('pt_core_news_lg')

def remove_acentos(df):
    df = df.str.replace('[àáâãäå]', 'a')
    df = df.str.replace('[èéêë]', 'e')
    df = df.str.replace('[ìíîï]', 'i')
    df = df.str.replace('[òóôõö]', 'o')
    df = df.str.replace('[ùúûü]', 'u')
    df = df.str.replace('[ç]', 'c')
    return df

def conversao_letras_minusculas(df):
    df = df.str.lower()
    return df

def remove_pontuacao(df):
    df = df.str.replace('[^\w\s]', '')
    return df

def remove_numeros(df):
    df = df.apply(lambda x: ' '.join([word for word in x.split() if not
    ↪ word.isdigit()]))
    return df

def remove_url(df):
    df = df.str.replace('http[s]?://"+
    (?:[a-zA-Z]|[0-9]|[$-_@.&+]|[!*\(\),]|(?:%[0-9a-fA-F][0-9a-fA-F]))+',
    ↪ '')
    return df

def remove_tag(df):
    df = df.str.replace(r'<[^<>]*>', '', regex=True)
    return df

def remove_palavras_frequentes(df, n_palavras):
    palavras = []
```

```
        textos = df.apply(nltk.word_tokenize)
        for texto in textos:
            for palavra in texto:
                palavras.append(palavra)
        freq = [x for x in nltk.FreqDist(palavras)]
        frequentes = freq[0:n_palavras]
        df = df.apply(lambda x: ' '.join([word for word in x.split() if word
        ↪   not in (frequentes)]))
        return df

def remove_palavras_raras(df, n_palavras):
    palavras = []
    textos = df.apply(nltk.word_tokenize)
    for texto in textos:
        for palavra in texto:
            palavras.append(palavra)
    freq = [x for x in nltk.FreqDist(palavras)]
    raras = freq[-n_palavras:]
    df = df.apply(lambda x: ' '.join([word for word in x.split() if word
    ↪   not in (raras)]))
    return df

def palavras_vazias(df):
    stopwords = pln.Defaults.stop_words
    df = df.apply(lambda x: ' '.join([word for word in x.split() if word
    ↪   not in (stopwords)]))
    return df

def lematizacao(df):
    df = df.apply(lambda x: ' '.join([word.lemma_ for word in pln(x)]))
    return df

def saco_de_palavras(df):
    metodo = CountVectorizer(ngram_range=(1,1),
    ↪   stop_words=pln.Defaults.stop_words)
    X = metodo.fit_transform(df)
    df = pd.DataFrame(X.toarray(), columns=metodo.get_feature_names())
    return df

def tf_idf(df):
    metodo = TfidfVectorizer()
    X = metodo.fit_transform(df)
    df = pd.DataFrame(X.toarray(), columns=metodo.get_feature_names())
    return df
```

```
df = pd.read_csv('FACTCKBR.tsv', sep='\t')
df = df.rename(columns={'title': 'titulo'})

df['titulo'] = remove_acentos(df['titulo'])
df['titulo'] = conversao_letras_minusculas(df['titulo'])
df['titulo'] = remove_pontuacao(df['titulo'])
df['titulo'] = remove_numeros(df['titulo'])
df['titulo'] = remove_url(df['titulo'])
df['titulo'] = remove_tag(df['titulo'])
df['titulo'] = palavras_vazias(df['titulo'])
df['titulo'] = lematizacao(df['titulo'])
df['titulo'] = remove_palavras_frequentes(df['titulo'], 20)
df['titulo'] = remove_palavras_raras(df['titulo'], 20)
conjunto_final = tf_idf(df['titulo'])
```

Diversas funções foram implementadas para auxiliar em todas as etapas listadas na seção, entre elas:

- tratamento de textos: *remove_acentos(), conversao_letras_minusculas(), remove_pontuacao(), remove_numeros(), def remove_url(), remove_tag(), palavras_vazias(), remove_palavras_frequentes(), remove_palavras_raras()*;
- transformação de textos: *lematizacao()*;
- engenharia de características de textos: *saco_de_palavras(), tf_idf()*.

13.4 Considerações Finais

Este capítulo abordou uma situação comum em projetos de CD, e que se tornará cada vez mais comum com o tempo, a utilização de dados não estruturados. Como visto, dados não estruturados podem vir de diferentes fontes. Muitos dados não estruturados podem conter informações em mais de um formato, como textos e imagens, requerendo a aplicação de técnicas de tratamento, de transformação e de engenharia de características específicas para os formatos presentes.

Sequências biológicas, imagens e textos não são os únicos formatos não estruturados para um conjunto de dados. Outros formatos, como áudio, vídeos, resultados de exames de eletrocardiogramas e informações coletadas por sensores, podem necessitar de etapas de estruturação antes de serem modelados. Porém, o conhecimento trazido neste capítulo pode facilitar o entendimento da aplicação do processo de tratamento dos dados e engenharia de característica também para estas outras modalidades.

Considerando outros aspectos do processamento de dados não estruturados, diferentemente da análise de imagens, em que os sistemas computacionais buscam modelar todos os passos, desde a captura de imagens por sistemas de visão natural, em PLN, muitas vezes a informação original vem da fala. Para a interpretação do que está sendo falado, os sinais de voz precisam ser convertidos em textos por técnicas de processamento de voz, tarefa que não foi abordada nesse texto, mas que compartilha de diversos conhecimentos aqui presentes.

Trabalhos recentes mostram a capacidade de algoritmos e técnicas de CD produzirem imagens, textos, músicas e vídeos, o que permite a produção de obras literárias, quadros e peças musicais, e leva a receios de aplicações antiéticas e ilegais, como a geração de notícias e vídeos falsos, além de falsificações de obras de arte dificilmente detectadas por especialistas humanos. Essas implicações são discutidas no próximo capítulo.

Capítulo 14   Ciência de Dados Responsável

Como toda área de conhecimento que apresenta um grande e rápido avanço científico, tecnológico e de inovação, a Ciência de Dados (CD) apresenta riscos e benefícios. Assim como ela permite evitar ou reduzir danos aos seres vivos e ao meio ambiente, diminuir a necessidade de execução de atividades repetitivas e monótonas por seres humanos, e de aumentar a produtividade no trabalho, fazendo com que mais pessoas tenham acesso à alimentação, educação, saúde e moradia de qualidade, ela também possibilita o desenvolvimento de armas autônomas, a produção de falas, imagens, textos e vídeos falsos, e pode levar à tomada de decisões injustas, incorretas e/ou preconceituosas.

Por conta disso, existem várias iniciativas, tanto nacionais quanto internacionais, para precaver, identificar, inibir e punir o desenvolvimento e uso de sistemas baseados em CD que causem danos, sejam eles ambientais, culturais, físicos ou sociais. Isso tem ocorrido não apenas pela aprovação de novas leis e regulações, mas também por iniciativas de agências internacionais, entidades públicas, e organizações não governamentais.

Grande parte dessas iniciativas ocorre na esfera da Inteligência Artificial (IA), que engloba não só os aspectos relacionados com a CD, como acesso e uso de dados, bem como temas não diretamente relacionados com CD, como a robótica. Neste capítulo, nos limitaremos aos aspectos da IA que também são de CD, por serem os que mais causam temores. Existem várias propostas sobre quais aspectos definem o uso responsável da IA, no que diz respeito à CD. Na sobreposição entre essas duas áreas, um tema de grande interesse é o uso responsável dos algoritmos de AM em CD.

Em 2019, o grupo independente de especialistas em IA da União Europeia, constituído em 2018, publicou um documento intitulado "Orientações éticas para uma IA confiável", que recebeu mais de 500 comentários quando um primeiro rascunho foi disponibilizado para consulta pública (COMMISSION, 2019). O documento define que uma IA confiável deve ser: legalmente válida (respeita todas as leis e regulações aplicáveis), ética (atende aos princípios e valores éticos) e robusta (sob as perspectivas técnicas e sociais).

Esses 3 componentes são necessários, mas não suficientes. Eles devem estar presentes harmoniosamente, e de uma forma que eventuais contradições que possam surgir entre eles possam ser tratadas. Segundo o mesmo documento, a IA pode ajudar a atingir os Objetivos de Desenvolvimento Sustentável (ODS) das Nações Unidas (UNITED NATIONS, 2015). Para isso, sistemas baseados em IA devem ser centrados no ser humano, com o compromisso de serem utilizados a serviço da humanidade e do bem comum, visando melhorar a liberdade e o bem-estar dos seres humanos. As principais preocupações associadas a tanto uma IA quanto uma CD responsável são:

- que seja ética, atendendo, assim, aos princípios e valores éticos;
- que seja justa, utilizada corretamente, com justiça, não prejudicando nem beneficiando quem quer que seja;
- que não apresente nenhum tipo de viés ou preconceito;
- que respeite o direito à privacidade;
- que seja sustentável, sem provocar danos ambientais e com baixo custo energético para desenvolvimento e uso;
- que seja, sempre que possível, reproduzível, com curadoria e disponibilizando códigos, valores de hiperparâmetros e dados de modo que outras pessoas repliquem os experimentos;
- que seja transparente, permitindo a compreensão de seu funcionamento e facilitando a comprovação de que as outras preocupações estão sendo atendidas.

A seguir, discorreremos brevemente sobre cada uma delas, com foco em uma CD responsável.

14.1 Ciência de Dados Ética

Ética é um aspecto essencial de uma CD responsável. Um exemplo de conflito ético em CD é a extração e o uso de dados pessoais sem autorização das pessoas envolvidas. Entretanto, poucos são os estudos que mencionam explicitamente a relação entre ética e CD. A maioria das discussões sobre a ética no acesso, uso e manipulação de dados em CD aparece em textos da área de IA, sejam eles científicos, de divulgação ou de recomendações (HUANG et al., 2022). Nesses textos, grande parte dos temas de IA abordados dizem respeito à análise de dados, o foco da CD. Nesta seção, abordaremos os temas de IA ética que estão relacionados com a CD.

Mas, antes disso, é importante contextualizar o que se entende por ética e seus principais aspectos. Conforme o *site Psychology today*,[1] ética é o código moral que guia as escolhas e os comportamentos de uma pessoa durante sua vida.

O conceito código moral aborda o que é certo e errado para, mais que um indivíduo, uma comunidade ou toda a sociedade. Assim, ética engloba direitos, responsabilidades, formas de comunicação, viver uma vida ética e como as pessoas tomam decisões morais. Conforme o grupo *Brittanica*, responsável pela Enciclopédia Britânica, e pelos dicionários *Merriam-Webster*, embora os termos ética e moral possam ter conotações diferentes para acadêmicos, juristas e religiosos, eles são frequentemente usados como sinônimos para distinguir as diferenças entre o certo e o errado, ou o bom e o mau.

Por ser um conceito subjetivo, pessoas podem ter fortes crenças morais sobre o que é certo e errado, que podem contrastar com as crenças de outros indivíduos. Mesmo que as crenças variem entre pessoas, culturas e religiões, algumas crenças são consideradas universais, como direitos individuais, liberdade, equidade, igualdade.[2]

Seres humanos são seletivos quando aplicam valores morais. Em Baker-Brunnbauer (2021), o autor afirma que um desafio psicológico para a implementação de uma IA ética é que os seres humanos aplicam diferentes valores morais a eles mesmos e aos outros (DESCIOLI et al., 2014). No final de 2021, a Organização das Nações Unidas para a Educação, a Ciência e a Cultura (UNESCO) publicou uma resolução, com o título de Recomendações sobre ética em IA (RAMOS, 2021). Com o apoio de 193 países, ela define como sistemas de IA deveriam ser desenvolvidos e utilizados, tanto por

---

[1] PsychologyToday.com é um *site* associado à revista Psychology Today, que publica desde 1976 textos escritos por clínicos, especialistas e pesquisadores de áreas da psicologia e do comportamento.

[2] Enquanto igualdade prega que as mesmas regras se aplicam todos, que devem, portanto, ter os mesmos direitos e deveres, a equidade reconhece a importância da diversidade e das diferenças para atingir a igualdade.

governos como por empresas. Ela também reconhece os efeitos da IA nas ciências da vida, exatas e humanas, principalmente dos seus impactos positivos e negativos em:

- sociedades;
- meio ambiente e ecossistemas;
- vidas humanas, incluindo aspectos físicos e mentais.

Uma das principais preocupações sobre o uso da IA é não apenas reforçar as atitudes preconceituosas já existentes, mas evitar que seu uso dê origem a novas maneiras de preconceito, que podem aumentar ou provocar:

- discriminação, prejudicando qualquer indivíduo ou grupo de indivíduos;
- desigualdade, levando a privilégios ou dificuldades;
- divisão ou abismo digital, aprofundando divisões existentes em um país e entre países;
- exclusão, deixando pessoas à margem da sociedade.

A recomendação da Unesco é formada por um conjunto de valores e princípios que devem ser seguidos por todos que participam do ciclo de vida de um sistema de IA.[3] Além disso, quando necessário e adequado, devem ser reforçados por legislações, regulações e diretrizes de negócios. Os valores são o que acreditamos serem as qualidades e os comportamentos corretos para que um fim seja atingido, neste caso uma IA ética. Na recomendação, 4 valores são destacados:

1. Respeito, proteção e promoção dos direitos humanos, das liberdades fundamentais e da dignidade humana.

2. Prosperidade do meio ambiente e dos ecossistemas.

3. Garantia da diversidade e da inclusão.

4. Viver em sociedades pacíficas, justas e interconectadas.

Os princípios apresentam o comportamento e as interações dos seres humanos para que os valores sejam alcançados. No texto, eles estão organizados em 10 temas:

---

[3] Um sistema de IA é um *software* ou *hardware* baseado em IA.

1. Proporcionalidade e não causar danos.
2. Segurança e proteção.
3. Justiça e sem discriminação.
4. Sustentabilidade.
5. Direito à privacidade e proteção de dados.
6. Supervisão e última palavra por seres humanos.
7. Transparência e explicabilidade.
8. Responsabilização e prestação de contas.
9. Conscientização e alfabetização.
10. Governança e colaboração multissetoriais e adaptáveis.

Segundo a recomendação, os países signatários devem adotar ações afirmativas que respeitem a diversidade, garantindo que mulheres e minorias façam parte das equipes que projetam e desenvolvem sistemas de IA. Com isso, espera-se que estes sejam representados de modo justo nas equipes encarregadas do projeto e do desenvolvimento de sistemas de IA.

14.2 Ciência de Dados Justa

Apesar de todos os avanços das últimas décadas no respeito aos direitos humanos, como o respeito às minorias, são frequentemente divulgados casos de discriminação, intolerância, violação e até mesmo violência por causa de vieses ou preconceitos às diferenças de gênero, habilidades cognitivas e físicas, condições de saúde, raça, região, credo e orientação sexual. Ao mesmo tempo, é crescente a presença da CD nos processos de tomada de decisão que afetam a nossa vida (GRGIC-HLACA *et al.*, 2018). Para confiar nessas decisões, e aceitá-las, é importante não apenas que sejam justas, mas que sejam percebidas com imparcialidade.

Uma preocupação adicional referente a vieses e preconceitos é o efeito deles nos modelos induzidos por algoritmos de AM em sistemas de CD. Isso explica por que um dos principais problemas das soluções baseadas em CD é a presença de algum tipo de viés ou preconceito. Para lidar com esse problema, pesquisadores, desenvolvedores e usuários de CD têm a obrigação de buscar uma ferramenta de CD que seja justa. Vários casos de decisões preconceituosas, com algum tipo viés, tomadas por modelos gerados por algoritmos, têm sido reportados nos últimos anos, que incluem:

- discriminação racial no acesso a serviços de saúde (OBERMEYER *et al.*, 2019);
- discriminação racial na predição de reincidência de pessoas que estavam sendo julgadas pelo sistema judiciário (LAGIOIA; ROVATTI; SARTOR, 2022);
- preconceito de gênero na contratação de pessoas.[4]

É conhecido o caso de uma ferramenta para identificação de criminosos baseada em CD que, foi visto depois, tinha uma forte influência da informação racial na classificação de pessoas como criminosas ou não. Assim como na ética em CD, os conceitos de uma CD justa são geralmente abordados nos textos sobre uma IA justa (na literatura internacional, recebe o nome de *AI Fairness*, que pode ser traduzida por justiça). De acordo com Mahoney *et al.* (2020), justiça é um conceito complexo, que possui diferentes aspectos e depende tanto do contexto quanto da cultura. Assim, é um conceito difícil de definir formalmente, tanto que um *site* lista 21 definições matemáticas de justiça.[5]

Ainda conforme os autores, essas definições não diferem apenas teoricamente, mas cobrem diferentes aspectos de justiça. Assim, se aplicadas a uma mesma situação, podem gerar conclusões ou resultados completamente diferentes, até mesmo conflitantes. Isso impossibilita satisfazer, simultaneamente, diferentes definições de justiça.

É sabido que a qualidade dos modelos induzidos por algoritmos de AM é afetada pela qualidade dos dados de treinamento. Geralmente, associamos à baixa qualidade dos dados atributos com valores ausentes, ruídos, irrelevantes ou redundantes, para citar os mais comuns. No entanto, a baixa qualidade também pode ser causada pela origem dos dados ou vieses no processo de geração e de extração deles.

Assim, muitas vezes, a fonte do preconceito está no conjunto de dados utilizados para o projeto de uma solução de CD. Quando algoritmos de modelagem são aplicados a esses dados, é grande a chance de induzirem modelos preconceituosos. Isso ocorre porque algoritmos de modelagem procuram padrões nos dados, reforçados na indução de modelos. Caso os padrões estejam associados a vieses, esses vieses farão parte do modelo.

É importante observar que informações que levam a modelos preconceituosos podem, inclusive, estar presentes indiretamente nos dados. Por exemplo, se uma das variáveis do conjunto for renda e se diferentes grupos raciais tiverem diferentes rendas,

---

[4] Disponível em: https://www.bbc.com/news/technology-45809919. Acesso em: 26 abr. 2023.
[5] Disponível em: https://fairmlbook.org/tutorial2.html. Acesso em: 26 abr. 2023.

o grupo racial das pessoas é usada indiretamente. Uma maneira de avaliar se um modelo é preconceituoso consiste em utilizar algoritmos que geram modelos explicáveis ou interpretáveis, que os tornam transparentes.

Dados utilizados em uma tarefa de modelagem podem conter, nos valores de algumas das variáveis alvos, decisões passadas subjetivas que são imparciais, injustas ou preconceituosas. Nesse caso em particular, modelos mais justos podem ser obtidos alterando o valor dessas variáveis alvo. Entretanto, por não termos toda a informação que levou a uma decisão no passado, é difícil saber se ela foi imparcial, injusta ou preconceituosa.

Outra alternativa para lidar com vieses é balancear os dados com relação ao valor do atributo alvo, que, na distribuição original, pode levar a decisões enviesadas. Em geral, cada valor do atributo alvo está associado a uma subpopulação, e uma delas pode ser prejudicada na indução de um modelo. Para reduzir essas ocorrências, é importante uma boa exploração dos dados e, quando necessário, modificá-los, antes do processo de modelagem. É importante observar que isso pode levar a uma redução do desempenho preditivo ou da transparência do modelo induzido.

Além disso, o próprio projeto do algoritmo de modelagem pode conferir a ele uma tendência a incorporar vieses nos modelos que gera. Ele pode ter, em seus mecanismos internos, regras que aumentam a chance de induzir modelos preconceituosos. Uma forma de lidar com esses casos é remover essas regras.

Uma CD justa busca evitar que decisões tomadas por modelos gerados por algoritmos de AM sejam preconceituosas, que considerem aspectos como classe social, credo, doença preexistente, idade, nacionalidade, orientação sexual, cor de pele e raça na tomada de decisão. O uso de atributos representando esses aspectos, conhecidos como atributos sensíveis, também podem levar a modelos preconceituosos (HAERI; ZWEIG, 2020). Por isso, muitas vezes os valores desses atributos são usados de modo criptografado. Em Zliobaite e Custers (2016), os autores mostram que, embora atributos sensíveis possam levar a modelos enviesados, dados sensíveis, quando utilizados para validar modelos gerados durante o processo de modelagem, podem construir modelos menos enviesados. Assim, o desenvolvimento de sistemas justos de CD deve ser feito em duas frentes:

1. Engenharia de dados ou pré-processamento, por meio de alterações no conjunto de dados.

2. Modelagem, por meio da troca ou alteração do algoritmo de modelagem utilizado, por ajustes na função de custo empregada e pela validação dos modelos gerados

Ajuda ainda a ter uma CD justa o estímulo à diversidade na equipe que participa de um projeto de CD. Uma equipe diversa não apenas tem maior chance de respeitar e ouvir as diferenças, mas de conseguir identificar aspectos que podem levar a decisões injustas, muitas vezes enviesadas.

14.3 Ciência de Dados com Proteção e Privacidade

Atualmente, quase a totalidade de dados no mundo está armazenada em dispositivos que podem ser acessados pela internet. Grande parte desses dados contém informações sigilosas, de empresas, de países e de órgãos de segurança, como processos tecnológicos, estratégias de política internacional e operações de segurança, e pessoais, que podem identificar uma pessoa direta ou indiretamente. Esses dados precisam ser protegidos de 3 riscos, que podem estar associados à ações criminosas:

- **Perda de dados (*data loss*):** perda ou remoção indesejada de informações, por falhas humanas, técnicas ou por roubo cibernético.

- **Fissura de dados (*data leak*) ou vazamento de dados**[6] **(*data leakage*):** acesso ou exposição não autorizada de dados. Pode ser acidental ou causada por ataques cibernéticos. Mesmo acidentais, se descoberto por criminosos, podem ser seguido pela violação de dados.

- **Violação de dados (*data breach*):** acesso não autorizado ou roubo de dados. A fissura ou vazamento de dados, mesmo acidental, cria oportunidades para violação de dados. A violação frequentemente ocorre por meio do roubo de dados de identificação pessoal.

Para evitar esses riscos, ou pelo menos reduzi-los, é necessário que os dados sejam protegidos. Para isso, várias técnicas têm sido propostas e utilizadas em ferramentas de segurança cibernética. Um dos principais objetivos da proteção de dados é a garantir a privacidade de dados pessoais, cujos maiores riscos são os de vazamento e de violação. Parte dos riscos, no entanto, não é eliminada apenas com ferramentas computacionais.

Tanto o vazamento quanto a violação de dados pessoais podem ocorrer direta ou indiretamente. Um exemplo de vazamento direto é quando uma empresa de posse de dados pessoais divulga esses dados sem autorização. Um exemplo de vazamento indireto é quando a empresa não divulga os dados pessoais, mas cede os dados para outras empresas, que os divulgam.

---

[6] Como visto no Capítulo 10, existe outro tipo de vazamento de dados, associado a experimentos de modelagem.

14.3.1 Práticas de Informações Justas

Para garantir tanto a privacidade quanto a proteção de dados pessoais, vários organismos, órgãos públicos e agências reguladoras propuseram recomendações, geralmente chamadas de práticas de informações justas (FIPs, *fair information practices*). FIPs têm sido utilizadas para apoiar a proposta de legislação de vários países, definindo políticas públicas para proteção de dados e respeito à privacidade (GELLMAN, 2022).

A origem dessas práticas é um estudo realizado em 1972 na Grã-Bretanha, por um comitê formado para discutir políticas de privacidade. Conhecido como comitê *Younger*, por ser coordenado por Kenneth Younger, tinha como alvo organizações privadas e não governamentais que poderiam, ao utilizar sistemas computacionais, pôr em risco a privacidade dos cidadãos. O comitê produziu um relatório propondo 10 princípios de informações justas.[7]

Um ano depois, Elliot Richardson, secretário do departamento (equivalentes a ministro e ministério no Brasil) de saúde, educação e bem-estar social (HEW, *health, education and welfare*) dos Estados Unidos, propôs um comitê de assessoramento semelhante, conhecido como comitê HEW, para lidar com o crescente uso de computadores para armazenar informações dos cidadãos norte-americanos.

O relatório disponibilizado pelo comitê usou, pela primeira vez, o termo práticas de informação justas, inspirado no Código para Práticas Justas de Trabalho (CFLP, *Code of Fair Labor Practices*), adotado em 1963. O relatório listou 5 práticas para proteger a privacidade dos dados pessoais em bancos de dados mantidos pelos setores públicos e privados americanos.[8] Havia uma grande sobreposição entre elas e as 10 práticas do relatório britânico.

Em 1974, outra comissão com objetivo semelhante foi formada nos Estados Unidos, a Comissão para Estudo da Proteção à Privacidade (PPSC, *Privacy Protection Study Commission*). Em seu relatório, a PPSC, argumentando que o relatório do comitê HEW apenas definiu a estrutura intelectual necessária, modificou as 5 práticas do relatório HEW para 8.

Essas 8 práticas serviram de base para um guia de abrangência internacional, Diretrizes sobre a Proteção da Privacidade e Fluxos Transfronteiriços de Dados Pessoais (*Guidelines on the Protection of Privacy and Transborder Flows of Personal Data*), publicado em 1980, e revisado em 2013, pela Organização para a Cooperação e Desenvolvimento

---

[7] Disponível em: https://discovery.nationalarchives.gov.uk/details/r/C11027826?descriptiontype=Full. Acesso em: 26 abr. 2023.

[8] Disponível em: https://archive.epic.org/privacy/hew1973report/default.html. Acesso em: 26 abr. 2023.

Econômico (OECD, *Organization for Economic Cooperation and Development*), que renomeou um princípio e fez algumas alterações em outros.

Em 2013, o Professor de Direito Graham Greenleaf, especialista no tema, estudou 101 propostas de FIPs e mostrou que 4 das principais propostas internacionais de FIPs (*The OECD Guidelines, Council of Europe Convention, EU Data Protection Directive* e *The APEC Privacy Framework*) compartilhavam 10 princípios, que ele então sintetizou para (GREENLEAF, 2013):

1. Coleta limitada, legal e justa com o consentimento ou conhecimento.
2. Qualidade de dados, com dados relevantes, corretos e atuais.
3. Especificação da finalidade no momento da coleta.
4. Aviso de propósitos e direitos antes da coleta.
5. Uso limitado (incluindo divulgação) aos fins especificados ou compatíveis.
6. Segurança por meio de barreiras que realmente funcionem.
7. Clareza sobre como dados pessoais serão utilizados.
8. Direito do indivíduo de acessar seus dados.
9. Direito do indivíduo de modificar, completar e remover seus dados.
10. Responsabilidade dos gerenciadores dos dados pela implementação.

Em 2018, a ONU publicou um conjunto de princípios para privacidade e proteção de dados pessoais[9] para serem utilizados por organizações que fazem parte do sistema ONU (UNSO, *United Nations System Organizations*), que podem servir de referência para outras entidades. Esses princípios são reproduzidos na íntegra a seguir:

- **Processamento justo e legítimo:** o UNSO deve processar dados pessoais de maneira justa, de acordo com seu mandato e seus instrumentos de governança, e baseado em qualquer um dos seguintes aspectos: (i) o consentimento do titular dos dados; (ii) os melhores interesses do titular dos dados, de forma consistente com o mandato da organização afetada; (iii) o mandato e os instrumentos de governança da organização afetada; (iv) ou qualquer outra base legal identificada pela organização afetada.

---

[9] Disponível em: https://unsceb.org/personal-data-protection-and-privacy-principles. Acesso em: 26 abr. 2023.

- **Especificação de propósito:** os dados pessoais devem ser processados para fins específicos, consistentes com o mandato do UNSO e que considerem o equilíbrio dos direitos, liberdades e interesses relevantes. Dados pessoais não devem ser processados de forma incompatível com esses propósitos.
- **Proporcionalidade e necessidade:** o processamento de dados pessoais deve ser relevante, limitado e adequado ao que for necessário com relação aos propósitos específicos de processamento de dados pessoais.
- **Retenção:** os dados pessoais devem ser armazenados apenas pelo tempo necessário para os fins especificados.
- **Precisão:** os dados pessoais devem ser precisos e, quando necessário, atualizados para cumprir os fins especificados.
- **Confidencialidade:** os dados pessoais devem ser tratados respeitando a confidencialidade.
- **Segurança:** salvaguardas e procedimentos organizacionais, administrativos, físicos e técnicos apropriados devem ser implementados para proteger a segurança dos dados pessoais, inclusive de e contra acesso não autorizado ou acidental, dano, perda ou outros riscos apresentados pelo processamento dos dados.
- **Transparência:** o tratamento dos dados pessoais deve ser realizado de uma forma transparente para os titulares dos dados, conforme o caso e sempre que possível. Isso deve incluir, por exemplo, o fornecimento de informações sobre o processamento de seus dados pessoais, bem como informações sobre como solicitar acesso, verificação, retificação e/ou exclusão desses dados, na medida em que o propósito especificado para o processamento desses dados não seja frustrado.
- **Traslados:** ao realizar suas atividades mandatórias, o UNSO pode transferir dados pessoais a um terceiro, desde que, nessas circunstâncias, o UNSO se certifique de que o terceiro oferece a proteção adequada para os dados pessoais.
- **Responsabilização:** a UNSO deve ter as políticas adequadas e mecanismos em vigor para aderir a estes Princípios.

Em 2022, a Unesco publicou seu conjunto de princípios para privacidade e proteção de dados pessoais,[10] baseados no conjunto de princípios divulgados pela ONU, com pequenos ajustes.

---

[10] Disponível em: https://www.unesco.org/en/privacy-policy. Acesso em: 26 abr. 2023.

14.3.2 Legislação

Riscos causados pela popularização da CD chamam cada vez mais a atenção, preocupando a sociedade e desafiando legisladores para encontrar alternativas que aumentem a proteção a abusos que possam ocorrer. Parte dos riscos se deve à exposição de dados pessoais em ferramentas de redes sociais. Em um estudo publicado em 2015 por Youyou, Kosinski e Stillwell (2015), os autores aplicaram um algoritmo de AM a um conjunto de dados gerados por voluntários em uma conhecida rede social. Os dados eram formados apenas por respostas positivas (*likes*) dadas pelos voluntários a comentários postados na rede.

Os modelos gerados pelos algoritmos precisaram ter acesso a apenas 10 *likes* postados por uma pessoa X para conhecer X melhor do que seus colegas de trabalho, 150 para melhor do que um familiar de X, e 300 para conhecer melhor que o(a) cônjuge de X. Isso não quer dizer que o efeito da aplicação de algoritmos e técnicas de CD a dados de redes sociais seja sempre negativo. Existem aplicações de AM a dados de redes sociais que podem trazer vários benefícios, uma delas, é a redução de assédio nas próprias redes sociais (PEREIRA; ANDRADE; CARVALHO, 2019).

Para melhor lidar com os riscos inerentes à crescente exposição de dados, a União Europeia atualizou em 2016 sua legislação para proteção de dados, aprovando o Regulamento Geral sobre a Proteção de Dados (GDPR, *General Data Protection Regulation*) (EUROPEAN COMMISSION, 2016). O GDPR regula, por meio de várias regras, a coleta, o armazenamento e o uso de dados pessoais. Uma dessas regras é o direito à explicação. De acordo com esse direito, organizações públicas, privadas e sem fins lucrativos que utilizem dados pessoais de cidadãos da União Europeia têm a obrigação de garantir o processamento justo e transparente desses dados e explicar decisões tomadas por modelos gerados a partir deles.

Para isso, garante aos órgãos europeus de controle de uso de dados os poderes de investigar e aplicar multas. Inspirado no GDPR, o Congresso brasileiro aprovou, em 2018, a Lei Geral de Proteção de Dados Pessoais (LGPD), que entrou em vigor em 2020 (GARCIA *et al.*, 2020). Para fiscalizar o cumprimento da LGPD, foi fundada em 2018 a Autoridade Nacional de Proteção de Dados (ANPD), órgão vinculado à Presidência da República, responsável por fiscalizar o cumprimento da LGPD.

Outra iniciativa é a proposta de leis para regular a IA e, por consequência, a CD em vários países, inclusive no Brasil. A regulamentação da IA é um tema polêmico, pois, ao mesmo tempo que deve buscar conter abusos, não deve dificultar avanços que beneficiem a sociedade e o planeta. Por conta disso, diferentes formas de regular a IA têm sido discutidas. O principal desafio para uma boa regulação é como lidar com os interesses conflitantes dos diferentes atores, o que faz com que a regulação seja um problema mais econômico, político e social do que técnico (WEISSINGER, 2022). No entanto, para ser bem-sucedida, é necessário partir de uma boa definição do que é a própria IA.

14.4 Ciência de Dados Reproduzível

Outro aspecto muito importante para a CD responsável é a garantia de reprodutibilidade de experimentos realizados. Pesquisadores e praticantes de CD buscam sempre comparar novas soluções com as soluções existentes. Para que isso ocorra de forma correta, as informações necessárias para refazer experimentos realizados por outros, e para permitir que outros refaçam nossos experimentos, precisam ser disponibilizadas. Ser reprodutível significa que os mesmos resultados experimentais podem ser gerados seguindo os mesmos passos e utilizando o mesmo conjunto de dados.

A reprodutibilidade é uma característica essencial em trabalhos acadêmicos e artigos científicos, por permitir que outras pessoas possam comparar novos algoritmos e abordagens com o que já existe. Estudos recentes mostram que na grande maioria dos artigos científicos os códigos e os dados utilizados não são disponibilizados (HUTSON, 2018). O problema de reprodutibilidade é ainda maior quando algoritmos de AM são utilizados por pesquisadores em outras áreas de conhecimento, quando eles não possuem uma formação sólida em AM (GIBNEY, 2022).

Não importa o domínio da aplicação, resultados experimentais obtidos no desenvolvimento de uma solução baseada em CD devem poder ser replicados. Mesmo no caso em que os códigos devem ser protegidos, pessoas ou equipes diferentes daquela que desenvolveu o código devem conseguir gerar os mesmos resultados experimentais, para aumentar a confiabilidade e facilitar alterações.

Grande parte das soluções desenvolvidas em Python utiliza pacotes e bibliotecas, que disponibilizam publicamente o código-fonte utilizado. Para evitar resultados indesejáveis e erros, os códigos disponibilizados devem ser rigorosamente testados e validados pelos desenvolvedores. A disponibilização dos códigos permite ainda sua validação por seus usuários. O mesmo vale para que novos algoritmos sejam disponibilizados. A reprodutibilidade permite ainda identificar erros e situações não previstas ou observadas pelos desenvolvedores.

A capacidade de reprodutibilidade passa não apenas pela disponibilização do código, mas também dos conjuntos de dados utilizados, com a mesma versão, as mesmas partições e as transformações realizadas. Projetos de CD, em geral, são baseados em resultados de experimentos anteriores. Se esses resultados não são reproduzíveis, não temos confiança para nos basearmos neles. Outro conceito importante, por vezes confundido com reproducibilidade, é a replicabilidade. Um experimento de CD é replicável se, quando for realizado novamente, mas com novos dados gerados pela mesma fonte que gerou os dados anteriores, resultados semelhantes serão obtidos.

A replicabilidade comprova a confiabilidade dos resultados obtidos nos experimentos iniciais. Contudo, a falta de replicabilidade não necessariamente aponta um problema nos experimentos anteriores. Existem situações em que a distribuição dos dados gerados por uma mesma fonte muda ao longo do tempo. Três fenômenos podem levar a isso (GAMA *et al*., 2014; AROSTEGI; LOBO; SER, 2021):

1. Mudança de dados ou de atributos (*data drift*, *feature drift* ou *virtual drift*), quando os valores dos atributos preditivos mudam ao longo do tempo, deslocando a fronteira de decisão.

2. Mudança de rótulos (*label drift*), quando a probabilidade dos rótulos muda ao longo do tempo.

3. Mudança de conceitos (*concept drift*), quando o rótulo para um mesmo conjunto de valores de entrada muda ao longo do tempo.

Assim, mesmo experimentos realizados corretamente podem ser reproduzíveis, mas não replicáveis. Além disso, para a validação, comprovação e confiança de que um sistema de CD seja justo, é importante compreender como os modelos utilizados pelo sistema funcionam, como tomam decisões. Por isso, a transparência do sistema é um aspecto muito importante.

14.5 Ciência de Dados Transparente

Para que um sistema de CD seja justo, é necessário que quem o utilizará, ou será afetado por ele, confie em seu funcionamento. Essa confiança passa pela compreensão do processo de tomada de decisão utilizado pelo modelo do sistema de CD, ou seja, o sistema deve ser transparente. Para que um sistema de CD seja reproduzível, é necessário que quem vai refazê-lo, confie que o sistema de CD foi desenvolvido e testado da maneira correta. Essa confiança passa pela compreensão do processo de desenvolvimento e de teste do sistema de CD, que também deve ser transparente.

O escopo da transparência varia de acordo com o interesse e o nível de conhecimento das pessoas. No nível mais completo, abrangente e detalhado, o interesse é em entender todo o processo, em validá-lo e em ser capaz de reproduzir ou de replicá-lo, sendo esse o nível de conhecimento esperado de um especialista em CD. No nível mais simples, abrangente e detalhado, o interesse é em entender de uma forma mais abstrata uma etapa do processo, em geral, como um modelo toma decisões, e o usuário, para isso, não precisa ter conhecimentos de CD.

Aspectos necessários para o desenvolvimento e teste de um sistema de CD foram abordados na seção anterior. Nesta seção, abordamos a transparência para uma CD justa, o nível mais simples, que está mais próximo da sociedade, uma vez que as decisões resultantes de um sistema de CD são decisões resultantes de seus modelos internos. As decisões podem ser, por exemplo, se uma pessoa tem direito ou não a um empréstimo financeiro, se uma pessoa está ou não acometido por dada doença, ou se um doente deve seguir um tratamento A ou B.

Para que uma solução baseada em CD seja transparente, é essencial que os modelos por ela utilizados sejam transparentes. É um direito de todas as pessoas, principalmente quem é diretamente afetado, saber como os modelos tomam decisões que as afetam. Esse direito permite verificar se a decisão é justa, pré-requisito para uma CD justa. A transparência de um modelo pode ser medida por seu nível de interpretabilidade ou de explicabilidade, conforme visto no Capítulo 12.

A transparência é um aspecto crítico para aplicação de sistemas de CD a problemas reais. É importante observar que a motivação e os benefícios dependem do contexto, tornando a transparência difícil de mensurar objetivamente. Assim como ser justo, é importante e positivo ser transparente. No entanto, ser justo pode significar coisas diferentes em contextos diferentes para pessoas diferentes. A interpretação deve ser fornecida de modo que qualquer pessoa possa compreender, respondendo a perguntas que tenham "o que", "como" ou "por que". Ela pode ocorrer relacionando a previsão para futuro ou a interpretação do passado, que podem ser ilustrados pelos seguintes exemplos:

- tem resfriado porque a temperatura subiu;
- se a pressão baixou, pode ser um problema cardíaco.

O nível de interpretabilidade dos modelos gerados por algoritmos de AM divide eles em: caixa-preta, quando não é possível interpretar como eles tomam uma decisão, caixa-branca, quando qualquer pessoa pode entender como a decisão é tomada e caixa-cinza, quando o modelo é parcialmente interpretável (YANG *et al.*, 2017). A transparência está fortemente associada com a confiança que as pessoas têm nas decisões tomadas por modelos gerados por algoritmos de AM. Quanto maior a transparência de um modelo, maior a confiança que as pessoas têm nas decisões. A transparência permite ainda validar as decisões tomadas pelos modelos. No nível de modelos, a transparência pode ter diferentes tipos, objetivos e formas de ser avaliada. Assim, um sistema de CD transparente deve satisfazer 4 classes de pessoas:

1. Desenvolvedor(es)(as) do sistema de CD.

2. Proprietário(s)(as) do sistema de CD.

3. Usuário(s)(as) do sistema de CD.

4. Juízes que avaliarão eventuais ilegalidades em um sistema de CD.

A transparência, seja para entender e conseguir reproduzir experimentos de CD, seja para entender como funciona um modelo ou as respostas que ele fornece, é reconhecida como um direito de quem vai utilizar, validar ou ser afetado por sistemas de CD.

14.6 IA Centrada nos Dados

A qualidade dos dados e a maneira com que eles são processados podem ter implicações sérias na aplicação e desempenho de um modelo no mundo real. No entanto, quando o desempenho de um modelo de AM não condiz com o esperado, a reação mais comum de um cientista de dados iniciante é pensar que o problema está no próprio modelo. Dessa forma, as suas ações tendem a ser focadas em como melhorá-lo, seja pelo ajuste de seus hiperparâmetros ou pela troca por um algoritmo de modelagem capaz de induzir um melhor modelo. Esse tipo de reação segue uma lógica centrada em modelos, que considera que o processo iterativo de otimização de desempenho deve concentrar-se apenas em alterações na etapa de modelagem.

Nos últimos anos, com a observação que vários algoritmos de AM podem induzir modelos com elevada capacidade de generalização, mesmo com valores *default* para seus hiperparâmetros, ou seja, sem nenhum ajuste, vem crescendo entre pesquisadores e praticantes a abordagem de observar os problemas de IA colocando os dados no centro do processo de otimização de desempenho. Esse paradigma é chamado de IA Centrada nos Dados, *Data-Centric AI*. Nesse paradigma, é assumido que investir tempo na coleta, exploração, transformação e melhoria da qualidade dos dados a serem utilizados na modelagem pode trazer maiores ganhos do que o ajuste custoso de hiperparâmetros e seleção de algoritmos. Assim, as etapas anteriores à modelagem não são consideradas uma etapa de pré-processamento, e sim um processo iterativo para otimização do desempenho do modelo final (BRECK *et al.*, 2019).

Uma abordagem centrada nos dados influencia toda a *pipeline* de CD, desde mudanças na aquisição e curadoria dos dados, até o processo de verificação e monitoramento do desempenho do sistema de CD. É importante observar que grande parte dos esforços e tempo para o desenvolvimento de um sistema de CD centrado nos dados está na preparação inicial dos dados (EL MORR et al., 2022). Considerando, por exemplo, a aquisição e a anotação de um conjunto de dados para uma tarefa supervisionada, é esperado que exista sempre uma quantidade de "ruídos" (erros) no valor do rótulo (atributo alvo), uma vez que este processo é geralmente realizado por humanos.

Quando um conjunto de dados possui milhões de exemplos e os ruídos nos rótulos aparecem em pequena quantidade e de forma aleatória, muitas vezes o modelo consegue se sobressair e, ainda assim, aprender a real distribuição dos dados (ROLNICK et al., 2017). No entanto, quando o conjunto de dados é pequeno e os erros aparecem de maneira sistemática, talvez pelo mal-entendido de uma ou mais das pessoas que realizaram as anotações, o algoritmo pode induzir um modelo incorreto que vai, consequentemente, apresentar um baixo desempenho ao ser testado com dados reais.

Um exemplo clássico da importância de uma CD centrada nos dados, é quando os objetos de um conjunto de dados possuem rótulos com nomes subjetivo ou genérico. Suponha, por exemplo, que a empresa farmacêutica **MeuRemédio** está criando um *pipeline* de visão computacional para avaliar a qualidade estrutural dos comprimidos para o seu mais novo fármaco. Para isso, ela solicitou que dois funcionários anotassem imagens de comprimidos com um dos seguintes rótulos: **"OK"** ou com **"Defeito"**. As imagens rotulados seriam utilizadas em seguida para treinar, com um algoritmo de AM supervisionado, um modelo de classificação. As anotações dos funcionários, chamados de Anotador 1 e Anotador 2, para um mesmo conjunto de imagens a, b, c, d, e, podem ser vistos nas Figuras 14.1 e 14.2, respectivamente.

Para ambos os funcionários foi indicado que, para um comprimido ser considerado "OK", ele deveria conter uma marcação horizontal que o dividisse em 2 metades com aproximadamente o mesmo tamanho e não apresentar riscos ou ranhuras, enquanto um comprimido que não estivesse OK seria considerado com "Defeito". Podemos observar na figura que o Anotador 1 foi mais flexível que o Anotador 2 na rotulação de um comprimido como "OK", pois rotulou 3 comprimidos como "OK", enquanto o Anotador 2 fez isso para apenas 1 dos comprimidos.

Não é necessário treinar um classificador com o conjunto de dados do exemplo para perceber que o modelo teria dificuldades para aprender quando uma imagem apresenta um defeito ou não, diante da discordância na rotulação de 2 dos objetos. Como o rótulo "Defeito" é muito genérico e pode abranger diversas situações, caso o Anotador não

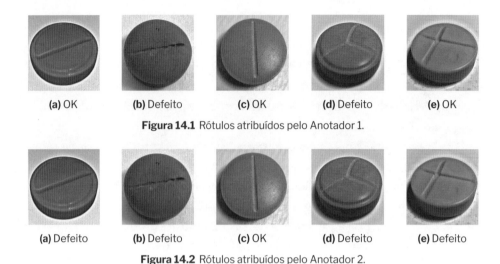

(a) OK (b) Defeito (c) OK (d) Defeito (e) OK

Figura 14.1 Rótulos atribuídos pelo Anotador 1.

(a) Defeito (b) Defeito (c) OK (d) Defeito (e) Defeito

Figura 14.2 Rótulos atribuídos pelo Anotador 2.

possua instruções detalhadas do que seria um defeito, situações como essa podem ser frequentes. Por isso, seguem algumas dicas comumente utilizadas para identificação de possíveis erros quanto a consistência e padronização dos rótulos anotados:

- Checar consistência quanto ao nome atribuído ao rótulo. Por exemplo, checar se o rótulo não possui erros de digitação, de tipo ou de formatação para considerar situações ambíguas como "ok", "OK", "Okay", "0".

- Checar consistência quanto a qualidade da anotação. Por exemplo, observar se algum padrão foi seguido durante o processo de anotação e se ele possuía instruções para casos confusos ou ambíguos.

- Checar com especialista se não existe uma regra ou função que faça o mapeamento direto dos dados de entrada para o rótulo, e que os rótulos seguem essa função. Por exemplo, um paciente com diagnóstico de uma doença, como a anemia ferropriva, caso tenha sido rotulados com a doença, deve apresentar taxas de ferro no sangue abaixo de um valor predeterminado.

Em geral, a solução para os problemas de inconsistência de rótulos começa com a elaboração de um "manual" com instruções claras de como as situações ambíguas devem ser resolvidas. Além disso, a utilização de várias pessoas para anotar os mesmos objetos, e a busca por um valor de rótulo majoritário para cada objeto, pode acrescentar uma camada de confiabilidade aos dados. Para isso, existem diversas iniciativas de empresas[11,12] que buscam resolver o problema da consistência e qualidade dos rótulos por meio de estratégias de *outsourcing*, contratando um time de anotadores especialistas externos, e *crowdsourcing*, enviando tarefas de anotação e um manual de boas práticas para cada um dos anotadores.

Contudo, mesmo sanados os possíveis problemas de inconsistência, novos problemas podem acometer os dados e, consequentemente, comprometer o desempenho do modelo final. Algumas dicas gerais para a construção de *pipelines* de modelagem centrada nos dados são:

- Identificar e dispensar dados com ruído. A utilização de uma maior quantidade de dados não necessariamente é melhor do que a modelagem com menos dados, mas com qualidade e boa representação do problema a ser modelado.
- Analisar o desempenho dos modelos, para entender onde o modelo está errando e tentar melhorar os dados dentro daquele contexto. Por exemplo, ao verificar que um modelo de detecção de câncer está com uma alta taxa de falsos negativos, pode ser um sinal que existe desbalanceamento entre as classes, que pode ser resolvido, ou minimizado, utilizando técnicas para lidar com o desbalanceamento.
- Considerando que o foco está nos dados e eles podem vir em fluxos e mudar sua distribuição ao longo do tempo, planejar o monitoramento do modelo com medidas de desempenho e *backtesting* em produção utilizando MLOps para avaliar quando e se o modelo precisa ser retreinado.

Outra vantagem de um processo iterativo que inclui a verificação contínua de dados é a possibilidade de inspecionar o conjunto de dados de uma maneira minuciosa. Com isso, é possível ter um maior controle sobre os possíveis vieses que o algoritmo está "absorvendo" dos dados, uma vez que o bom ou mau desempenho do modelo pode estar relacionado diretamente a eles.

14.7 Considerações Finais

Como toda tecnologia tem riscos, cuidados devem ser tomados para evitar abusos e prejuízos. Esses cuidados são ainda mais importantes quando a tecnologia está embutida em um grande número de produtos e serviços e quando ela afeta a vida de tantas pessoas,

---

[11] Disponível em: https://www.cloudfactory.com/. Acesso em: 26 abr. 2023.
[12] Disponível em: https://aws.amazon.com/sagemaker/data-labeling/. Acesso em: 26 abr. 2023.

de seres vivos e do planeta. Esse é o caso da CD, em que, apesar de todos os benefícios que pode trazer, tem uma grande capacidade para causar danos e prejuízos. Nesse capítulo, procuramos destacar a importância de uma CD responsável, mencionando riscos e alternativas para mitigá-los.

Conforme o texto do capítulo, uma CD justa é uma CD que segue princípios éticos, que não prejudica e não discrimina, que respeita a privacidade das pessoas. Além disso, dados utilizados em experimentos de CD são disponibilizados com uma frequência crescente, o que permite que cada vez mais resultados publicados possam ser validados e confirmados pela reprodução de experimentos reportados em artigos científicos. Várias publicações já demandam que autores dos artigos a serem publicados nelas disponibilizem os dados e os códigos utilizados em seus experimentos. Finalmente, também abordamos um importante conceito associado a uma CD responsável, que é o foco nos dados por meio da IA centrada nos dados, tema de um movimento que está ganhando um grande impulso entre pesquisadores e profissionais da indústria.

Apêndice

Código referente ao Capítulo de Visualização de Dados (Capítulo 6), sobre o pré-processamento dos dados dos municípios brasileiros.

```python
import numpy as np
import pandas as pd
import seaborn as sns
import matplotlib.pyplot as plt
from wordcloud import WordCloud
import plotly
import plotly.graph_objects as go
# Para visualização dos gráficos com o Plotly no ambiente de notebook
#   Jupyter, retire o comentário da linha abaixo.
# plotly.offline.init_notebook_mode(connected=True)

df_brasil = pd.read_csv("BRAZIL_CITIES.csv", sep=";", decimal=",")

columns = ['CITY','STATE','CAPITAL','IBGE_RES_POP','AREA',
           'RURAL_URBAN','IDHM','LONG','LAT','ALT',
           'ESTIMATED_POP','GDP','TAXES','GDP_CAPITA',
           'COMP_TOT','MUN_EXPENDIT','GVA_AGROPEC',
           'Wheeled_tractor','IBGE_PLANTED_AREA']

df_brasil = df_brasil[columns]

df_brasil.CAPITAL = df_brasil.CAPITAL.replace(0, 'NÃO')
df_brasil.CAPITAL = df_brasil.CAPITAL.replace(1, 'SIM')
df_brasil.MUN_EXPENDIT = df_brasil.MUN_EXPENDIT.replace(np.nan, 0)
```

```python
df_brasil.dropna(how ='any', inplace = True)

df_brasil.rename(columns={'IBGE_RES_POP': 'POPULATION_2010',
                          'ESTIMATED_POP': 'POPULATION_2018',
                          'Wheeled_tractor': 'WHEELED_TRACTOR',
                          'IBGE_PLANTED_AREA': 'PLANTED_AREA'},
                 ↪ inplace=True)

df_brasil['AREA'] = df_brasil['AREA'].apply(lambda n: float(n.replace(',',
↪ '')))
df_brasil['IDHM'] = df_brasil['IDHM'].astype(float)
df_brasil['GDP'] = df_brasil['GDP'].astype(float)
df_brasil['GDP_CAPITA'] = df_brasil['GDP_CAPITA'].astype(float)
df_brasil['TAXES'] = df_brasil['TAXES'].astype(float)
df_brasil['LONG'] = df_brasil['LONG'].astype(float)
df_brasil['LAT'] = df_brasil['LAT'].astype(float)
df_brasil['LAT'] = df_brasil['LAT'].astype(float)
df_brasil['PLANTED_AREA'] = df_brasil['PLANTED_AREA'].astype(float)
df_brasil['GVA_AGROPEC'] = df_brasil['GVA_AGROPEC'].astype(float)

NORTE = ['AC', 'AM', 'AP', 'PA', 'RO', 'RR', 'TO']
NORDESTE = ['AL', 'BA', 'CE', 'MA', 'PB', 'PE', 'PI', 'RN', 'SE']
CENTROOESTE = ['DF', 'GO', 'MT', 'MS']
SUDESTE = ['ES', 'MG', 'SP', 'RJ']
SUL = ['PR', 'SC', 'RS']

def conversion_reg(n):
    if n in NORTE:
        return 'NORTE'
    elif n in NORDESTE:
        return 'NORDESTE'
    elif n in CENTROOESTE:
        return 'CENTROOESTE'
    elif n in SUDESTE:
        return 'SUDESTE'
    elif n in SUL:
        return 'SUL'
    else:
        return 'ERROR'

df_brasil['REGION'] = df_brasil['STATE'].apply(conversion_reg)
```

Bibliografia

ALCOBAÇA, E. *et al*. MFE: towards reproducible meta-feature extraction. *Journal of Machine Learning Research*, [*S. l.*], v. 21, n. 111, p. 1-5, 2020.

ARKIN, R. C. *Behavior-based robotics*. Cambridge: The MIT Press, 1998.

AROSTEGI, M.; LOBO, J. L.; SER, J. D. SLAYER. A semi-supervised learning approach for drifting data streams under extreme verification latency. *In:* KREMPL, G. *et al*. (ed.). *Proceedings of the Workshop on Interactive Adaptive Learning (IAL 2021) co-located with the European Conference on Machine Learning and Principles and Practice of Knowledge Discovery in Databases (ECML PKDD 2021)*, Genobre, September 23, 2021. Disponível em: https://ceur-ws.org/Vol-3079/ial2021_paper4.pdf. Acesso em: 28 abr. 2023.

ARRIETA, A. B. *et al*. Explainable artificial intelligence (XAI): concepts, taxonomies, opportunities and challenges toward responsible AI. *Information Fusion*, v. 58, p. 82-115, 2020.

BAJAJ, I.; ARORA, A.; HASAN, M. Black-box optimization: methods and applications. *In:* PARDALOS, P. M.; RASSKAZOVA, V.; VRAHATIS, M. N. (ed.). *Black box optimization, machine learning, and no-free lunch theorems*. Heidelberg: Springer, p. 35-65, 2021.

BAKER-BRUNNBAUER, J. Responsible AI and moral responsibility: a common appreciation. *AI Ethics*, v. 1, n. 2, p. 173-181, 2021. Disponível em: https://doi.org/10.1007/s43681-020-00022-3. Acesso em: 26 abr. 2023.

BARROS, R. C. *et al*. Automatic design of decision-tree algorithms with evolutionary algorithms. *Evolutionary Computation*, v. 21, n. 4, p. 659-684, 2013.

BELLMAN, R. *Adaptive control processes*: a guided tour. New Jersey: Princeton University Press, 1961.

BERGSTRA, J.; BENGIO, Y. Random search for hyper-parameter optimization. *Journal of Machine Learning Research*, v. 13, n. 10, p. 281-305, 2012.

BERMAN, F. *et al*. Realizing the potential of data science. *Communications of the ACM*, v. 61, n. 4, p. 67-72, 2018. Disponível em: https://doi.org/10.1145/3188721. Acesso em: 26 abr. 2023.

BONIDIA, R. P. *et al*. Information theory for biological sequence classification: a novel feature extraction technique based on Tsallis entropy. *Entropy*, v. 24, n. 10, 2022a. Disponível em: https://doi.org/10.3390/e24101398. Acesso em: 26 abr. 2023.

BONIDIA, R. P. *et al*. MathFeature: feature extraction package for DNA, RNA and protein sequences based on mathematical descriptors. *Briefings in Bioinformatics*, v. 23, n. 1, 2021a. Disponível em: https://doi.org/10.1093/bib/bbab434. Acesso em: 26 abr. 2023.

BONIDIA, R. P. *et al*. Feature extraction approaches for biological sequences: a comparative study of mathematical features. *Briefings in Bioinformatics*, v. 22, n. 5, 2021b.

BONIDIA, R. P. *et al*. BioAutoML: automated feature engineering and metalearning to predict noncoding RNAs in bacteria. *Briefings in Bioinformatics*, v. 23, n. 4, 2022b. Disponível em: https://doi.org/10.1093/bib/bbac218. Acesso em: 26 abr. 2023.

BRAGA, A.; DE CARVALHO, A. C. P. L. F.; LUDERMIR, T. B. *Redes neurais artificiais*: teoria e aplicações. Rio de Janeiro: LTC, 2007.

BRAZDIL, P. *et al*. *Metalearning*: applications to data mining. Heidelberg: Springer Science & Business Media, 2008.

BRECK, E. *et al*. Data validation for machine learning. Stanford: *MLSys*, 2019.

BREIMAN, L. *et al*. *Classification and regression trees*. Boca Raton: Chapman & Hall/CRC, 1984.

BREIMAN, L. Bagging predictors. *Machine Learning*, v. 24, n. 2, p. 123-140, 1996.

BREIMAN, L. Random forests. *Machine Learning*, v. 45, n. 1, p. 5-32, 2001.

CANNY, J. A computational approach to edge detection. *IEEE Transactions on Pattern Analysis and Machine Intelligence*, v. 6, p. 679-698, 1986.

CHAPMAN, P. *et al*. *CRISP-DM 1.0*: step-by-step data mining guide, v. 9, n. 13, SPSS Inc, p. 1-78, 2000.

CHEN, T.; GUESTRIN, C. XGBoost: a scalable tree boosting system. *Proceedings of the 22nd ACM SIGKDD International Conference on Knowledge Discovery and Data Mining*, p. 785-794, 2016. Disponível em: https://doi.org/10.1145/2939672.2939785. Acesso em: 26 abr. 2023.

CHEN, Z. *et al*. iLearn: an integrated platform and meta-learner for feature engineering, machine-learning analysis and modeling of DNA, RNA and protein sequence data. *Briefings in Bioinformatics*, v. 21, n. 3, p. 1047-1057, 2019. Disponível em: https://doi.org/10.1093/bib/bbz041. Acesso em: 26 abr. 2023.

CHIPMAN, H.; JOSEPH, V. R. A conversation with Jeff Wu. *Statistical Science*, v. 31, p. 624-636, 2016. Disponível em: https://doi.org/10.1214/16-STS574. Acesso em: 26 abr. 2023.

CHOLLET, F. *Deep learning with Python*. New York: Simon & Schuster, 2021.

COMMISSION, E. Directorate-general for communications networks, content and technology. *Ethics guidelines for trustworthy AI*. Publications Office, 2019. Disponível em: https://doi.org/doi/10.2759/346720. Acesso em: 26 abr. 2023.

COX, M. A.; COX, T. F. Multidimensional scaling. *Handbook of data visualization*. Heidelberg: Springer, 2008.

CRICK, F. Central dogma of molecular biology. *Nature*, v. 227, n. 5258, p. 561, 1970.

DAVIES, E. R. *Computer and machine vision:* theory, algorithms, practicalities. Cambridge: Academic Press, 2012.

DEMŠAR, J. Statistical comparisons of classifiers over multiple data sets. *The Journal of Machine Learning Research*, v. 7, p. 1-30, 2006.

DEMŠAR, Jure; REPOVŠ, Grega; ŠTRUMBELJ, Erik. bayes4psy – An open source R package for Bayesian statistics in psychology. *Frontiers in Psychology*, v. 11, p. 947, 2020.

DE SÁ, A. G. C.; PAPPA, G. L. Towards a method for automatically evolving bayesian network classifiers. *Proceedings of the 15th Annual Conference Companion on Genetic and Evolutionary Computation*, p. 1505-1512, 2013.

DESCIOLI, P. *et al*. Equity or equality? Moral judgments follow the money. *Proceedings. Biological sciences/The Royal Society*, v. 281, 2014. Disponível em: https://doi.org/10.1098/rspb.2014.2112. Acesso em: 26 abr. 2023.

DE SOUZA, B. F.; SOARES, S.; DE CARVALHO, A. C. P. L. F. Meta-learning applied to gene expression data classification. *International Journal of Intelligent Computing and Cybernetics*, v. 2, n. 2, p. 285-303, 2009.

EISENSTEIN, J. *Introduction to natural language processing*. Cambridge: MIT Press, 2019.

EL MORR, C. *et al*. Data preprocessing. *Machine Learning for Practical Decision Making:* a Multidisciplinary Perspective with Applications from Healthcare, Engineering and Business Analytics. Heidelberg: Springer, 2022. Disponível em: https://doi.org/10.1007/978-3-031-16990-8_4. Acesso em: 26 abr. 2023.

ERPEN, L. R. C. *Reconhecimento de padrões em imagens por descritores de forma*. 2004. Dissertação (Mestrado em Ciência da Computação) – Universidade Federal do Rio Grande do Sul, Porto Alegre, 2004.

ERYUREK, E. *Data governance*: the definitive guide. Sebastopol: O'Reilly Media, 2021.

ESCUDERO, C. *Perfil das organizações sociais e organizações da sociedade civil de interesse público em atividade no Brasil* (relatório técnico). Brasília: Instituto de Pesquisa Econômica Aplicada – IPEA, 2020.

EUROPEAN COMMISSION. Regulation (EU) 2016/679 of the European Parliament and of the Council of 27 April 2016 on the protection of natural persons with regard to the processing of personal data and on the free movement of such data, and repealing Directive 95/46/EC (General Data Protection Regulation) (Text with EEA relevance). *Official Journal of the European Union*, 2016. Disponível em: https://eurlex.europa.eu/eli/reg/2016/679/oj. Acesso em: 26 abr. 2023.

FACELI, K. *et al*. Multi-objective clustering ensemble for gene expression data analysis. *Neurocomputing*, v. 72, n. 13-15, p. 2763-2774. Disponível em: https://doi.org/10.1016/j.neucom.2008.09.025, 2009. Acesso em: 26 abr. 2023.

FACELI, K. *et al*. *Inteligência artificial*: uma abordagem de aprendizado de máquina. 2. ed. Rio de Janeiro: LTC, 2021.

FAYYAD, U. M.; PIATETSKY-SHAPIRO, G.; SMYTH, P. Knowledge discovery and data mining: towards a unifying framework. *Proceedings of the 2nd International Conference on Knowledge Discovery and Data Mining (KDD'96)*, p. 82-88, 1996.

FEURER, M. *et al*. Efficient and robust automated machine learning. *Advances in Neural Information Processing Systems*, p. 2962-2970, 2015.

FILCHENKOV, A.; PENDRYAK, A. Datasets meta-feature description for recommending feature selection algorithm. *2015 Artificial Intelligence and Natural Language and Information Extraction, Social Media and Web Search FRUCT Conference (AINL-ISMW FRUCT)*, p. 11-18, 2015.

FLACH, P. *Machine learning*: the art and science of algorithms that make sense of data. Cambridge: Cambridge University Press, 2012.

FREUND, Y. Boosting a weak learning algorithm by majority. *Information and Computation*, v. 121, n. 2, p. 256-285, 1995. Disponível em: https://doi.org/10.1006/inco.1995.1136. Acesso em: 26 abr. 2023.

FREUND, Y. Boosting a weak learning algorithm by majority. *Proceedings of the Third Annual Workshop on Computational Learning Theory*, p. 202-216, 1990.

FREUND, Y.; SCHAPIRE, R. E. A short introduction to boosting. *Proceedings of the Sixteenth International Joint Conference on Artificial Intelligence*, p. 1401-1406, 1999.

GAMA, J. *Knowledge discovery from data streams*. Boca Raton: CRC Press, 2010.

GAMA, J. A survey on learning from data streams: current and future trends. *Prog. Artif. Intell.*, v. 1, n. 1, p. 45-55, 2012. Disponível em: https://doi.org/10.1007/s13748-011-0002-6. Acesso em: 26 abr. 2023.

GAMA, J. *et al*. A survey on concept drift adaptation. *ACM Comput. Surv.*, v. 46, n. 4, 2014. Disponível em: https://doi.org/10.1145/2523813. Acesso em: 26 abr. 2023.

GARCIA, L. *Lei Geral de Proteção de Dados (LGPD):* guia de implantação. São Paulo: Blucher, 2020.

GARCIA, L. P.; DE CARVALHO, A. C. P. D. L. F.; LORENA, A. C. Noise detection in the meta-learning level. *Neurocomputing*, v. 176, p. 14-25, 2016.

GARCIA, L. P. *et al*. Classifier recommendation using data complexity measures. *2018 24th International Conference on Pattern Recognition (ICPR)*, p. 874-879.

GELLMAN, R. Fair information practices: a basic history. *SSRN Electronic Journal*, version 2.22, v. 59, 2022. Disponível em: https://doi.org/10.2139/ssrn. Acesso em: 26 abr. 2023.

GIBNEY, E. Could machine learning fuel a reproducibility crisis in science? *Nature*, v. 608, 2022. Disponível em: https://doi.org/10.1038/d41586-022-02035-w. Acesso em: 26 abr. 2023.

GLEZ-PEÑA, D. *et al*. Web scraping technologies in an API world. *Briefings in Bioinformatics*, v. 15, n. 5, p. 788-797, 2014.

GOODFELLOW, I.; BENGIO, Y.; COURVILLE, A. *Deep learning*. Cambridge: MIT Press, 2016. Disponível em: http://www.deeplearningbook.org/. Acesso em: 26 abr. 2023.

GOODRICH, M. T.; TAMASSIA, R.; GOLDWASSER, M. H. *Data structures and algorithms in Python*. Hoboken: Wiley, 2013.

GREENLEAF, G. Sheherezade and the 101 data privacy laws: origins, significance and global trajectories. *Journal of Law, Information & Science*, v. 23, n. 1, p. 29, 2013. Disponível em: http://dx.doi.org/10.2139/ssrn.2280877. Acesso em: 28 abr. 2023.

GRGIC-HLACA, N. *et al*. Human perceptions of fairness in algorithmic decision making: a case study of criminal risk prediction. *Proceedings of the 2018 World Wide Web Conference*, p. 903-912, 2018. Disponível em: https://doi.org/10.1145/3178876.3186138. Acesso em: 26 abr. 2023.

GUYON, I. *et al*. A brief review of the ChaLearn AutoML challenge: any-time any-data set learning without human intervention. *Workshop on Automatic Machine Learning*, p. 21-30, 2016.

HAERI, M. A.; ZWEIG, K. A. The crucial role of sensitive attributes in fair classification. *2020 IEEE Symposium Series on Computational Intelligence (SSCI)*, p. 2993-3002, 2020. Disponível em: https://doi.org/10.1109/SSCI47803.2020.9308585. Acesso em: 26 abr. 2023.

HAYASHI, C. *et al*. (ed.). *Data science, classification, and related methods*. Tokyo: Springer Japan, 1998.

HOFLER, D. B. Approach, method, technique a clarification. *Reading World*, v. 23, n. 1, p. 71-72, 1983. Disponível em: https://doi.org/10.1080/19388078309557742. Acesso em: 26 abr. 2023.

HUANG, C. *et al*. An overview of artificial intelligence ethics. *IEEE Transactions on Artificial Intelligence*, v. 1, n. 1, p. 1-21, 2022. Disponível em: https://doi.org/10.1109/TAI.2022.3194503. Acesso em: 26 abr. 2023.

HUFF, D.; GEIS, I. *How to lie with statistics*. New York: W. W. Norton & Company, 1993.

HUTSON, M. Artificial intelligence faces reproducibility crisis. *Science*, v. 359, n. 6377, p. 725-726, 2018. Disponível em: https://doi.org/10.1126/science.359.6377.725. Acesso em: 26 abr. 2023.

HUTTER, F.; KOTTHOFF, L.; VANSCHOREN, J. *Automated machine learning*: methods, systems, challenges. Heidelberg: Springer, 2019.

HYVÄRINEN, A.; OJA, E. Independent component analysis: algorithms and applications. *Neural Networks*, v. 13, p. 411-430, 2000.

IDRIS, I. *Python data analysis*. Birmingham: Packt, 2014.

ISAACSON, D. L.; MADSEN, R. W. *Markov chains*: theory and applications. Hoboken: Wiley, 1976.

JIANG, N. *et al*. Massive text normalization via an efficient randomized algorithm. *Proceedings of the ACM Web Conference 2022*, p. 2946-2956, 2022.

JOLLIFFE, I. *Principal component analysis*. Heidelberg: Springer-Verlag, 2002.

JURAFSKY, D.; MARTIN, J. H. *Speech and language processing*. 2. ed. Upper Saddle River: Prentice-Hall, 2009.

KE, G. *et al*. LightGBM: a highly efficient gradient boosting decision tree. *Proceedings of the 31st International Conference on Neural Information Processing Systems*, p. 3149-3157, 2017.

LAGIOIA, F.; ROVATTI, R.; SARTOR, G. Algorithmic fairness through group parities? The case of COMPAS-SAPMOC. *AI & Society*, p. 1-20, 2022. Disponível em: https://doi.org/10.1007/s00146-022-01441-y. Acesso em: 26 abr. 2023.

LANE, H.; HAPKE, H.; HOWARD, C. *Natural language processing in action:* understanding, analyzing, and generating text with Python. Shelter Island: Manning Publications, 2019.

LANEY, D. *3D data management*: controlling data volume, velocity, and variety. *[S. l.]*: META Group, 2001.

LAVALLE, S. M.; BRANICKY, M. S.; LINDEMANN, S. R. On the relationship between classical grid search and probabilistic roadmaps. *The International Journal of Robotics Research*, v. 23, n. 7-8, p. 673-692, 2004.

LEMKE, C.; BUDKA, M.; GABRYS, B. Metalearning: a survey of trends and technologies. *Artificial Intelligence Review*, v. 44, n. 1, p. 117-130, 2015.

MAHONEY, T.; VARSHNEY, K.; HIND, M. *AI Fairness*. Sebastopol: O'Reilly Media, 2020.

MAINA, S. C. *et al*. Preservation of anomalous subgroups on variational autoencoder transformed data. *ICASSP 2020-2020 IEEE International Conference on Acoustics, Speech and Signal Processing (ICASSP)*, p. 3627-3631, 2020. Disponível em: https://doi.org/10.1109/ICASSP40776.2020.9054495. Acesso em: 26 abr. 2023.

MANTOVANI, R. G. *et al*. Effectiveness of random search in SVM hyper-parameter tuning. *2015 International Joint Conference on Neural Networks (IJCNN)*, p. 1-8, 2015.

MARTELLI, A.; RAVENSCROFT, A.; ASCHER, D. *Python cookbook*. Sebastopol: O'Reilly Media, 2005.

MARTÍNEZ-PLUMED, F. *et al*. CRISP-DM twenty years later: from data mining processes to data science trajectories. *IEEE Transactions on Knowledge and Data Engineering*, v. 33, n. 8, p. 3048-3061, 2021. Disponível em: https://doi.org/10.1109/TKDE.2019.2962680. Acesso em: 26 abr. 2023.

MCCARTHY, J. *et al*. *A proposal for the Dartmouth summer research project on artificial intelligence* (1955), 2018. Disponível em: http://www-formal.stanford.edu/jmc/history/dartmouth/dartmouth.html. Acesso em: 26 abr. 2023.

MCINNES, L.; HEALY, J.; MELVILLE, J. *Umap*: uniform manifold approximation and projection for dimension reduction, 2018. Disponível em: https://arxiv.org/pdf/1802.03426#:~:text=UMAP%20(Uniform%20Manifold%20Approximation%20and,applicable%20to%20real%20world%20data. Acesso em: 26 abr. 2023.

MCKINNEY, W. *et al*. Data structures for statistical computing in Python. *Proceedings of the 9th Python in Science Conference*, v. 445, p. 51-56, 2010.

MIKA, S. *et al*. Kernel PCA and de-noising in feature spaces. *Advances in Neural Information Processing Systems*, v. 11, 1998.

MITCHELL, T. M. *Machine learning*. New York: McGraw-Hill, 1997.

MISIR, M.; SEBAG, M. Alors: an algorithm recommender system. *Artificial Intelligence*, v. 244, p. 291-314, 2017. Disponível em: https://hal.inria.fr/hal-01419874. Acesso em: 26 abr. 2023.

MOLIN, S. *Hands-on data analysis with Pandas:* efficiently perform data collection, wrangling, analysis, and visualization using Python. Birmingham: Packt, 2019.

MONTGOMERY, D. C.; PRECK, E. A.; VINING, G. G. *Introduction to linear regression analysis*. 4. ed. Hoboken: Wiley, 2006.

NAUR, P. *Concise survey of computer methods*. [*S. l.*]: Petrocelli Books, 1974.

NILSSON, N. J. *Learning machines*: foundations of trainable pattern-classifying systems. New York: McGraw-Hill, 1965.

OBERMEYER, Z. *et al*. Dissecting racial bias in an algorithm used to manage the health of populations. *Science*, v. 366, n. 6464, p. 447-453, 2019. Disponível em: https://doi.org/10.1126/science.aax2342. Acesso em: 26 abr. 2023.

OLIVA, J. T. *Geração automática de laudos médicos para o diagnóstico de epilepsia por meio do processamento de eletroencefalogramas utilizando aprendizado de máquina*. 2018. Tese (Doutorado em Ciência da Computação e Matemática Computacional). Instituto de Ciências Matemáticas e de Computação - Universidade de São Paulo, São Carlos, 2018. Disponível em: https://doi.org/10.11606/T.55.2019.tde-27032019-111111. Acesso em: 26 abr. 2023.

OLSON, R. S.; MOORE, J. H. TPOT: a tree-based pipeline optimization tool for automating machine learning. *Workshop on Automatic Machine Learning*, p. 66-74, 2016.

PAPPA, G. L.; FREITAS, A. A. Automatically evolving rule induction algorithms. *European Conference on Machine Learning*, p. 341-352, 2006.

PARKET, J. R. *Algorithms for image processing and computer vision*. Hoboken: Wiley, 2010.

PEREIRA, F. S. F.; ANDRADE, T.; DE CARVALHO, A. C. P. L. F. Gradient boosting machine and LSTM network for online harassment detection and categorization in social media. *In:* CELLIER, P.; DRIESSENS, K. D. (ed.). *Machine learning and knowledge discovery in databases*. ECML PKDD 2019. Communications in Computer and Information Science, v. 1168. Springer, 2020. Disponível em: https://doi.org/10.1007/978-3-030-43887-6_25. Acesso em: 26 abr. 2023.

PROKHORENKOVA, L. O. *et al*. CatBoost: unbiased boosting with categorical features. *In:* BENGIO, S. *et al*. (ed.). *NeurIPS*, p. 6639-6649, 2018. Disponível em: https://papers.nips.cc/paper_files/paper/2018/hash/14491b756b3a51daac41c24863285549-Abstract.html. Acesso em: 26 abr. 2023.

RAHARDJA, S. *et al*. A lightweight classification of adaptor proteins using transformer networks. *BMC Bioinform.*, v. 23, n. 1, p. 461, 2022. Disponível em: https://doi.org/10.1186/s12859-022-05000-6. Acesso em: 26 abr. 2023.

RAMESH, A. *et al*. *Hierarchical text-conditional image generation with clip latents*, 2022. Disponível em: https://arxiv.org/abs/2204.06125. Acesso em: 26 abr. 2023.

RAMOS, G. AI for all. *New Scientist*, v. 252, n. 3363, p. 27, 2021. Disponível em: https://doi.org/10.1016/S0262-4079(21)02166-7. Acesso em: 26 abr. 2023.

RIBEIRO, M. T.; SINGH, S.; GUESTRIN, C. "Why should I trust you?": explaining the predictions of any classifier. *In*: KRISHNAPURAM, B. *et al*. (ed). *Proceedings of the 22nd ACM SIGKDD International Conference on Knowledge Discovery and Data Mining*, San Francisco, CA, USA, August 13-17, 2016. Disponível em: https://doi.org/10.1145/2939672.2939778. Acesso em: 26 ago. 2023.

RICE, J. R. The algorithm selection problem. *Advances in Computers,* Elsevier, v. 15, p. 65-118, 1975. Disponível em: https://doi.org/10.1016/S0065-2458(08)60520-3. Acesso em: 26 abr. 2023.

ROLNICK, D. *et al*. *Deep learning is robust to massive label noise*. Disponível em: https://doi.org/10.48550/arXiv.1705.10694. Acesso em: 26 abr. 2023.

ROSENBLATT, F. *The perceptron:* a perceiving and recognizing automaton. Report n. 85-460-1. Buffalo: Cornell Aeronautical Laboratory, 1957.

ROSENBLATT, F. The perceptron: a probabilistic model for information storage and organization in the brain. *Psychological Review*, v. 65, n. 6, 386, 1958.

ROTHMAN, D. *Transformers for natural language processing: build innovative deep neural network architectures for NLP with Python, PyTorch, TensorFlow, BERT, RoBERTa, and More.* Birmingham: Packt, 2021.

SALSBURG, D. *The lady tasting tea: how statistics revolutionized science in the twentieth century*. New York: Holt Paperbacks, 2002.

SAMUEL, A. L. Some studies in machine learning using the game of checkers. II – recent progress. *IBM Journal of Research and Development*, v. 11, n. 6, p. 601-617, 1967.

SCHAPIRE, R. E. The strength of weak learnability. *Mach. Learn.*, v. 5, n. 2, p. 197-227, 1990. Disponível em: https://doi.org/10.1023/A:1022648800760. Acesso em: 26 abr. 2023.

SCHAPIRE, R. E. A brief introduction to boosting. *Proceedings of the 16th International Joint Conference on Artificial Intelligence*, v. 2, p. 1401-1406, 1999.

SELVA BIRUNDA, S.; KANNIGA DEVI, R. A review on word embedding techniques for text classification. *In*: RAJ, J. S.; BASHAR, A.; RAMSON, J. S. R. *Innovative data communication technologies and application*. Heidelberg: Springer, p. 267-281, 2021.

SHAH, S. *et al*. Airsim: High-fidelity visual and physical simulation for autonomous vehicles. *Field and service robotics*, p. 621-635, 2018.

SILVA, J. A. *et al*. Data stream clustering: a survey. *ACM Computing Surveys (CSUR)*, v. 46, n. 1, p. 1-31, 2013.

SIMON, H. A. Why should machines learn? *In*: MICHALSKI, R. S.; CARBONELL, J. G.; MITCHELL, T. M. (ed.). *Machine learning*: an artificial intelligence approach. Heidelberg: Springer, p. 25-37, 1983.

SKIENA, S. S. *Calculated bets:* computers, gambling, and mathematical modeling to win. Cambridge: Cambridge University Press, 2001. Disponível em: https://doi.org/10.1017/CBO9780511547089. Acesso em: 26 abr. 2023.

SNOEK, J.; LAROCHELLE, H.; ADAMS, R. P. Practical bayesian optimization of machine learning algorithms. *In*: BARTLETT, P. L. *et al*. (ed.). *NIPS*, p. 2960-2968, 2012. Disponível em: https://papers.nips.cc/paper_files/paper/2012/hash/05311655a15b75fab86956663e1819cd-Abstract.html. Acesso em: 28 abr. 2023.

STEVENS, S. S. On the theory of scales of measurement. *Science*, v. 103, n. 2684, p. 677-680, 1946. Disponível em: https://doi.org/10.1126/science.103.2684.677. Acesso em: 26 abr. 2023.

TANIMOTO, S. L. *The elements of artificial intelligence:* an introduction using LISP. [*S. l*]: Computer Science Press, 1987.

THORNTON, C. *et al*. Auto-WEKA: combined selection and hyperparameter optimization of classification algorithms. *Proceedings of the 19th ACM SIGKDD International Conference on Knowledge Discovery and Data Mining*, p. 847-855, 2013.

TOMAN, M.; TESAR, R.; JEZEK, K. Influence of word normalization on text classification. *Proceedings of InSciT*, v. 4, p. 354-358, 2006.

TUKEY, J. W. The future of data analysis. *Annals of Mathematical Statistics*, v. 33, p. 1-67, 1962.

UNITED NATIONS. *Transforming our world*: the 2030 agenda for sustainable development, 2015. Disponível em: https://sdgs.un.org/2030agenda. Acesso em: 26 abr. 2023.

VIJAYASARATHY, L. R.; BUTLER, C. W. Choice of software development methodologies: do organizational, project, and team characteristics matter? *IEEE Software*, v. 33, n. 5, p. 86-94, 2016. Disponível em: https://doi.org/10.1109/MS.2015.26. Acesso em: 26 abr. 2023.

VIOLA, P.; JONES, M. Rapid object detection using a boosted cascade of simple features. *Proceedings of the 2001 IEEE Computer Society Conference on Computer Vision and Pattern Recognition*: CVPR 2001, v. 1, 2001.

WATSON, J.; CRICK, F. Molecular structure of nucleic acids: a structure for deoxyribose nucleic acid. *Nature*, v. 171, p. 737-738, 1953. Disponível em: https://doi.org/10.1038/171737a0. Acesso em: 28 abr. 2023.

WEISS, S. M.; INDURKHYA, N.; ZHANG, T. *Text mining*: predictive methods for analyzing unstructured information. Heidelberg: Springer, 2015.

WEISSINGER, L. B. AI, complexity, and regulation. *In*: BULLOCK, J. B. *et al.* (ed.). *The Oxford handbook of AI governance*. Oxford: Oxford University Press, 2022. Disponível em: https://doi.org/10.1093/oxfordhb/9780197579329.013.66. Acesso em: 26 abr. 2023.

WITTEN, I. H. *et al. Data mining:* practical machine learning tools and techniques. 4. ed. Cambridge: Morgan Kaufmann Publishers, 2016.

WOLPERT, D. H. Stacked generalization. *Neural Networks*, v. 5, p. 214-259, 1992.

WOLPERT, D. H.; MACREADY, W. G. No free lunch theorems for optimization. *IEEE Transactions on Evolutionary Computation*, v. 1, n. 1, p. 67-82, 1997.

YANG, Z. *et al*. Investigating grey-box modeling for predictive analytics in smart manufacturing. *Proceedings of the ASME 2017 International Design Engineering Technical Conferences and Computers and Information in Engineering Conference,* IDETC/CIE, 2017.

YAO, X. A review of evolutionary artificial neural networks. *International Journal of Intelligent Systems*, v. 8, n. 4, p. 539-567, 1993. Disponível em: https://doi.org/10.1002/int.4550080406. Acesso em: 26 abr. 2023.

YOUYOU, W.; KOSINSKI, M.; STILLWELL, D. Computer-based personality judgments are more accurate than those made by humans. *Proceedings of the National Academy of Sciences*, v. 112, n. 4, p. 1036-1040, 2015. Disponível em: https://doi.org/10.1073/pnas.1418680112. Acesso em: 26 abr. 2023.

ZLIOBAITE, I.; CUSTERS, B. Using sensitive personal data may be necessary for avoiding discrimination in data-driven decision models. *Artif. Intell. Law*, v. 24, n. 2, p. 183-201, 2016. Disponível em: https://doi.org/10.1007/s10506-016-9182-5. Acesso em: 26 abr. 2023.

Índice Alfabético

A

Árvore de classificação, 240
Árvore de decisão, 240
Árvore de regressão, 240
Ética, 319
Índice de validação, 267
Agrupamento de dados, 267
Algoritmo árvores de classificação e de regressão CART, 240
Algoritmos, 19, 230
Algoritmos genéticos, 269
Ambiente de desenvolvimento integrado (IDE), 45
Amostragem aleatória, 207
Análise univariada, 99
Analítica de texto (AT), 302
Anonimização, 162
Aprendizado baseado em problemas, 146
Aprendizado de Máquina (AM), 19
Aprendizado de Máquina Automatizado (AutoML), 250
Aprendizado federado, 167
Aprendizado indutivo, 233
Aprendizado profundo, 239
Atributo alvo, 11
Atributos, 10
Atributos descritivos, 10
Atributos preditivos, 11

B

Backpropagation, 239
Bag of words (BoW), 309
Bagging, 243
Big Data, 7
Boosting, 243
Bootstrap, 215, 219
Boxplot, 132
Busca aleatória, 269
Busca de arquiteturas neurais (NAS), 250
Busca em grade, 269

C

Ciência de Dados (CD), 10

Cluster, 267
Clustering, 267
Combined algorithm selection and hyper-parameter optimization (CASH), 251
Comitês, 241
Conjunto de dados, 9
Contextualized word embeddings (CWE), 309
Coordenadas paralelas, 128
CRISP-DM, 29
CRoss-Industry Standard Process for Data Mining (CRISP-DM), 26
Curadoria de dados, 35
Curva precisão-revocação, 263
Curvas ROC, 264

D
Dados, 5
Dados enviesados, 158
Dados estruturados, 9
Dados não estruturados, 9
Dados quase-estruturados, 15
Dados semiestruturados, 14
Deep learning, 239
Deep networks, 239
Deixe-um-de-fora, 215
Descritores de imagens, 294

E
Embedded, 197
Embutida, 197
Empacotamento, 197
Engenharia de características, 184
Espaço amostral, 97
Estatística, 94
Estatística Descritiva, 99
Estatística Exploratória, 99
Evento, 98
Explicabilidade, 272, 331

F
Fissura de dados, 324
Florestas aleatórias, 243
Fluxos de dados, 12

G
Genetic algorithms, 269
Governança de dados, 34
Grafos, 14
Gráfico de aranha, 126
Gráfico de estrela, 126
Gráfico polar, 126
Gráfico precisão-revocação, 263
Gráfico radar, 126
Gráficos, 113
Gráficos ROC, 264
Grandes dados, 7
Grid search, 269

H
Heatmap, 138
Histograma, 132
Hold-out, 213

I
IA confiável, 318
Indução, 230
Inferência Estatística, 94
Inteligência Artificial (IA), 18
Inteligência Artificial Explicável (XAI), 272
Inteligência Artificial Responsável, 318
Interpretabilidade, 272, 331

K
k-fold cross-validation, 215
k-médias, 239
k-nearest neighbours, 238
Knowledge discovery in databases (KDD), 24
k-vizinhos mais próximos, 238

L
Lago de dados, 33
Leave-one-out, 215
Lei Geral de Proteção de Dados Pessoais, 328
Lematização, 307
Linguagem de consulta estruturada (SQL), 18
Linguagem de definição de dados (DDL), 18
Linguagem de manipulação de dados (DML), 18
Linguística, 301
Linguística computacional, 303

M

Média dos quadrados dos erros (MSE), 258
Média dos valores absolutos (MAE), 258
Métodos estatísticos, 94
Maldição da dimensionalidade, 188
Mapa de calor, 138
Medida de validação, 267
Meta-aprendizado, 251
Mineração de Dados (MD), 24
Mineração de texto (MT), 302
Modelagem descritiva, 234
Modelagem preditiva, 233
Modelo caixa-preta, 271
Mudança de conceitos, 330
Mudança de dados, 330
Mudança de rótulos, 330

N

Não existe almoço grátis, 238
Neurônio, 239
No free lunch theorem, 238
Normalização, 307
Nuvens de palavras, 136

O

Operadores de imagens, 294
Orientada a exploração de dados, 29
Orientada a gerenciamento de dados, 29
Orientada a objetivos, 29
Otimização baseada em partículas, 269
Outlier, 101
Overfitting, 247

P

Padronização, 307
Partição de um conjunto de dados, 212
Particle swarm optimization, 269
Perceptron, 239
Práticas de informação justas (FIPs), 325
Probabilidade, 94
Processamento de linguagem natural (PLN), 302
Processo indutivo, 230
Projeto conceitual, 17
Projeto físico, 18

Projeto lógico, 18
Python, 44

R

Raiz do erro quadrático médio (RMSE), 258
Random oversampling, 224
Random search, 269
Random subsampling, 215, 224
Recall, 262
Receiver Operating Characteristics, 264
Reconhecimento óptico de caracteres(OCR), 304
Redes complexas, 14
Redes neurais artificiais, 235, 239
Redes neurais convolucionais, 297
Redes profundas, 239
Redes sociais, 14
Regressão linear, 239
Regressão logística, 240
Regulamento Geral sobre a Proteção de Dados (GDPR), 328
Reprodutibilidade, 329
Revocação, 262

S

Séries temporais, 12
Seleção combinada de algoritmo e otimização de hiperparâmetro (CASH), 251
Semmelweis, 6
Sensibilidade, 262
Sherlock Holmes, 7
Sistema de Gerenciamento de Bancos de Dados (SGBD), 17
Soma dos quadrados dos erros (SSE), 258
Stacking, 242
Stemização, 307
Stop words, 305
Subamostragem aleatória, 215, 224
Superamostragem aleatória, 224

T

Tarefas descritivas, 10
Tarefas preditivas, 11
Teoria das Probabilidades, 94
Term Frequency – Inverse Document Frequency (TF-IDF), 309

Token, 306
Tokenização, 306
Trajetórias de ciência de dados (TCDs), 30
Transparência, 330

U
Underfitting, 246

V
Validação cruzada com *k* partições, 215
Valor categórico, 95
Valor intervalar, 95
Valor nominal, 95
Valor numérico, 95
Valor ordinal, 95
Valor qualitativo, 95
Valor quantitativo, 95
Valor racional, 96
Valores contínuos, 96
Valores discretos, 96
Variável aleatória, 98
Variedade, 8
Vazamento de dados, 213, 324
Velocidade, 8
Viés, 158
Viés indutivo, 237
Visualização, 113
Volume, 8

W
Word cloud, 136
Wrapper, 197